绿色丝绸之路资源环境承载力国别评价与适应策略

绿色丝绸之路：资源环境承载力综合评价与系统集成

封志明　蔡红艳　游　珍　等　著

科学出版社

北　京

内 容 简 介

本书包括上、下两篇共 11 章。上篇资源环境承载力综合评价，从人居环境适宜性评价与适宜性分区，到资源环境承载力分类评价与限制性分类、社会经济适应性评价与适应性分等，再到资源环境承载能力综合评价与警示性分级，从技术方法到实际应用，完成丝绸之路资源环境承载力综合评价；下篇资源环境承载力系统集成，建立资源环境承载力综合评价与系统集成平台，研发资源环境承载力分类评价与综合评价系统、国别报告编制与更新系统和成果集成与可视化系统，实现了丝绸之路资源环境承载力综合评价、国别评价及国别报告编制与更新。

本书可供从事人口、资源、环境与发展研究和区域发展与世界地理研究等主题的科研人员、管理人员和研究生等查阅参考。

审图号：GS 京（2025）0097 号

图书在版编目（CIP）数据

绿色丝绸之路 ：资源环境承载力综合评价与系统集成 / 封志明等著. 北京：科学出版社，2025.5
ISBN 978-7-03-075921-4

Ⅰ.①绿…　Ⅱ.①封…　Ⅲ.①丝绸之路–生态环境保护–研究　②自然资源–环境承载力–研究　Ⅳ.①X321.2

中国国家版本馆 CIP 数据核字（2023）第 112257 号

责任编辑：石　珺　李嘉佳 / 责任校对：郝甜甜
责任印制：徐晓晨 / 封面设计：蓝正设计

科学出版社 出版
北京东黄城根北街 16 号
邮政编码：100717
http://www.sciencep.com
北京建宏印刷有限公司印刷
科学出版社发行　　各地新华书店经销
*
2025 年 5 月第　一　版　　开本：787×1092　1/16
2025 年 5 月第一次印刷　　印张：20 3/4
字数：452 000
定价：268.00 元
（如有印装质量问题，我社负责调换）

"绿色丝绸之路资源环境承载力国别评价与适应策略"

编辑委员会

总 序 一

　　"一带一路"是中国国家主席习近平提出的新型国际合作倡议，为全球治理体系的完善和发展提供了新思维与新选择，成为共建国家携手打造人类命运共同体的重要实践平台。气候和环境贯穿人类与人类文明的整个发展历程，是"一带一路"倡议重点关注的主题之一。由于共建地区具有复杂多样的地理、地质、气候条件、差异巨大的社会经济发展格局、丰富的生物多样性，以及独特但较为脆弱的生态系统，"一带一路"建设必须贯彻新发展理念，走生态文明之路。

　　当今气候变暖影响下的环境变化是人类普遍关注和共同应对的全球性挑战之一。以青藏高原为核心的"第三极"和以"第三极"及向西扩展的整个欧亚高地为核心的"泛第三极"正在由于气候变暖而发生重大环境变化，成为更具挑战性的气候环境问题。首先，这个地区的气候变化幅度远大于周边其他地区；其次，这个地区的环境脆弱，生态系统处于脆弱的平衡状态，气候变化引起的任何微小环境变化都可能引起区域性生态系统的崩溃；最后，也是最重要的，这个地区是连接亚欧大陆东西方文明的交汇之路，是2000多年来人类命运共同体的连接纽带，与"一带一路"建设范围高度重合。因此，"第三极"和"泛第三极"气候环境变化同"一带一路"建设密切相关，深入研究"泛第三极"地区气候环境变化，解决重点地区、重点国家和重点工程相关的气候环境问题，将为打造绿色、健康、智力、和平的"一带一路"提供坚实的科技支持。

　　中国政府高度重视"一带一路"建设中的气候与环境问题，提出要将生态环境保护理念融入绿色丝绸之路的建设中。2015年3月，中国政府发布的《推动共建丝绸之路经济带和21世纪海上丝绸之路的愿景与行动》明确提出，"在投资贸易中突出生态文明理念，加强生态环境、生物多样性和应对气候变化合作，共建绿色丝绸之路"。2016年8月，在推进"一带一路"建设的工作座谈会上，习近平总书记强调，"要建设绿色丝绸之路"。2017年5月，《"一带一路"国际合作高峰论坛圆桌峰会联合公报》提出，"加强环境、生物多样性、自然资源保护、应对气候变化、抗灾、减灾、提高灾害风险管理能力、促进可再生能源和能效等领域合作"，实现经济、社会、环境三大领域的综合、平衡、可持续发展。2017年8月，习近平总书记在致第二次青藏高原综合科学考察研究队的贺信中，特别强调了聚焦水、生态、人类活动研究和全球生态环境保护的重要性与紧迫性。2009年以来，中国科学院组织开展了"第三极环境"（Third Pole Environment，TPE）国际计划，联合相关国际组织和国际计划，揭示"第三极"地区气候环境变化及其影响,提出适应气候环境变化的政策和发展战略建议,为各级政府制定长期发展规划提供科技支撑。中国科学院深入开展了"一带一路"建设及相关规划的科技支撑研究,同时在丝绸之路共建国家建设了 15 个海外研究中心和海外科教中心,成为与丝绸之路共建国家开展深度科技合作的重要平台。2018 年 11 月,中国科学院牵头成立了"一带一路"国际科学组织联盟(ANSO),首批成员包括近 40 个国家的国立科学机构和大学。2018 年 9 月中国科学院正式启动了战略性先导科技专项(A 类)"泛第三极环境变化与绿色丝绸之路建设"(简称"丝路环境"专项)。"丝路环境"专项将聚焦水、生态和人类活动,揭示"泛第三极"地区气候环境变化规律和变化影响,阐明绿色丝绸之路建设的气候环境背景和挑战,提出绿色丝绸之路建设的科学支撑方案,为推动"第三极"地区和"泛第三极"地区可持续发展、推进国家和区域生态文明建设、促进全球生态环境保护做出贡献,为"一带一路"共建国家生态文明建设提供有力支撑。

"绿色丝绸之路资源环境承载力国别评价与适应策略"系列是"丝路环境"专项重要成果的表现形式之一,将系统地展示"第三极"和"泛第三极"气候环境变化与绿色丝绸之路建设的研究成果,为绿色丝绸之路建设提供科技支撑。

中国科学院原院长、原党组书记

2019 年 3 月

总　序　二

　　"绿色丝绸之路资源环境承载力国别评价与适应策略"是中国科学院战略性先导科技专项（A 类）"泛第三极环境变化与绿色丝绸之路建设"之项目"绿色丝绸之路建设的科学评估与决策支持方案"的第二研究课题（课题编号 XDA20010200）。该课题旨在面向绿色丝绸之路建设的国家需求，科学认识共建"一带一路"国家资源环境承载力承载阈值与超载风险，定量揭示共建绿色丝绸之路国家水资源承载力、土地资源承载力和生态承载力及其国别差异，研究提出重要地区和重点国家的资源环境承载力适应策略与技术路径，为国家更好地落实"一带一路"倡议提供科学依据和决策支持。

　　"绿色丝绸之路资源环境承载力国别评价与适应策略"研究课题面向共建绿色丝绸之路国家需求，以资源环境承载力基础调查与数据集为基础，由人居环境自然适宜性评价与适宜性分区，到资源环境承载力分类评价与限制性分类，再到社会经济发展适宜性评价与适应性分等，最后集成到资源环境承载力综合评价与警示性分级，由系统集成到国别应用，递次完成共建绿色丝绸之路国家资源环境承载力国别评价与对比研究，以期为绿色丝绸之路建设提供科技支撑与决策支持。课题主要包括以下研究内容。

　　（1）子课题 1，水土资源承载力国别评价与适应策略。科学认识水土资源承载阈值与超载风险，定量揭示共建绿色丝绸之路国家水土资源承载力及其国别差异，研究提出重要地区和重点国家的水土资源承载力适应策略与增强路径。

　　（2）子课题 2，生态承载力国别评价与适应策略。科学认识生态承载阈值与超载风险，定量揭示共建绿色丝绸之路国家生态承载力及其国别差异，研究提出重要地区和重点国家的生态承载力谐适策略与提升路径。

　　（3）子课题 3，资源环境承载力综合评价与系统集成。科学认识资源环境承载力综合水平与超载风险，完成共建绿色丝绸之路国家资源环境承载力综合评价与国别报告；建立资源环境承载力评价系统集成平台，实现资源环境承载力评价的流程化和标准化。

　　课题主要创新点体现在以下三个方面。

　　（1）发展资源环境承载力评价的理论与方法：突破资源环境承载力从分类到综合的阈值界定与参数率定技术，科学认识共建绿色丝绸之路国家的资源环境承载力阈值及其超载风险，发展资源环境承载力分类评价与综合评价的技术方法。

　　（2）揭示资源环境承载力国别差异与适应策略：系统评价共建绿色丝绸之路国家资源环境承载力的适宜性和限制性，完成绿色丝绸之路资源环境承载力综合评价与国别报告，提出资源环境承载力重要廊道和重点国家资源环境承载力适应策略与政策建议。

（3）研发资源环境承载力综合评价与集成平台：突破资源环境承载力评价的数字化、空间化和可视化等关键技术，研发资源环境承载力分类评价与综合评价系统以及国别报告编制与更新系统，建立资源环境承载力综合评价与系统集成平台，实现资源环境承载力评价的规范化、数字化和系统化。

"绿色丝绸之路资源环境承载力国别评价与适应策略"课题研究成果集中反映在"绿色丝绸之路资源环境承载力国别评价与适应策略"系列专著中。专著主要包括《绿色丝绸之路：人居环境适宜性评价》《绿色丝绸之路：水资源承载力评价》《绿色丝绸之路：生态承载力评价》《绿色丝绸之路：土地资源承载力评价》《绿色丝绸之路：资源环境承载力综合评价与系统集成》等理论方法和《老挝资源环境承载力评价与适应策略》《孟加拉国资源环境承载力评价与适应策略》《尼泊尔资源环境承载力评价与适应策略》《哈萨克斯坦资源环境承载力评价与适应策略》《乌兹别克斯坦资源环境承载力评价与适应策略》《越南资源环境承载力评价与适应策略》等国别报告。基于课题研究成果，专著从资源环境承载力分类评价到综合评价，从水土资源到生态环境，从资源环境承载力评价理论到技术方法，从技术集成到系统研发，比较全面地阐释了资源环境承载力评价的理论与方法论，定量揭示了共建绿色丝绸之路国家的资源环境承载力及其国别差异。

希望"绿色丝绸之路资源环境承载力国别评价与适应策略"系列专著的出版能够对资源环境承载力研究的理论与方法论有所裨益，能够为国家和地区推动绿色丝绸之路建设提供科学依据和决策支持。

封志明

中国科学院地理科学与资源研究所

2020 年 10 月 31 日

前　言

　　本书是中国科学院战略性先导科技专项（A 类）"泛第三极环境变化与绿色丝绸之路建设"（简称"丝路环境"专项）课题"绿色丝绸之路资源环境承载力国别评价与适应策略"的主要研究成果之一。资源环境承载能力综合研究是在完成水土资源承载力和生态环境承载力分类评价的基础上，基于人居环境适宜性、资源环境限制性和社会经济适应性的资源环境承载能力综合集成评价，是明晰资源环境底线、厘定资源环境承载上线、确定区域发展路线的基础性、综合性研究内容。

　　本书遵循"适宜性分区—限制性分类—适应性分等—警示性分级"的技术路线，从人居环境适宜性评价与适宜性分区，到资源环境承载力分类评价与限制性分类，到社会经济适应性评价与适应性分等，再到资源环境承载能力综合评价与警示性分级，建立由分类到综合的资源环境承载力综合评价模型，由国家、地区到丝路全域，定量揭示绿色丝绸之路 65 个共建国家和地区的资源环境承载力，系统完成绿色丝绸之路 65 个共建国家和地区的资源环境承载力综合评价与警示性分级；在此基础上，由系统研发到国别应用，建立资源环境承载力综合评价与系统集成平台，发展资源环境承载力分类评价与综合评价系统和国别报告编制与更新系统，实际应用于绿色丝绸之路共建国家资源环境承载力国别评价与适应策略研究，试图为绿色丝绸之路建设提供科学依据和决策支持。

　　全书共 11 章，包括上、下两篇。第 1 章，扼要说明研究背景、研究思路与主要成果。上篇，"资源环境承载力综合评价"，主要包括 5 章：第 2 章，详细介绍"适宜性分区—限制性分类—适应性分等—警示性分级"的资源环境承载力综合评价技术体系与方法；第 3 章，基于人居环境适宜性评价模型，系统评价了丝路共建地区人居环境自然适宜性；第 4 章，揭示丝路共建地区不同尺度水土资源和生态环境承载能力，探讨了丝路共建地区资源环境限制性；第 5 章，基于社会经济适应性评价模型，系统评价了丝路共建地区社会经济发展水平和适应等级；第 6 章，基于资源环境承载力综合评价模型，定量揭示了不同国家和地区的资源环境承载能力，系统完成不同国家和地区的资源环境承载能力综合评价与警示性分级。下篇，"资源环境承载力系统集成"，主要包括 5 章：第 7 章，总体阐述平台逻辑框架、技术架构和组成部分；第 8 章，详细介绍平台数据库系统的框架结构、建设过程与主要功能；第 9 章，具体介绍资源环境承载力分类评价与综合评估子系统的总体框架、功能实现与实践应用；第 10 章，具体介绍国别报告编制与更新子系统的建设思路、数据资源建设、模板库构建、功能实现与应用效果；第 11 章，具体介绍成果集成与可视化子系统的逻辑框架、技术框架、成果组织与主要功能。

本书由课题负责人封志明拟定大纲、组织编写，全书统稿、审定由封志明、蔡红艳、游珍负责完成。各章执笔人如下：第 1 章，封志明、杨小唤；第 2 章，封志明、游珍、郑方钰；第 3 章，封志明、李鹏、肖池伟；第 4 章，杨艳昭、闫慧敏、严家宝；第 5 章，游珍、许冰洁；第 6 章，封志明、游珍、郑方钰；第 7 章，蔡红艳、陈慕琳；第 8 章，杨小唤、蒋啸；第 9 章，江东、付晶莹、王迪；第 10 章，黄翀、李贺；第 11 章，蔡红艳、王紫薇；编辑排版工作由乔添完成。读者有任何问题、意见和建议欢迎写邮件反馈到 fengzm@igsnrr.ac.cn 或 youz@igsnrr.ac.cn，作者会认真考虑、及时修正。

本书的撰写和出版，得到了课题承担单位中国科学院地理科学与资源研究所的全额资助和大力支持，在此表示衷心感谢。要特别感谢课题组的诸位同仁：甄霖、贾绍凤、刘高焕、吕爱锋、黄麟、胡云锋等。没有大家的支持和帮助，就不可能出色地完成任务；也要感谢科学出版社的编辑，没有他们的大力支持和认真负责，就不可能及时出版这一科技专著。

最后，希望本书的出版，能为"一带一路"倡议实施和绿色丝绸之路建设作出贡献，能为促进人口与资源环境协调发展提供有益的决策支持和积极的政策参考。

封志明

2023 年 9 月 30 日

摘　　要

　　《绿色丝绸之路：资源环境承载力综合评价与系统集成》是中国科学院"丝路环境"专项课题"绿色丝绸之路资源环境承载力国别评价与适应策略"的主要研究成果之一。本书旨在科学认识资源环境承载力综合水平与超载风险，完成共建国家和地区资源环境承载力综合评价与重点国家国别报告编制，实现资源环境承载力评价的数字化与系统化，为绿色丝绸之路建设和国家相关决策提供科学依据和决策支持。

　　全书共 11 章，分为上下两篇。上篇"资源环境承载力综合评价"，从人居环境适宜性评价与适宜性分区，到资源环境承载力分类评价与限制性分类，到社会经济适应性评价与适应性分等，再到资源环境承载能力综合评价与警示性分级，从技术方法到实际应用，完成丝绸之路资源环境承载力综合评价；下篇"资源环境承载力系统集成"，建立资源环境承载力综合评价与系统集成平台，研发资源环境承载力分类评价与综合评价系统、国别报告编制与更新系统和成果集成与可视化系统，实现丝绸之路资源环境承载力综合评价、国别评价及国别报告编制与更新。

　　《绿色丝绸之路：资源环境承载力综合评价与系统集成》基本观点和主要结论如下：

　　（1）资源环境承载能力总量研究表明，考虑水土资源和生态资源可利用性，丝路共建地区资源环境承载能力总量维持在 70 亿人水平。其中，土地资源承载力在 50 亿人水平、水资源承载力在 60 亿人水平，生态承载力逾 110 亿人，较低的土地生产能力和水资源开发利用率是丝路共建地区资源环境承载能力的主要限制性因素。统计表明，丝路共建地区近 70%的资源环境承载力集中在占地 1/3 以上的中国、南亚和东南亚地区。

　　（2）资源环境承载能力空间差异研究表明，丝路共建地区资源环境承载能力地域差异显著，密度均值为 135 人/km²，大江大河中下游平原地区普遍高于高原、山地。水热条件良好的东南亚、南亚等地区资源环境承载能力较强，资源环境承载密度 300～350 人/ km²；而地处天山地区、伊朗高原大高加索山脉和安纳托利亚高原，海拔高于 4000m 的中亚、西亚及中东等地区资源环境承载密度不超过 40 人/ km²。

　　（3）资源环境承载能力综合评价与警示性分级表明，丝路共建国家和地区资源环境承载能力以盈余为主，东南近海、西部亚欧大陆桥地区普遍优于中部和北部地区。其中，盈余的国家有 35 个，主要位于中南半岛与马来群岛的三角洲冲积平原等；平衡的国家有 12 个，主要位于以南亚恒河平原地区；超载的国家有 18 个，主要分布在南亚与西亚及中东交汇的伊朗高原、大高加索山脉和安纳托利亚高原等地。全区尚有 5 成人口分布在资源环境超载地区，主要集中在西亚及中东、南亚、中国等国家和地区，区域人口与资源环境社会经济关系有待协调。

（4）**资源环境承载力系统集成平台与综合评价系统建设实践表明**，研究建立资源环境承载力评价系统集成的数字化与空间化技术方法，有助于推进资源环境承载力评价的规范化和系统化。课题由系统研发到国别应用，建立的资源环境承载力综合评价与系统集成平台，研究完成的资源环境承载力分类评价与综合评价系统和国别报告编制与更新系统，实际应用于绿色丝绸之路共建国家资源环境承载力国别评价与适应策略研究，可以为绿色丝绸之路可持续发展提供决策支撑。

目 录

上篇 资源环境承载力综合评价

下篇 资源环境承载力系统集成

第 1 章 绪 论

"绿色丝绸之路资源环境承载力综合评价与系统集成（XDA20010203）"隶属"绿色丝绸之路资源环境承载力国别评价与适应策略（XDA20010200）"研究课题，是中国科学院战略性先导科技专项（A 类）"泛第三极环境变化与绿色丝绸之路建设"（简称"丝路环境"专项）项目七"绿色丝绸之路建设的科学评估与决策支持方案"的三项重要研究内容之一。面向绿色丝绸之路建设的国家需求，科学认识丝绸之路共建国家资源环境承载力综合水平与超载风险，研究发展资源环境承载力综合评价与系统集成平台，实现资源环境承载力评价的数字化与系统化，为绿色丝绸之路建设和国家相关决策提供科学依据和数据支撑，无疑具有重要的科学价值和实践意义。《绿色丝绸之路：资源环境承载力综合评价与系统集成》就是绿色丝绸之路共建国家资源环境承载力综合评价与系统集成研究成果的综合反映和集成表达。本章将扼要阐明立项背景与科学意义、研究思路与技术路线、研究内容与著作框架和研究进展与主要成果。

1.1 立项背景与科学意义

打造绿色丝绸之路，促进共建国家可持续发展是国家根本战略需求所在。科学认识共建国家的资源环境承载力及其超载风险，把握"底线"，是打造绿色丝绸之路的重要科学基础；客观评价不同国家资源环境承载力的适宜性和限制性，摸清"上限"，是推进"六廊六路"国别建设的重要基础保障。

资源环境承载力关乎资源环境"最大负荷"这一基本科学命题。资源环境承载力研究从静态到动态、从分类到综合，正由单一资源环境约束发展到人类的资源环境占用综合评价，亟待突破承载阈值界定与参数率定等关键技术，从分类到综合发展一套系统化和数字化的评价方法与技术体系。

1.1.1 国家战略需求

"一带一路"建设是我国在新的历史条件下实现全方位对外开放的重大举措、推行互利共赢的重要平台。"一带一路"建设进展显著，中蒙俄、中巴等经济走廊持续推进，我国已同 150 多个国家、30 多个国际组织签署共建"一带一路"合作文件。2016 年 8 月，习近平总书记在推进"一带一路"建设工作座谈会上指出，要以"钉钉子"的精神扎实推进"一带一路"建设，并提出打造绿色丝绸之路。推进"一带一路"共建国家和地区的可持续发展，打造绿色丝绸之路，要求我们必须重视并积极开展"一带一路"共建国家和地区的资源–生态–环境承载力的基础评价与综合评价研究。

（1）打造绿色丝绸之路，促进共建国家人口与资源环境协调发展是国家根本战略需求所在。

随着《巴黎协定》的通过和 2030 可持续发展议程的正式启动，全球已进入低碳、绿色和清洁能源化转型的关键时期，低能耗、高效益的绿色经济成为各国经济转型的方向，绿色可持续发展已成为国际潮流和趋势。联合国 2030 可持续发展议程涉及 17 项可持续发展目标、169 个具体目标。打造绿色丝绸之路，促进共建国家人口和资源环境的协调发展，不仅有利于"一带一路"倡议的顺利实施，还有助于提升中国发展道路、生态文明理念的软实力。同时，实现包容性发展，就必须寻求和依靠最大共识，而人口、资源与环境协调的绿色发展理念是全球共识，最没有争议。打造绿色丝绸之路，促进共建国家人口与资源环境协调发展，也是落实习近平主席"共商、共建、共享"三大理念，推动可持续发展、改善民生让合作各国老百姓得到益处，是平等包容、多元文化的重要体现。

（2）科学认识共建国家的资源环境承载力及其超载风险，把握"底线"，是打造绿色丝绸之路的重要科学基础。

"一带一路"建设，必须在促进共建各国社会经济发展的同时，减少发展对自然生态环境的影响并提升资源环境承载能力。开展各国人口资源环境承载力评价是"一带一路"倡议实现绿色发展的重要前提，也是促进跨国界社会经济协作的一个重要手段。要实现"一带一路"绿色发展目标，人口–资源环境承载力评价必须先行。"一带一路"共建国家多为发展中国家，覆盖区域内资源丰富，但是生态环境复杂多样、脆弱敏感，沙尘暴、干旱、水土流失、地震等自然灾害频发，经济发展差距极大。"陆上丝绸之路"高空受西风带控制，污染物和沙尘自西向东传输，形成了明显的跨境复合污染。脆弱的生态系统，工业化和城市化建设必定会对资源环境造成较大压力，经济发展和环境保护的矛盾凸显。开展资源环境承载力评价，可以为共建国家和地区的绿色发展提供科学前提和基础。

（3）科学评价不同国家资源环境承载力适宜性与限制性，摸清"上限"，是推进"六廊六路"国别建设的重要基础保障。

"一带一路"建设涉及大量基础设施项目，面临诸多资源环境与自然灾害挑战。"六廊六路"建设大多对当地资源的依赖性较强，对环境影响也比较大，必须将建设置于客观评价不同国别资源环境承载力承载水平与超载状态，以及资源环境适宜性与限制性等的基础上，贯彻绿色发展理念。避免因资源环境问题认识不当导致当地居民反对、保证项目顺利实施，减轻对外投资风险，避免因资源环境问题而引发外交风险乃至政治风险。我国政府一向高度重视绿色发展，不断落实绿色方案，倡导推进生态文明建设。在对外投资方面，商务部、环境保护部（2018 年更名为生态环境部）联合发布了《对外投资合作环境保护指南》（商合函 [2013] 74 号），对境外投资中资企业的环保行为提出了指导意见。然而，有些早期的对外投资项目，环境保护问题没能得到妥善处理，使得东道国政府对投资者采取了环境规制。为了发挥中国的引领作用，消除合作过程的疑虑，更好地推进绿色"一带一路"的建设，实现区域整体合作共赢，必须开展资源环境承载力评价研究。

（4）厘清"一带一路"各共建国人口与资源环境关系，提出国别适应策略与政策建议，可为绿色丝绸之路建设提供决策支持。

资源环境承载力是区域人口与资源环境在不同时空尺度相互作用的表征。资源环境承载状态是决定地区开发潜力和开发风险的重要因素。"一带一路"共建国家资源禀赋差异较大，加之社会经济发展的差异，造成了不同国家之间资源环境承载状况存在差异。这种差异决定了该地区各国不可能走相同的发展道路，需要基于资源环境承载状态进行可持续发展路径的选择。系统掌握共建各国资源环境与社会经济状况，科学研判共建国家资源环境承载状态，将有效地提升绿色丝绸之路建设空间布局的科学性，科学指导绿色丝绸之路建设路径选择，推进绿色丝绸之路建设，践行生态文明理念，提高我国应对共建各国资源环境承载状态变化而引起安全风险的能力。

1.1.2 科学发展需要

资源环境承载力研究关乎资源环境"最大负荷"这一基本科学命题。国外"资源环境承载力"提法并不常见，国内 2000 年以来趋于频繁。资源环境承载力研究从静态评价到动态监测、从分类评价到综合评估，正由单一资源约束评价发展到人类的资源环境占用的综合评估。资源环境承载力研究亟待突破资源环境承载阈值界定与关键参数率定技术，从分类到综合发展一套系统化和数字化的评价方法与技术体系。

（1）资源环境承载力研究事关资源环境"最大负荷"科学命题，亟待发展由分类到综合的资源环境承载力综合评价理论与方法。

当前，国外以"资源环境承载力"的提法还不常见，但该提法在国内地理学、资源科学与环境科学等领域较为频繁（张林波等，2009；张燕等，2009；高晓路等，2010；刘文政等，2017）。这与我国长期以来面临的资源环境约束、人地关系紧张总体态势密不可分（方创琳，2004；潘丹等，2013；李小云等，2016）。尽管早在 1995 年我国就已有"资源与环境综合承载力"的文献报道与论述，但是相关研究还仅仅是简单、机械地将生态承载力、资源承载力与环境承载力等概念拢合在一起（刘殿生，1995），深入综合研究还不多见。20 余年来，国内学者坚持致力于资源环境承载力评价方法的本土化研究（齐亚彬，2005；谢高地等，2005；邓伟，2009；高晓路，2010）。到 2016年，国家发展和改革委员会、国家海洋局等 13 部委联合印发了《资源环境承载能力监测预警技术方法（试行）》，标志着资源环境承载力研究已由基础研究进入全面实施阶段。然而，在关键科学问题方面，有关资源环境承载力研究的承载阈值界定与关键参数率定技术等缺乏深入研究（封志明等，2016，2017）。这将深刻制约我国资源环境承载力研究走向全球。"一带一路"共建国家大多属于发展中国家和转型经济体，人口-社会经济发展同样面临资源环境刚性约束，且未来这种约束状态还将加剧（刘卫东，

2015；杜德斌等，2015；公丕萍等，2015；卢锋等，2015）。自 20 世纪 80 年代联合国粮农组织开展土地承载力研究以来，以"适宜性分区—限制性分类—适应性分等—警示性分级"的资源环境承载力综合评价与国别研究还处于空白状态。开展共建国家资源环境承载力评价与适应策略研究，可为更好地实施"一带一路"倡议提供科学依据和决策支持。

（2）土地（资源）承载力研究始于 20 世纪 40 年代，发展于 20 世纪 80 年代，目前正向土地资源承载力综合研究发展。

国外真正意义上的土地承载力始于 1949 年阿伦（W. Allan）在非洲农牧业的研究（Allan，1949）。他给出了土地资源承载力明确定义与计算公式，即"在特定土地利用情形下（未引起土地退化），一定土地面积上所能永久维持的最大人口数量"（Allan，1949）。之后一段时期内，土地承载力在人类学、地理学及资源科学等得到了长足发展（Bose，1967；陈念平，1989；傅伯杰，1993；封志明，1993，1994；封志明等，2008；刘东等，2011；彭文英等，2015；Qian et al.，2015）。与土地承载力较为接近的一个专业术语是"人口承载力"（human carrying capacity）（Leopold，1943；Kirchner et al.，1985；Cohen，1995；Gerland et al.，2014），最早由 A. Leopold 于 1943 年提出。国外有关土地承载力代表性论著有福格特（W. Vogt）的《生存之路》（Vogt，1948）与埃里奇（P. Ehrlich）的《人口爆炸》（Ehrlich et al.，1968）。其中，福格特较早给出了承载力的概念方程式。同时期，国内有关区域人口急剧增长的代表性论著有马寅初（1957）的《新人口论》。但是，我国真正意义上的土地承载力研究，则首推石玉林院士领衔的"中国土地资源生产能力及人口承载量研究"。石先生堪称我国土地（资源）承载力的开拓者与奠基者。在 20 世纪 80~90 年代，他们研究认为我国土地理论的最高人口承载量可能是 16 亿人，并在相当长的时期内将处于临界状态（石玉林等，1989；陈百明，1991）。之后代表性研究为陈百明先生组织的"中国农业资源综合生产能力与人口承载能力"研究（陈百明，2001），以及国家人口和计划生育委员会（2018 年更名为国家卫生健康委员会）发展规划与信息司 2009 年开展的"人口发展功能区研究"研究（陈立等，2009）。当前，土地承载力评价已从土地资源潜力（王宗明等，2007；郭造强等，2011），逐步向土地资源利用强度、多功能性、综合承载力发展（于广华等，2015；Yan et al.，2017；郑娟尔等，2017），且其定量研究方法日趋多元化（史娜娜等，2017；贾克敬等，2017；温亮等，2017；黄宇驰等，2017）。

（3）水资源承载力研究始于 20 世纪 90 年代，发展于 2000 年前后，目前正朝向水资源承载力系统研究发展。

国外水资源承载力术语最早出现在 1886 年《灌溉发展》一书中（California Office of State Engineer，1886），原是指美国加州两条河流的最大水量。该研究还停留在承载力的概念借用层面，类似用法还有关于岩层的持水能力（Jack，1895）。之后，这种关于河流、装置等的载水能力或者化学物质的持水能力的描述从未间断。相对于土地承载力研究而言，国外有关水资源承载力的研究报道较少，尽管也有中国学者在国外期刊上发表的研究成果。我国有关水资源承载力公开报道的专论研究始见于《乌鲁木齐河流域水资源承载力及其合理利用》（施雅风等，1992）。之后，刘昌明院士于 1994 年研究了水资源承载力限制下我国城市体系的宏观布局（牟海省等，1994）。2000 年起，程国栋院士（徐中民等，2000）、夏军院士（夏军等，2002）、王浩院士（王浩，2003）等国内水资源领域知名专家相继开展了区域水资源承载力研究。其中以"西北地区水资源合理配置和承载能力研究"（王浩，2003）为代表，影响力很大。之后，区域层面的水资源承载力研究趋于常见（封志明等，2006；潘兴瑶等，2007；段春青等，2010；何仁伟等，2011；何杰等，2014）。但是，国家或者国别层面的水资源承载力综合对比研究还处于起步阶段（谢高地等，2005；刘佳骏等，2011）。近年来，水资源承载力与水安全保障日益受到学界关注，涉及内容包括国家水资源战略配置（何希吾，1991；钱正英，2001；王浩，2012；王浩等，2015）、跨境流域水安全（柳江等，2015；何大明等，2016）、区域水资源承载能力监测、预警与调控（戴靓等，2012；石建省等，2014；李宁等，2015）等，水资源系统综合承载力研究（阎新兴等，2009）成为缺水地区可持续发展的重要内容（屈小娥，2017；郭倩等，2017）。在方法上，也呈现多元化特征（戴明宏等，2016；罗宇等，2015；王建华等，2016；王建华等，2017）。

（4）生态承载力研究始于 20 世纪 20 年代，发展于 20 世纪 90 年代，评价对象从单一要素转向多要素乃至整个生态系统。

在承载力的众多衍生概念中，生态学领域的承载力，即生态承载力较早受到关注（Thomson，1886；Andrews，1919；Storm，1920；Sayre，2008）。生态承载力概念最早由 Hawden 与 Palmer 两人于 1922 年确切阐述，即指"在不被破坏的情况下，一个牧场特定时期内所能支持放牧的存栏量"。早期的生态承载力概念通常与有机体数量密度相关（Seidl et al.，1999）。与生态承载力相类似的概念还包括最大捕获量（Pauly et al.，1995）、最大载畜量（Wooton，1916；Hadwen and Palmer，1922；Valentine，1947）、增长上限或平衡密度等。生态承载力既可理解为自然体系维持和调节系统能力的阈值，也可以理解为自然体系所能维持的平衡状态。相对而言，国内学者于 20 世纪 90 年代初才开始对生态承载力进行研究（张衍广等，2008；张可云等，2011；刘东等，2012）。90 年代以来，生态承载力研究方法包括净初级生产力估测法、生态足迹法、供需平衡法（向芸芸等，2012）、综合指标评价法（向芸芸和蒙吉军，2012；黄静等，2016）和系统模型法（李林子等，2016）等。随着社会经济发展和对人地关系的关注，一些学者应用参与式利益相关者分析的方法，研究人类社会系统对自然生态系统的消耗及其对土地资源的影响，分析未来消耗变化的土地需求情景（潘理虎等，2012；Zhen et al.，2014），以及维持生态系统健康、确保生态系统持续提供产品和服务的政策机制。到目前为止，相生态承载力概念、内涵与研究方法相对成熟（曹智等，2015）。随着社会经济发展和对人地关系的关注（Kastner et al.，2012；Krausmann et al.，2013），生态承载力评价的理论和方法也在发生着变化，生态承载力研究对象趋向多元化，研究领域呈现交叉综合趋势：首先，生态承载力评价更加关注人类需求和生态系统的脆弱性，自然条件变化和人类活动强度一旦超过了生态系统的承载阈值，生态系统难以恢复到原来的平衡状态（Liu et al.，2017；Running，2012；Nash et al.，2017）；其次，生态承载力评价更加强调机理模拟和多尺度计量的方法，一些学者应用利益相关者分析、多主体建模等方法，研究人类社会系统对自然生态系统的消耗及其对生态环境的影响，分析未来消耗需求的变化，以及维持生态系统健康、确保生态系统持续提供产品和服务的政策机制（Satterthwaite et al., 2010；UNEP，2012；潘理虎等，2012；Zhen et al., 2014；2017）；此外，生态承载力评价研究更加关注开放系统中生态消耗的流动性，因为单要素评估体系中缺乏对资源供给、资源消耗及其生态环境效应的变化机制的考量，不能对生态系统的开放性及流动性特征进行定量的模拟评估和动态监测，需要发展表达多要素耦合过程、流动性与开放性的模型方法以准确评估生态承载力（封志明等，2008，2017）。

展望未来，资源环境承载力研究，在科学层面，亟待突破承载力阈值界定与关键参数率定、定量评价与综合评价和资源环境承载力系统集成的数字化和空间化关键技术方法（封志明等，2016，2017）。在实践层面，资源环境承载力已从分类到综合，从理论到实践，由关注单一资源约束发展到人类对资源环境占用的综合评价。它已不再是仅仅关注某项单项资源或单一环境要素约束的可承载能力，而是强调人类对区域资源利用与占用、生态退化与破坏、环境损益与污染，即资源环境承载力的综合评价与集成评价。在管理层面，资源环境承载力已成为测度人地关系协调发展与区域可持续发展的重要判据。基于"适宜性分区—限制性分类—适应性分等—警示性分级"的系统递进研究，将促使资源环境承载力研究由基础评价、分类评价走向综合评价和预警调控。总之，资源环境承载力研究亟待突破承载阈值界定与关键参数率定技术，从分类到综合发展一套系统化和数字化的评价方法与技术体系。

1.1.3　项目科学意义

"一带一路"共建国家资源环境承载力国别评价与适应策略研究，将在资源环境承载力阈值界定与参数率定方法、资源环境承载力分类评价与综合评价以及资源环境承载力评价的数字化与系统化等方面推进资源环境承载力评价理论和方法的发展。

（1）研究提出资源环境承载力阈值界定与参数率定方法，有助于发展资源环境承载力研究的方法论。

资源环境承载力是衡量自然环境与人类经济社会活动之间相互关系的科学概念，是衡量人类社会经济与资源环境协调发展的重要依据，其意味着人类的活动必须保持在地球所能承受的资源、生态、环境的限度之内。超载阈值实际上是资源环境承载力的一个清晰化表述和量化的管理控制目标。在可持续发展概念下，承载力是指自然资源与生态环境最大可能支撑的社会经济规模与质量，当超过这一规模和质量时，人类社会经济发展将面临不可持续状态并有可能走向衰退甚至崩溃。近些年来，资源环境承载力研究逐渐实现了由分类到综合、由静态到动态、由定性到定量、由基础到应用的转变，但资源环境承载力的阈值界定与关键参数率定仍是综合研究的热点与难点。课题拟深入研究并提出资源环境承载力阈值界定与参数率定方法，有助于发展资源环境承载力研究的方法论。

（2）研究发展资源环境承载力分类评价与综合评价技术，有助于深化资源环境承载力区域综合集成研究。

资源环境承载力是一个区域性问题，已成为衡量国家或地区人地关系协调发展程度的重要判据。资源环境承载力是从分类到综合的资源承载力与环境承载力（容量）的统称。从评价主体看，资源环境承载力研究既包括单项分类研究，也包括综合集成研究。资源环境承载力分类研究已比较系统，但资源环境承载力综合研究相对薄弱。随着世界范围内工业化和城市化进程的加速，传统的单要素资源环境承载力研究已难以解决社会发展所遇到的新问题，资源环境承载力研究已由单一的土地资源、水资源承载力研究发展到资源、环境、生态乃至资源环境承载力综合研究。且承载力评价多偏重于封闭系统和静态研究，系统开放与承载动态研究不足。资源环境承载力分类定量评价与综合计量是资源环境承载力研究由分类走向综合、由静态走向动态、由定性走向定量的关键技术方法。突破这些技术，将有助于深化资源环境承载力区域综合集成研究。

（3）研究建立资源环境承载力评价系统集成的数字化与空间化技术方法，有助于推进资源环境承载力评价的规范化和系统化。

资源环境承载力是由人类生活、生产活动系统与资源环境等自然界物质系统相互作用形成的，而两大系统在时空二维尺度上都存在很大的变异性，这就决定了资源环境承载力区域评价具有很强的复杂性。为了增强区域资源环境承载力评价的时空可比性，需要提升资源环境承载力评价技术与方法的标准化和系统化，提升资源环境评价结果的空间化。研究建立资源环境承载力评价系统集成的数字化与空间化技术方法，将有助于推进资源环境承载力评价的规范化和系统化。

1.2　研究思路与技术路线

"资源环境承载力、灾害风险与绿色发展路径"是"泛第三极环境变化绿色丝绸之路建设"专项既定解决的科学与实践命题（图1-1）。课题"绿色丝绸之路资源环境承载力国别评价与适应策略"隶属于项目一"绿色丝绸之路建设的科学评估与决策支持方案"，是一项应用性、基础性的研究工作。

课题在项目一中的地位与作用（图1-2）。科学评估"一带一路"共建国家的资源环境承载力与超载风险，可为绿色丝绸之路建设空间路线图提供资源环境基础（课题1），直接服务于绿色丝绸之路建设的科学评估与决策支持（项目一）。定量揭示共建国家资源环境承载力承载水平与承载状态以及区域适宜性和限制性，提出增强资源环境承载力的国别策略与调控路径，可直接为绿色丝绸之路建设提供科学依据和政策建议（课题3）。

图 1-1 专项研究思路与既定解决命题

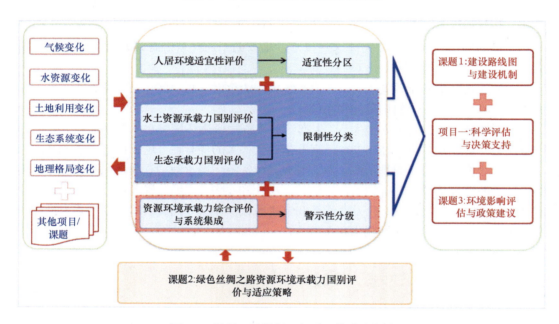

图 1-2 课题（子课题）与项目关系示意图

1.2.1 课题研究思路

　　课题面向绿色丝绸之路建设国家需求，以资源环境承载力基础调查与数据集成为基础，由人居环境自然适宜性评价与适宜性分区，到资源环境承载力分类评价与限制性分类，再到资源环境承载力综合评价与警示性分级，由系统集成到国别应用，递次完成共建国家资源环境承载力国别评价与对比研究，以期为绿色丝绸之路建设提供科技支撑与决策支持。

　　课题遵循"总—分—综"的基本原则，分解为如下 3 个研究内容，即 3 个子课题。课题所设置 3 个子课题的逻辑关系（图 1-3）。

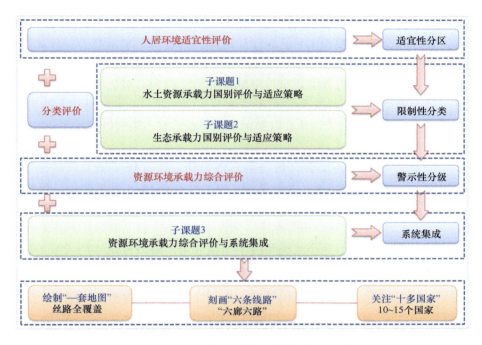

图 1-3 任务分解与课题逻辑关系示意图

子课题 1 和子课题 2，从水资源承载力、土地资源承载力和生态承载力等主要资源环境类别入手，开展资源环境承载力分类评价，以揭示水土资源和生态承载力限制性与国别差异，为资源环境承载力综合评价提供支持。

子课题 3，开展人居环境自然适宜性评价与适宜性分区研究，为整个课题研究奠定基础；从分类到综合，开展资源环境承载力综合评价；集成资源环境承载力评价系统与系统平台，既承担资源环境承载力综合评价任务，又承担系统集成与成果集成角色。

1. 实施方案与技术路线

课题以"一带一路"共建国家资源环境承载力基础调查与人居环境适宜性评价为研究基础，遵循"纵向分解—横向综合—系统集成"的递进式技术路线，由基础调查到适宜性分区，由分类评价到限制性分类，由综合评价到警示性分级，由系统集成到国别应用，递次完成共建国家"适宜性分区—限制性分类—警示性分级"的资源环境承载力国别评价与对比研究。

第一，资源环境承载力基础调查与数据集成，综合运用 3S 技术，将遥感调查与实地考察相结合，立足资源环境基础与社会经济条件开展跨国联合调查与国别制图，集成多尺度、多要素专题数据库与国别数据库，为课题研究提供标准化、规范化数据基础；

第二，人居环境自然适宜性评价与适宜性分区，以公里格网为基础，从地形、气候、水文和地被等自然要素以及自然灾害入手，定量评价共建国家人居环境自然适宜性与限制性，廓清适合人类长年生活和居住地区，为资源环境承载力评价和国别报告夯实基础；

第三，资源环境承载力分类评价与限制性分类，纵向分解为土地资源、水资源与生态系统，从草畜平衡与人粮平衡、水土平衡与人水平衡、水土平衡与人地平衡着手，分门别类开展资源环境承载力评价，以揭示资源环境承载力限制性分类（分区）与超载风险；

第四，资源环境承载力综合评价与警示性分级，在人居环境适宜性评价和资源环境承载力分类评价的基础上，结合人文–社会发展指标，横向综合，集成"适宜性分区—限制性分类—警示性分级"综合评价模型，完成区域/国别综合评价与警示性分级；

第五，资源环境承载力评价系统集成与国别应用，研发资源环境承载力评价系统平台，集成资源环境承载力分类评价与综合评价系统和资源环境承载力国别报告编制与更新系统，为共建国家资源环境承载力评价和国别报告编写提供技术支持和政策建议（图1-4）。

2. 关键环节：多源数据融合与空间尺度转换

多源数据融合与空间尺度转换是共建国家资源环境承载力国别评价的关键环节。地学研究存在尺度依赖性问题，研究的结论与研究尺度的选择具有直接相关性。对共建国家资源环境承载力进行多空间尺度（1公里格网、百公里格网/区域、国家等）的评价尤其必要，相应尺度的评价参数数据支撑必不可少。

研究中涉及的数据类型、数据格式、数据来源、空间分辨率等差异极大，诸如基于不同级别行政单元的统计数据和调查数据、基于不同比例尺的地表要素空间数据、基于不同空间分辨率的多源遥感数据等。需要通过数据融合和空间尺度转换等技术手段，形成一系列具有统一标准的数据集。因此，发展完善属性数据多尺度空间化、不同比例尺/不同格网的尺度上推/下推、矢量数据与栅格数据之间的无损转换等技术方法，是本课题的关键环节。

研究团队已为"绿色丝绸之路资源环境承载力国别评价与适应策略"研究做了良好的数据准备。共建国家的基础地理信息数据已基本处理完毕，水土资源和生态环境的专题数据有待整合处理。1km×1km栅格、分国家尺度是基础（表1-1），所需数据经过尺度处理，都可落在10km×10km、100km×100km、分流域、分国家尺度上，实现基于地理基础上的区域集成，完全满足基于GIS的由栅格向区域转换的需要。

3. 时空尺度与研究范围

时间尺度：依据资料的可得性，资源环境承载力分类评价与综合评价的基期是2015年（2014～2016年），可以更新至2020年（2019～2021年），历史回顾可以追溯到1990～2000年，过去30年；未来展望至2030～2050年，未来30年。

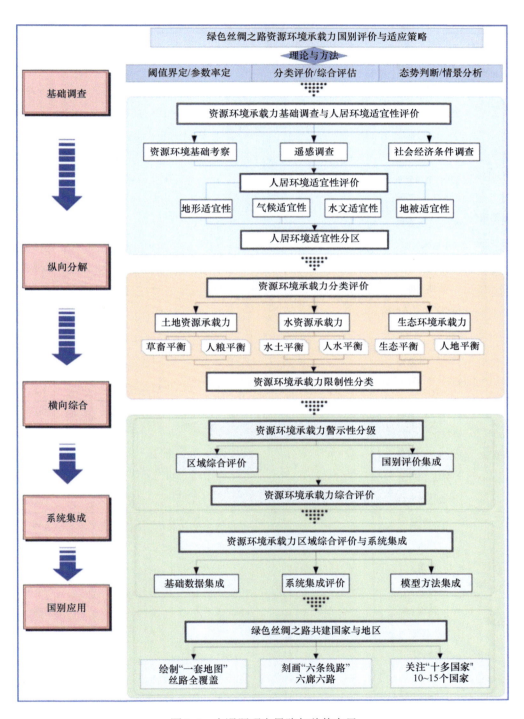

图 1-4 本课题研究思路与总体布局

表 1-1　课题已有基础数据及其处理说明

		1km×1km	10km×10km	100km×100km	流域	国家	数据来源
基础地理	行政区划	−	−	−	−	+	GADM
	土地利用/覆盖	+	↑	↑	↑	↑	ESA
	Landsat TM/ETM+/OLI	↑	↑	↑	↑	↑	USGS
	HJ-1 CCD 数据	↑	↑	↑	↑	↑	资源卫星应用中心
	地形数据	+	↑	↑	↑	↑	USGS
	人口空间分布	+	↑	↑	↑	↑	SEDAC
	GDP 空间分布	+	↑	↑	↑	↑	SEDAC
	湖泊水系分布	↓	↓	↓	↑	↑	Natural Earth
	夜间灯光数据	+	↑	↑	↑	↑	NOAA
	不透水表面	+	↑	↑	↑	↑	NOAA
	公路数据	↓	↓	↓	↑	↑	OSM
	铁路数据	↓	↓	↓	↑	↑	OSM
	人口与社会经济数据	−	−	−	−	+	World Bank
	兴都库什–喜马拉雅区域自然与社会经济	−	−	−	−	+	ICIMOD
	栅格气象数据	+	↑	↑	↑	↑	World Clim
	国际共享气象台站数据集	↑	↑	↑	↑	↑	气象科学数据共享中心
土地资源	粮食生产数据	−	−	−	−	+	FAO
	畜牧业生产数据	−	−	−	−	+	FAO
	渔业生产数据	−	−	−	−	+	FAO
	种植业数据	−	−	−	−	+	FAO
	食物消费数据	−	−	−	−	+	FAO
水资源	水资源	+	↑	↑	↑	↑	FAO
	降雨	−	↓	↑	↑	↑	GPCP
	降雨	−	↓	↑	↑	↑	CMAP
	降雨	−	↓	↑	↑	↑	TMPA
	降雨	−	↓	↑	↑	↑	GPM
	蒸散发	−	↓	↑	↑	↑	MOD16
	蒸散发	−	↓	↑	↑	↑	GLEAM
	径流	−	↓	↑	↑	↑	GRDC
	径流	−	↓	↑	↑	↑	GSWP
	径流	−	↓	↑	↑	↑	GSCD

续表

	1km×1km	10km×10km	100km×100km	流域	国家	数据来源
生态环境	植被指数	+	↑	↑	↑	↑	GIMMS
	植被净初级生产力	+	↑	↑	↑	↑	GIMMS
	农林草资源供给状况	−	−	−	−	+	FAO
	粮食/食物生产与营养	−	−	−	−	+	UN-WFP
	生物质燃料消耗	−	−	−	−	+	BP
	跨区域供给和消耗	−	−	−	−	+	UN Comtrade

空间尺度：以 1km×1km、1∶100 万地理制图与国别制图为基础，10km×10km、100km×100km 可以选择，以国家或地区（二级行政单元）或适宜的流域分区为基本研究单元，从分类到综合，开展共建国家资源环境承载力国别评价与适应策略研究。

研究范围：绘制"一套地图"，将覆盖丝绸之路 64 个共建国家和地区；刻画"六条线路"，重点研究"六廊六路"地区；关注"十多国家"，优先选择地处"六廊六路"的 6～10 个国家开展资源环境承载力国别报告研制。优先考虑中南半岛的老挝、越南、柬埔寨、泰国、缅甸，中亚地区的哈萨克斯坦、吉尔吉斯斯坦、乌兹别克斯坦、塔吉克斯坦、土库曼斯坦，中蒙俄经济走廊的蒙古国，孟中印缅经济走廊的孟加拉国，中巴经济走廊的巴基斯坦和中尼通道的尼泊尔等国家。

1.2.2 专题技术路线

子课题 3，"资源环境承载力综合评价与系统集成"，统揽课题 2 "绿色丝绸之路资源环境承载力国别评价与适应策略"，既承担资源环境承载力综合评价、国别报告与成果集成任务，又担当数据集成、方法集成与系统集成角色。子课题 3 遵循"适宜性分区—限制性分类—适应性分等—警示性分级"的技术路线，从人居环境适宜性评价与适宜性分区，到资源环境承载力分类评价与限制性分类，到社会经济适应性评价与适应性分等，再到资源环境承载能力综合评价与警示性分级，建立由分类到综合的资源环境承载力综合评价模型，实际应用于区域评价与国别评价；在此基础上，由系统研发到国别应用，建立资源环境承载力综合评价与系统集成平台，研究发展资源环境承载力分类评价与综合评价系统和国别报告编制与更新系统，实际应用于绿色丝绸之路共建国家资源环境承载力国别评价与适应策略研究（图 1-5）。

子课题 3 将覆盖全域所有国家，关注"六廊六路"重点地区，优先选择中南半岛、中亚和南亚等地区的重点国家开展国别研究。优先考虑中南半岛的老挝、越南，南亚地区的孟加拉国、尼泊尔，中亚地区的哈萨克斯坦、乌兹别克斯坦等 6～10 个国家。

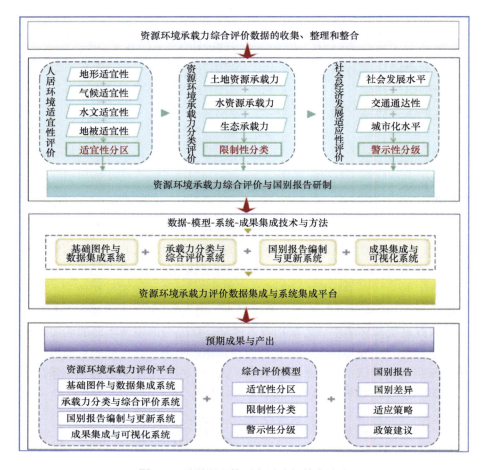

图 1-5　子课题 3 的研究思路与技术路线

1. 专题 3-1：资源环境承载力综合评价与国别报告研制

专题 3-1 遵循"适宜性分区—限制性分类—适应性分等—警示性分级"的技术路线（图 1-6），从人居环境适宜性评价与适宜性分区，到资源环境承载力分类评价与限制性分类，到社会经济适应性评价与适应性分等，再到资源环境承载能力综合评价与警示性分级，建立 1 个基于 GIS 的多图层叠置、多要素逐级判别、多尺度综合集成的资源环境承载力综合评价模型，完成共建国家资源环境承载力综合评价和国别报告编制，并提出绿色丝绸之路重要地区和重点国家的资源环境承载力适应策略、技术路径和政策建议。

1）人居环境适宜性评价与适宜性分区

基于地形、气候、水文、地被等人居环境适宜性指标，构建人居环境单因素评价模型和综合评价模型；在 GIS 技术支持下，以公里格网为基础，评价共建国家的地形适宜性、气候适宜性、水文适宜性、地被适宜性及人居环境综合适宜性；通过关键阈值界定，进行人居环境适宜性分区（适宜/临界/不适宜），以廓清共建国家适宜人类常年生存与发展的地区及其优劣水平。

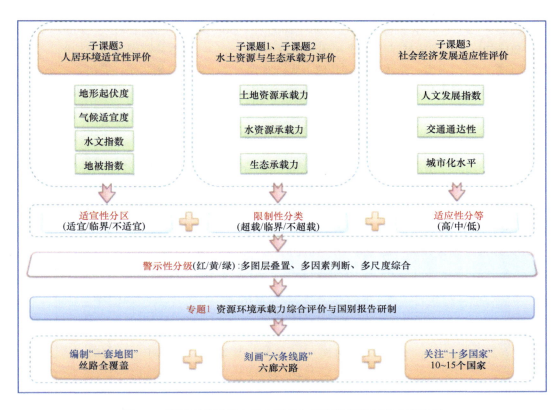

图 1-6　资源环境承载力综合评价与国别报告研制技术路线图

2）社会经济发展适应性评价与适应性分等

基于人文发展指数、交通通达性及城市化水平等社会经济适应性评价指标，构建社会经济发展单要素评价模型和综合评价模型；在 GIS 技术支持下，以国家或地区为基础，评价共建国家的人文、交通、城市化及社会经济发展综合适应性；通过关键阈值界定，进行社会经济适应性分等（高/中/低），以确定不同国家或地区的社会经济发展水平及其资源环境承载力调节能力与适应性。

3）资源环境承载力综合评价与警示性分级

依据"适宜性分区—限制性分类—警示性分级"的思路，从人居环境适宜性评价与适宜性分区，到资源环境承载力分类评价与限制性分类（由子课题 1 和子课题 2 完成并提供基础数据），再到社会经济发展适应性评价与警示性分级，建立 1 个基于 GIS 的多图层叠置、多要素逐级判别、多尺度综合集成的资源环境承载力综合评价模型，完成共建国家资源环境承载力综合评价和警示性分级（红/黄/绿），以理清不同国家或地区的资源环境承载力及其超载风险。

4）资源环境承载力国别评价与适应策略

在人居环境适宜性评价与适宜性分区、资源环境承载力分类评价与限制性分类和社会经济发展适应性评价与警示性分级的基础上，立足现实（基期 2014～2015 年，可更新到 2019～2021 年），回顾过去（1990～2000 年，30～50 年），展望未来（2030～2050 年，20～30 年），完成共建国家资源环境承载力综合评价，编制共建国家重要地区的资源环境承载力国别报告；并从封闭到开放、从自然到人文、从现实到未来，提出不同国家或地区的资源环境承载力适应策略与增强路径，为国家绿色丝绸之路建设提供决策支持和政策建议。

2. 专题 3-2：资源环境承载力分类评价与综合评价系统

专题 3-2，在资源环境承载力分类评价和综合评价理论与模型研究的基础上，进行资源环境承载力分类评价和综合评价流程的系统化、标准化设计，包括各类评价的数据要求、模型结构及参数设定、评价结果的可视化表达，构建资源环境承载力分类评价与综合评价系统，实现资源环境承载力评价的流程化和标准化，为共建国家资源环境承载力分类评价、综合评价与适应策略研究提供技术工具（图 1-7）。

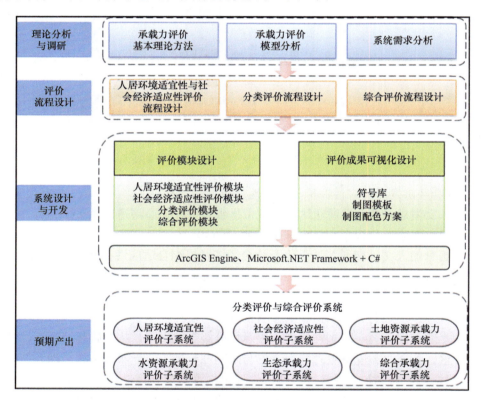

图 1-7　资源环境承载力分类评价与综合评价系统研发技术路线图

1）资源环境承载力评价模型调研与系统需求分析

查阅和收集有关承载力及其评价方面的文献资料，总结和归纳水资源承载力、土地资源承载力和生态承载力评价模型研究成果，厘清不同评价方法和模型的适用条件和范围，对模型方法进行归类。"一带一路"共建国家众多，各国自然环境与资源禀赋差异

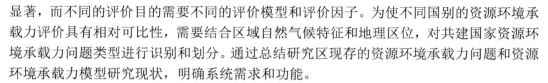

显著，而不同的评价目的需要不同的评价模型和评价因子。为使不同国别的资源环境承载力评价具有相对可比性，需要结合区域自然气候特征和地理区位，对共建国家资源环境承载力问题类型进行识别和划分。通过总结研究区现存的资源环境承载力问题和资源环境承载力模型研究现状，明确系统需求和功能。

2）资源环境承载力评价流程的标准化设计

本研究需要对丝绸之路众多国家开展资源环境承载力分类评价和国别评价。为使不同国别的资源环境承载力评价标准化，并且评价结果具有可比性，需要建立资源环境承载力分类评价与综合评价的标准化流程。研究将在现有资源环境承载力理论方法综合分析的基础上，结合前述子课题分类评价和综合评价的成果，从数据校验、模型筛选、因子选取、权重设置、制图输出等环节出发，通过概况和归纳，为绿丝绸之路共建国家资源环境承载力评价制定通用的、一致性、规范化框架。

3）资源环境承载力评价系统设计与功能实现

系统的总体设计主要分为三个层次，分别为用户管理层、数据库层和功能层，涵盖整个系统的所有操作模块。用户管理层主要用于管理用户，包括管理员和专家；数据管理层主要是基于数据库系统，实现数据收集与处理，包括空间数据和属性数据的上传、调用和显示等；功能层是资源环境承载力评价系统的核心层次，包含水、土和生态承载力评价的主体操作，建立评价模型、构建评价指标体系、设定指标权重以及调用建立的或已有的评价模型，最后完成综合评价以及可视化输出结果等功能。

系统功能模块设计主要包括指标体系输入模块，用于资源环境承载力评价的指标构建模式和指标筛选；指标权重设定模块主要是依据给定的主客观赋权法确定所选因子的权重，也就是因子对资源环境承载力的影响程度；分类和综合评价模块主要用于对评价因子的空间计算分析处理；可视化模块主要针对评价结果的制图输出需求，开展制图符号库设计、制图模板设计、配色方案设计等，以多种表达方式对评价结果进行标准化输出和展示。

系统的功能实现将采用 C/S 架构设计，以 ArcGIS Engine、Microsoft.NET Framework 为组件开发集成环境，以 C#作为开发语言，利用 ArcGIS Engine 进行二次开发建立资源环境承载力评价系统，在可视化方面，基于 ESRI 公司的 ArcGlobe 开发平台、OpenGL 计算机图形可视化技术实现承载力评价的二维或三维的空间可视化、分析、查询等功能。系统通过标准化流程设计，集成资源环境承载力单项评价模型和综合评价模型，并利用可视化技术进行结果输出，为资源环境承载力国别评价提供通用技术工具。

3. 专题 3-3：资源环境承载力评价国别报告编制与更新系统

专题 3-3，将综合考虑国别资源环境承载力的分类评价与综合评价、现状评价与趋势预测等报告的需求，集成模板库管理技术与业务流程控制技术，实现从国别评价报告任务定制–国别数据提取–专题产品生产–问题分析–评价报告生成的国别资源环境承载力评价报告发布业务运行模式（图1-8）。系统首先是综合集成数据库、模板库，以及业

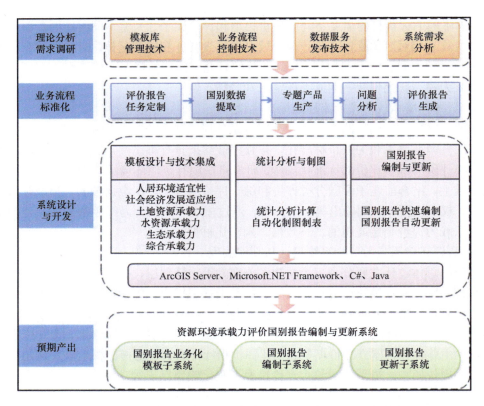

图 1-8　资源环境承载力国别报告编制与更新系统研发技术路线图

务流程，为国别报告的业务化定制与编制提供技术支持；然后是在统计分析与制图功能支持下，实现相关统计分析并制图/表，为国别报告提供图/表，最后实现国别报告编制与更新系统的研发与应用。

1）资源环境承载力国别报告业务化流程设计

国别评价涉及多个国家，建立一致性的、规范的报告体系至关重要。因此，需要设计资源环境承载力评价国别报告生成的业务化流程。在理论分析与需求调研基础上，采用标准化流程设计方法，设计实现从国别评价报告任务定制—国别数据提取—专题产品生产—问题分析—评价报告生成的国别资源环境承载力评价报告发布业务运行模式。

2）资源环境承载力国别报告模板库构建

针对相关共建国家和地区资源环境禀赋的差异，既要使相应的评价结果可比，又要突出国别的典型资源环境承载力问题。为此，需要设计共建国家资源环境承载力评价国别报告标准化模板，形成分类评价与综合评价相结合、现状评价和趋势预测相补充、支撑数据和评价结论相统一的报告模板体系。模板设计拟集成文档模板、报表模板（人居环境适宜性评价结果表、分类评价及综合评价结果表、社会经济发展适应性评价结果表等）、地图模板（区域位置图、基础地理环境要素图、人居环境适宜性评价图、分类评价与综合评价图、社会经济发展适应性评价图等）等多种技术，结合 GIS 系统强大的数据分析与制图功能，设计图、文、表一体化的报告模板，主要包括：资源环境承载力基础调查与数据集成、人居环境适宜性评价与适宜性分区、土地资源承载力评价与限制性分类/分区、水资源承载力评价与限制性分类/分区、生态承载力评价与限制性分类/分区、社会经济发展适宜性评价与警示性分级和资源环境承载力国别适应策略与政策建议。资源环境承载力报告模板库是国别研究报告编制与更新的基础。

3）国别报告编制与更新系统设计和功能实现

在遵循实用性、可靠性、开放性、科学性、规范化和人性化等原则的前提下，系统开发采用 C/S 架构，基于先进的面向 WebService 的 SOA 体系架构，采用 Java Script、flex、Silverlight、Html5 等技术进行资源环境承载力评价国别报告编制与更新系统的总体设计和详细设计，实现用户管理、模板库选择、统计分析、产品制作以及国别报告的自动生成与发布等功能。

（1）空间统计与制图。按照全覆盖、"六廊六路"和重要国别，设计并研发水、土地、生态、社会经济、人口等指标的空间统计、动态分析、专题制图等功能，实现不同时空尺度的多要素统计与制图。

（2）数据动态更新。设计和研发动态更新功能，包括时态数据的存储与管理、历史数据的查询检索、时态数据的比对与分析、现时数据的更新与维护。系统采用观察者软件设计模式，实现国别报告的远端数据库上传和本地下载功能，当有新的国别数据更新时，系统通过功能层的数据调用接口获取数据库的相关数据之后，利用指标处理模块进行资源环境承载力评价处理，以电子地图、电子文档等形式进行可视化输出，从而实现国别承载力评价报告的快速更新。

（3）国别报告制作。依照设计的国别报告模板，集成数据搜索、空间统计、专题制图、表格生成等功能，研发国别报告自动生成系统。系统通过数据库访问接口从底层评价系统的数据库层获取与特定国别的社会经济以及自然生态信息，然后调用功能层的指标体系处理模块对预选的指标进行标准化、数理统计、数学计算和空间叠置等的处理；调用模板库，根据报告业务化流程，输出资源环境承载力评价报告。

4. 专题 3-4：资源环境承载力评价数据集成与系统集成

专题 3-4，资源环境承载力评价数据集成与系统集成，是在用户需求调研的基础上，构建 B/S 与 C/S 两种模式集成平台，平台主要包括：基础图件与数据集成系统、承载力分类评价与综合评价系统、国别报告编制与更新系统、成果集成与可视化系统 4 大子系统（图 1-9）。通过数据集成与系统集成构建集成平台，并在丝绸之路重点国家/地区开展示范应用与业务化运行。

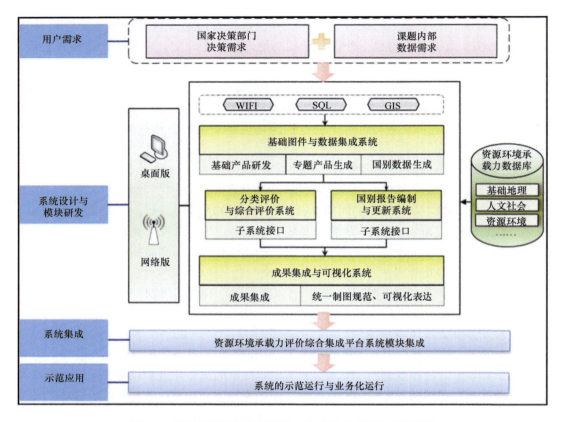

图 1-9　资源环境承载力评价综合集成平台研发技术路线图

1）基础图件与数据集成系统

根据课题数据需求，本研究开展资源环境承载力评价基础产品研发，并集成子课题1～3 水、土、生态评价的过程数据与结果数据，形成三大数据库，即基础数据库、专题数据库和国别数据库。其中基础数据库与专题数据库主要覆盖绿色丝路全域，集成处理后数据的空间粒度主要为 10km，国别数据库主要包含国别基础数据及国别专题数据，集成处理后数据的空间粒度主要为 1km 及省区尺度。

共建国家资源环境承载力评价所需数据来源各异，涉及共建国家资源、生态环境、人文社会等诸多方面的信息，在时空尺度、数据格式等方面存在很大的差异，因此，基础图件与数据集成系统必须对数据产品进行归一化处理与数据编码。其中，归一化处理主要是针对不同空间尺度数据，采用尺度转换方法，转换到统一空间尺度，为后续评价分析提供同一空间参考的数据。数据编码既针对基础数据，也针对专题数据，通过规范化整编所有数据的时间、空间、要素等信息及元数据信息，在科学分类的基础上进行编码，形成统一规范的代码，建立整体数据目录体系。在面向实体及其关系模型的基础上，建立一套完整的组织规范对数据库中评价所需的各数据进行组织与管理，包括空间数据对象关系、约束限制、存储方式、元数据、访问接口规范等，实现空间数据的规范化管理。在基础数据产品处理中，主要包括 DEM 数据空间插补、气候数据空间插值、人口/

GDP 空间化处理等。

2）承载力分类评价与综合评价系统

主要基于人居环境适宜性、土地资源、水资源、生态承载力和综合承载力的标准化评价流程，开发人居环境适宜性评价、社会经济发展适应性评价、资源环境承载力分类评价和综合评价的模块，并针对各类评价成果进行可视化设计，最终形成包括人居环境适宜性评价子系统、社会经济发展适应性评价子系统、水土资源承载力评价子系统、生态承载力评价子系统和综合承载力评价子系统的资源环境承载力评价系统。在系统集成设计上，综合集成平台将预留评价系统的接口，承载力分类评价与综合评价子系统将整体接入到平台中。

3）国别报告编制与更新系统

在对国别报告进行业务化模版设计和业务化技术集成的基础上，通过统计分析与制图功能，实现各类数据的相关统计分析，并生成图/表，为国别报告生成提供统计图/表，并在国别报告编制与更新功能的支持下，实现国别报告的定期编制与更新。在系统集成设计上，综合集成平台将预留国别报告编制与更新系统的接口，该子系统将整体接入到平台中。

4）成果集成与可视化系统

根据子课题 1～3 人居环境适宜性评价、社会经济适应性评价、资源环境承载力分类评价及综合评价的单因素、过程评价成果，通过成果集成，快速生成各类评价的最终结果。通过采用统一的投影坐标系、指北针、图例样式、比例尺等，并通过规范不同类别点、线要素的注记符号、栅格影像的分级设色或渲染等，制定统一的制图规范，形成统一的制图模版，实现各类资源环境承载力评价产品的快速制图表达。

5）系统集成与示范运行

系统集成主要是对上述系统功能模块进行集成，构建资源环境承载力综合评价与系统集成平台，有效实现各类数据库管理、资源环境承载力分类评价与综合评价、国别报告的编制与更新、成果集成管理与可视化表达等功能，并为其他子课题提供数据支撑。在重点国家/区域示范区，开展平台示范运行与业务化运行，为在丝绸之路进行大范围推广做好准备。

1.3　研究内容与著作框架

课题确立的研究目标是：面向绿色丝绸之路建设的重大国家战略需求，科学认识"一带一路"共建国家资源环境承载力承载阈值与超载风险，定量揭示共建国家水资源承载力、土地资源承载力和生态承载力及其国别差异，研究提出重要地区和重点国家的资源环境承载力适应策略与技术路径，为国家更好地落实"一带一路"倡议提供科学依据和决策支持。

据此确立的子专题研究目标是：面向绿色丝绸之路建设国家需求，科学认识资源环境承载力综合水平与超载风险，建立资源环境承载力综合评价模型，完成共建国家资源环境承载力综合评价与重点国家国别报告编制；研究发展资源环境承载力分类评价与综合评价系统及国别报告编制与更新系统，建立资源环境承载力综合评价与系统集成平台，实现资源环境承载力评价的数字化与系统化；为绿色丝绸之路建设和国家相关决策提供科学依据和决策支持。

1.3.1 子专题研究内容与专题设置

"绿色丝绸之路资源环境承载力综合评价与系统集成"是在集成丝绸之路资源环境承载力基础数据库、专题数据库与国别数据库的基础上，一方面，从人居环境适宜性评价与适宜性分区，到资源环境承载力分类评价与限制性分类，到社会经济发展适应性评价与适应性分等，再到资源环境承载能力综合评价与警示性分级，建立资源环境承载力综合评价模型，完成丝绸之路资源环境承载力综合评价与重点国家的国别报告；另一方面，发展资源环境承载力评价的数字化、空间化和可视化等关键技术，研发资源环境承载力分类评价与综合评价系统及国别报告编制与更新系统；建立资源环境承载力综合评价与系统集成平台，实现丝绸之路资源环境承载力综合评价、国别评价及国别报告的及时编制与快速更新。根据前述研究目标与主要研究内容，子课题 3 设置如下 4 个研究专题：

专题 1：资源环境承载力综合评价与国别报告研制；
专题 2：资源环境承载力分类评价与综合评价系统；
专题 3：资源环境承载力国别报告编制与更新系统；
专题 4：资源环境承载力评价数据集成与系统集成。

从专题关系看，专题 1 进行资环境承载力综合评价与国别报告编制，为专题 2 的评价过程标准化和专题 3 的报告模板设计提供模型与方法支持；同时，专题 2 和专题 3 为专题 1 提供技术支撑；专题 4 既为其他 3 个专题提供数据支持，也集成其他 3 个专题和其他 2 个子课题的成果，进行数据、成果管理及共享应用（图 1-10）。

专题 1，资源环境承载力综合评价与国别报告研制：建立人居环境适宜性评价模型和社会经济发展适应性评价模型，完成共建国家人居环境适宜性评价与适宜性分区和社会经济发展适应性评价和适应性分等；构建基于"适宜性分区—限制性分类—适应性分等—警示性分级"资源环境承载力综合评价模型，完成共建国家资源环境承载力综合评价和国别报告编制，并提出资源环境承载力国别适应策略与政策建议。包括：

人居环境适宜性国别评价与适宜性分区；
资源环境承载力综合评价与警示性分级；
资源环境承载力国别评价与国别报告研制；
资源环境承载力国别适应策略与政策建议。

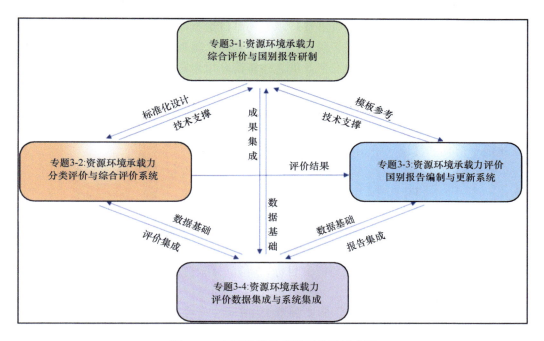

图 1-10 专题设置及其相互关系示意图

专题 2，资源环境承载力分类评价与综合评价系统：从土地资源承载力、水资源承载力、生态承载力分类评价到资源环境承载力综合评价，研究集成资源环境承载力分类评价与综合评价系统；研究发展资源环境承载力分类评价与综合评价过程的数字化、空间化和可视化等关键技术，实现资源环境承载力分类评价与综合评价的流程化、标准化和系统化。包括：

资源环境承载力分类评价和综合评价流程的标准化设计；

资源环境承载力评价数字化、空间化与可视化技术研究；

资源环境承载力评价系统设计与功能实现。

专题 3，资源环境承载力评价国别报告编制与更新系统：设计丝绸之路资源环境承载力评价国别报告业务化模板，形成分类评价与综合评价相结合、现状评价和趋势预测相补充、支撑数据和评价结论相统一的报告模板体系与发布系统，在国别数据集成、评价结果统计分析与制图/表和模型系统的统一管理和驱动下，实现基础数据和评价报告的定期更新和快速发布。包括：

国别报告业务化模板设计与技术集成；

国别评价结果统计分析与制图/表；

国别报告编制与更新系统设计和功能实现。

专题 4，资源环境承载力评价数据集成与系统集成：研究多时空、多维度、多类型、海量的基础地理、资源环境、人口和社会经济等数据整合、编码、融合与集成处理技术，重点集成系列化、标准化的资源环境承载力专题数据产品，集成资源环境承载力评价模型库，建立重点国家、重点地区资源环境承载力基础数据库与评价专题数据库，在此基础上，集成资源环境承载力分类评价和综合评价系统、国别报告编制与更新系统的建设成果，开展集成平台研发，实现绿色丝绸之路资源环境承载力信息的分类、分级可视化表达和信息安全控制。包括：

数据标准化集成与基础产品研发；

数据库、模型库、成果库集成及其管理系统；

集成平台功能模块（子系统）设计和研发。

1.3.2　著作框架与章节安排

全书共 11 章。第 1 章绪论，下分上、下两篇。上篇资源环境承载力综合评价，包括第 2~6 章；下篇资源环境承载力系统集成，包括第 7~11 章。

第 1 章，扼要阐明立项背景与研究目标、研究思路与技术路线、研究内容与著作框架、研究进展与主要成果。

第 2 章，诠释"适宜性分区-限制性分类-适应性分等-警示性分级"的资源环境承载力综合评价技术体系与方法。

第 3 章，基于人居环境适宜性评价模型，系统评价丝路共建地区人居环境自然适宜性。

第 4 章，揭示丝路共建地区不同尺度水土资源和生态环境承载能力，探讨丝路共建地区资源环境限制性。

第 5 章，基于社会经济适应性评价模型，系统评价丝路共建地区社会经济发展水平和适应等级。

第 6 章，基于资源环境承载力综合评价模型，定量揭示不同国家和地区的资源环境承载能力，系统完成不同国家和地区的资源环境承载能力综合评价与警示性分级。

第 7 章，总体阐述平台逻辑框架、技术架构和组成部分。

第 8 章，诠释平台数据库系统的框架结构、建设过程与主要功能。

第 9 章，诠释资源环境承载力分类评价与综合评估子系统的总体框架、功能实现与实践应用。

第 10 章，诠释国别报告编制与更新子系统的建设思路、数据资源建设、模板库构建、功能实现与应用效果。

第 11 章，诠释成果集成与可视化子系统的逻辑框架、技术框架、成果组织与主要功能。

1.4　研究进展与主要成果

建立基于人居环境适宜性、资源环境限制性和社会经济适应性的资源环境承载指数模型（PREDI），遵循"适宜性分区—限制性分类—适应性分等—警示性分级"的技术路线，研发由分类到综合的资源环境承载力系统集成平台与综合评价系统（RECCS），以公里格网为基础，以国家和地区为基本研究单元，完成丝绸之路共建国家和地区资源环境承载力分类评价与限制性分类和综合评价与警示性分级，揭示丝路共建国家和地区的资源环境承载阈值和超载风险，为绿色丝绸之路建设路线图设计和发展路径选择提供重要的科学依据和决策支持。

1.4.1　建立由分类到综合的资源环境承载指数模型

发展资源环境承载能力综合评价的理论与方法，遵循"适宜性分区—限制性分类—适应性分等—警示性分级"的资源环境承载力综合评价的研究思路和技术路线，由分类到综合，建立基于人居环境适宜指数（HEI）、资源环境限制指数（REI）和社会发展适应指数（SDI）的资源环境承载指数（PREDI）模型，逐步完成绿色丝绸之路人居环境适宜性评价与适宜性分区、资源环境承载力分类评价与限制性分类、社会经济适应性评价与适应性分等和资源环境承载能力综合评价与警示性分级。

（1）建立基于地形起伏度、地被指数、水文指数和温湿指数的人居环境适宜指数（HEI）模型，以公里格网为基础，逐步完成丝绸之路共建国家和地区的人居环境适宜性评价与适宜性分区。

（2）建立基于土地资源承载指数、水资源承载指数和生态承载指数的资源环境限制指数（REI）模型，以国家或地区为单元，逐步完成丝绸之路共建国家和地区的水土资源和生态环境承载力分类评价和限制性分类。

（3）建立基于人类发展指数、交通通达指数和城市化指数的社会经济适应指数（SDI）模型，以公里格网为基础，逐步完成丝绸之路共建国家和地区的社会经济发展水平评价与适应性分等。

（4）建立基于人居环境适应指数（HEI）、资源环境限制指数（RCI）和社会经济适应指数（SDI）的资源环境承载指数（PREDI）模型，从分类到综合，逐步完成丝绸之路共建国家和地区资源环境承载力综合评价与警示性分级。

1.4.2　研发资源环境承载力系统集成平台与综合评价系统

面向丝绸之路共建国家与地区资源环境承载力评价数字化、空间化、可视化与系统化的需求，以 C/S 架构和 B/S 架构相结合的方式，通过数据集成、技术集成与成果集成，研发了绿色丝绸之路资源环境承载力系统集成平台与综合评价系统（RECCS）。平台包括四个系统：

（1）RECC 基础图库与数据集成系统，优化多时空、多维度、多类型、海量的基础地理、资源环境、人口和社会经济等数据整合、编码、融合与集成处理技术，集成了系列化、标准化的资源环境承载力基础数据库和专题数据产品，实现丝绸之路不同共建国家和地区的数据集成与管理，有效支撑共建国家和地区的资源环境承载力评价和国别报告研制。

（2）RECC 分类评价与综合评价系统，设计从土地资源承载力、水资源承载力、生态承载力分类评价到资源环境承载力综合评价的标准化流程，构建资源环境承载力分类评价与综合评价系统；发展资源环境承载力分类评价与综合评价过程的数字化、空间化和可视化等关键技术，实现资源环境承载力分类评价与综合评价的流程化、标准化和系统化，实际应用于共建国家和地区的资源环境承载力分类评价和综合评价。

（3）RECC 国别报告编制与更新系统，设计丝绸之路资源环境承载力评价国别报告业务化模板，形成分类评价与综合评价相结合、现状评价和趋势预测相补充、支撑数据和评价结论相统一的报告模板体系与发布系统，在国别数据集成、评价结果统计分析与制图/表和模型系统的统一管理和驱动下，实现基础数据和评价报告的定期更新和快速发布，实际应用于老挝、尼泊尔、孟加拉国、哈萨克斯坦和乌兹别克斯坦等重点国家的国别报告编制。

（4）RECC 成果集成与可视化系统，集成人居环境适宜性、社会经济适应性、水资源承载力、土地资源承载力、生态承载力、综合承载力六方面成果，实现对评价成果、专题图件、论文专著及研究报告四类成果，共建国家全域与重点国家两个空间尺度的成果集成与多维可视化。

1.4.3 完成绿色丝绸之路资源环境承载力分类评价与限制性分类

（1）丝路共建地区资源环境承载能力总量尚可，维持在 70 亿人水平，70%集中在中国地区、南亚地区和东南亚地区。

研究表明，丝绸之路共建地区资源环境承载力在 70 亿人水平（2015 年）。其中，生态承载力超过 110 亿人，具有较大的生态发展空间；土地资源承载力和水资源承载力均接近 60 亿人，水土资源不足和土地生产力较低是丝绸之路共建地区资源环境承载力提高的主要限制因素。

（2）丝绸之路共建地区资源环境承载密度为 135 人/km²，地域差异显著。

以平原山地为主的南亚地区、东南亚地区资源环境承载能力较强，资源环境承载密度平均在 300 人/km² 以上，三倍于全区平均水平；而地处高原的蒙俄地区、西亚及中东地区和中亚地区资源环境承载能力较低，资源环境承载密度不到 60 人/km²，远低于全区平均水平。总体看，占地四成的中国、东南亚地区和南亚地区资源环境承载力占丝路共建地区 70%以上，剩余占地六成的区域占比不到 30%。

（3）丝绸之路共建地区有 45 个国家资源环境承载力属于中等或较强水平，20 个国家资源环境承载力较弱。

研究表明，丝绸之路共建地区资源环境承载密度均值为 135 人/km²。据此，以资源环境承载密度 100～250 人/km² 为中等水平，将丝路 65 个共建国家和地区分为强中弱三类地区：资源环境承载力较强的国家有 20 个，2/3 以上的国家受土地资源承载力限制；

资源环境承载力中等的国家有 25 个，近半数受到土地资源承载力限制；资源环境承载力较弱的国家有 20 个，约 1/2 的国家受水资源承载力限制。

1.4.4　完成绿色丝绸之路资源环境承载力综合评价与警示性分级

（1）丝绸之路共建地区资源环境承载力总体处于平衡状态，人居环境适宜性较低和社会经济发展滞后在较大程度上限制了区域资源环境承载力的发挥及其提升。

研究表明，在综合考虑人居环境适宜性、资源环境限制性和社会经济适应性的基础上，丝绸之路共建地区资源环境承载力总体处于平衡状态。其中，拥有 3 成人口、近 20% 的地区资源环境承载力处于盈余状态；拥有 2 成人口、近 45% 的地区处于平衡状态；尚有半数人口、超过 35% 的地区处于超载状态。

（2）丝绸之路共建地区有 35 个国家资源环境承载力处于盈余状态，整体状况良好；有 18 个国家资源环境承载力处于超载状态，承载状态堪忧。

研究表明，丝绸之路共建地区半数国家资源环境承载指数高于 1.125，资源环境承载力处于盈余状态，主要位于中东欧地区，绝大部分国家资源环境承载力较强，人居环境和社会经济发展水平较高；约有 2 成国家资源环境承载指数为 0.875～1.125，资源环境承载力处于平衡状态，主要位于中亚、蒙古国地区，大多是荒无人烟或人口稀疏的荒漠化地区；约有 3 成国家资源环境承载指数低于 0.875，资源环境承载力处于超载状态，主要分布在西亚及中东地区，资源环境承载力有限，人居环境不适宜和社会发展水平滞后，严重制约了资源环境承载力的发挥和提高。

主要研究成果集中反映在《绿色丝绸之路：人居环境适宜性评价》《绿色丝绸之路：土地资源承载力评价》《绿色丝绸之路：水资源承载力评价》《绿色丝绸之路：生态承载力评价》《绿色丝绸之路：资源环境承载力综合评价与系统集成》5 部技术报告和《老挝资源环境承载力评价与适应策略》《尼泊尔资源环境承载力评价与适应策略》《孟加拉国资源环境承载力评价与适应策略》《哈萨克斯坦资源环境承载力评价与适应策略》《乌兹别克斯坦资源环境承载力评价与适应策略》《越南资源环境承载力评价与适应策略》6 部国别报告。

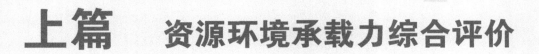

上篇　资源环境承载力综合评价

第2章 丝路共建地区资源环境承载力评价技术方法

为全面反映丝路共建地区资源环境承载力研究的技术方法，特编写第 2 章丝路共建地区资源环境承载力评价技术方法。第 2 章全面、系统地梳理了丝路共建地区资源环境承载力的研究思路与技术方法，主要包括人居环境适宜性评价与适宜性分区，水土资源和生态环境承载力分类评价与限制性分类，社会经济适应性评价与适应性分等和资源环境承载力综合评价与警示性分级等章节。

2.1　研究思路与技术流程

第 2 章以水土资源和生态环境承载力分类评价为基础，结合人居环境适宜性评价与社会经济适应性评价，由分类到综合，研究提出了"人居环境适宜性分区—资源环境限制性分类—社会经济适应性分等—承载能力警示性分级"的资源环境承载能力综合评价思路与技术集成路线，建立了具有平衡态意义的资源环境承载能力综合评价的三维四面体模型——资源环境承载指数模型。

2.1.1　总体思路与研究框架

资源环境承载能力研究事关资源环境"最大负荷"，人居环境适宜性是资源环境承载能力研究的地理基础。由地形、气候、水文和地被等自然地理要素组成的人居环境适宜性，从根本上制约着区域人口的集聚水平与分布格局。水土资源和生态环境则是人类生存与发展主要资源环境要素，是关乎人口与发展的限制条件；与此同时，社会经济发展对资源环境承载能力具有一定的谐适、调节作用，可以通过人类发展水平、交通通达度和城市化率等指标来评价。也就是说，一方面，人口发展与城乡布局既要与人居环境自然适宜性相一致，又要与资源环境承载能力相适应；这不仅体现了人居环境适宜性，也体现了资源环境限制性；另一方面，人口发展与城乡布局既要与资源环境承载力相适应，也要与社会经济发展相协调，这体现了社会经济发展对资源环境限制性的进一步适应，包括强化和调整。

鉴于此，研究基于人口与资源环境协调发展的视角，以人居环境适宜性评价和适宜性分区为前提，以水土资源和生态环境承载力评价与限制性分类为基础，以社会经济适应性评价和适应性分等为调控，逐步完成资源环境承载能力综合评价与警示性分级，实现区域资源环境承载力系统集成与综合评价。总体思路与研究框架（图 2-1）。

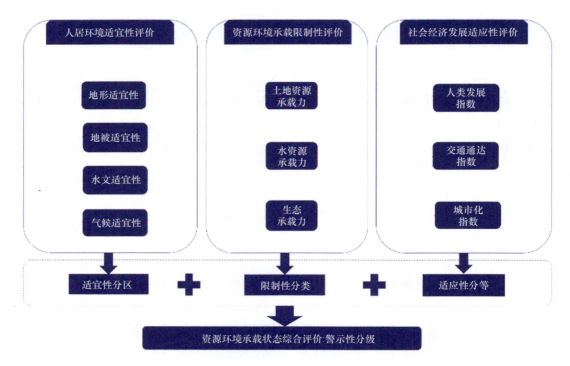

图 2-1　资源环境承载能力综合评价研究思路示意图

2.1.2　技术路线与工作流程

研究遵循"人居环境适宜性分区—资源环境限制性分类—社会经济适应性分等—承载能力警示性分级"的资源环境承载能力综合评价思路和技术集成路线，由分类到综合，建立基于人居环境适宜指数（HSSI）、资源环境限制指数（REI）和社会经济适应指数（SDI）的资源环境承载指数（PREDI）模型，逐步完成人居环境适宜性评价与适宜性分区、水土资源和生态环境承载力评价与限制性分类、社会经济发展适应性评价与适应性分等和资源环境承载能力综合评价与警示性分级。技术路线和工作流程如下：

首先，建立基于地形起伏度、地被指数、水文指数和温湿指数的人居环境适宜指数（HSSI）模型，以公里格网为基础，以分县为基本单元，逐步完成丝路共建地区及不同地区的人居环境适宜性评价与适宜性分区。

其次，建立基于土地资源承载指数、水资源承载指数和生态承载指数的资源环境限制指数（REI）模型，以公里格网为基础，以分县为基本单元，逐步完成丝路共建地区及不同地区的水土资源和生态环境承载力分类评价和限制性分类。

再次，建立基于人类发展指数、交通通达指数和城市化指数的社会经济适应指数（SDI）模型，以公里格网为基础，以分县为基本单元，逐步完成丝路共建地区及不同地区的社会经济发展适应性评价与适应性分等。

最后，建立基于人居环境适宜指数、资源环境限制指数和社会经济适应指数的资源环境承载指数（PREDI）模型，由分项到综合，逐步完成丝路共建地区及不同地区的资源环境承载能力综合评价与警示性分级。以上"3+1"框架的技术路线与研究方法（图 2-2）。

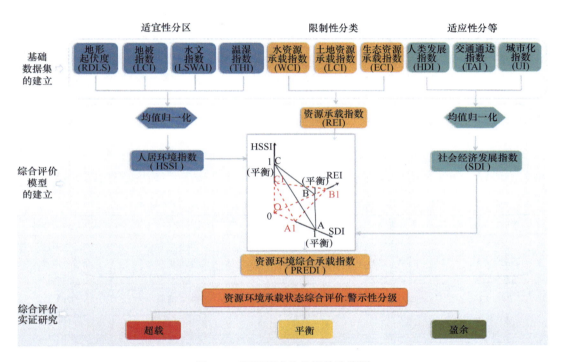

图 2-2　资源环境承载指数路线图

2.2　人居环境适宜性评价与适宜性分区

人居环境是地球表层（主要是陆地表层）可供人类生产与生活、生存与发展的自然本底与环境载体。影响人居环境的自然因素众多，最为基本且决定着其他因素，对人居环境起决定作用的主要包括地形、气候、水文、植被和土地等自然地理要素。

人居环境适宜性评价是对人居环境适宜程度进行分等定级、分类划区的过程，既包括人居环境地形适宜性、气候适宜性、水文适宜性和地被适宜性分类评价，又包括人居环境适宜性与限制性综合评价。人居环境适宜性评价是丝路共建地区资源环境承载能力研究的基础组成和重要内容。

2.2.1 地形起伏度与地形适宜性

1. 地形起伏度及其计算

地形起伏度，是区域海拔和地表切割程度的综合表征，由平均海拔、相对高差及一定窗口内的平地加和构成。计算公式如下：

$$\text{RDLS} = \text{ALT}/1000 + \left\{\left[\text{Max}(H) - \text{Min}(H)\right] \times \left[1 - P(A)/A\right]\right\}/500 \qquad (2\text{-}1)$$

式中，RDLS 为地形起伏度；ALT 为以某一栅格单元为中心一定区域内的平均海拔（m）；Max（H）和 Min（H）是指某一栅格单元为中心一定区域内的最高海拔与最低海拔（m）；P（A）为区域内的平地面积（相对高差≤30m）（km²）；A 为某一栅格单元为中心一定区域内的总面积。

2. 地形适宜性评价

基于地形起伏度的丝路共建地区人居环境地形适宜性共分为五级，即不适宜（包括永久不适宜、条件不适宜）、临界适宜、一般适宜、比较适宜与高度适宜（表 2-1）。

表 2-1 基于地形起伏度的丝路共建地区地形适宜性分区标准

地形起伏度	海拔/m	相对高差/m	地貌类型	人居地形适宜性
>6.5	>5300	>620	极高山	永久不适宜
5.12~6.5	4500~5300	300~620	极高山	条件不适宜
4.2~5.12	3500~4500	200~300	高山	临界适宜
2.8~4.2	1200~3500	100~200	中山、高原	一般适宜
1~2.8	260~1200	<450	低山、低高原	比较适宜
<1	<260	<200	平原、丘陵	高度适宜

2.2.2 温湿指数与气候适宜性

1. 温湿指数及其计算

温湿指数，是指区域内气温和相对湿度的乘积，其物理意义是湿度订正以后的温度，综合考虑了温度和相对湿度对人体舒适度的影响。计算公式如下：

$$\text{THI} = T - 0.55 \times (1 - \text{RH}) \times (T - 58) \qquad (2\text{-}2)$$

$$T = 1.8t + 32 \qquad (2\text{-}3)$$

式中，THI 为温湿指数；T 表示某一评价时段平均空气华氏温度（℉）；t 表示某一评价时段平均空气摄氏温度（℃）；RH 为某一时段平均空气相对湿度（%）。

2. 气候适宜性评价

基于温湿指数的丝路共建地区人居环境气候适宜性共分为五级，即不适宜（包括永久不适宜、条件不适宜）、临界适宜、一般适宜、比较适宜与高度适宜（表 2-2）。

表 2-2　基于温湿指数的丝路共建地区气候适宜性分区标准

温湿指数	人体感觉程度	人居气候适宜性
<30	极冷、极不舒适	永久不适宜
30~40	寒冷（极其闷热）、不舒适	条件不适宜
40~45	寒冷（闷热）、不舒适	临界适宜
45~50，70~75	偏冷（热）、较舒适	一般适宜
50~605	清凉、舒适	比较适宜
60~70	温凉、非常舒适	高度适宜

2.2.3　水文指数与水文适宜性

1. 水文指数及其计算

水文指数或称地表水丰缺指数，反映的是区域自然给水能力，用年均降水量与地表水分状况联合表征。计算公式如下：

$$\text{LSWAI} = \alpha \times P + \beta \times \text{LSWI} \tag{2-4}$$

$$r_h = \text{LSWAI} \times R_{\text{th}} - \text{NRDLS} \times \text{LSWAI} \times R_{\text{th}} \tag{2-5}$$

式中，LSWAI 为水文指数；P 为降水量（mm）；LSWI 为地表水分指数；α、β 分别为降水量与地表水分指数的权重值，默认情况下各为 0.50。LSWI 表征了陆地表层水分的含量，在水域及高覆盖度植被区域 LSWI 较大，在裸露地表及中低覆盖度区域 LSWI 较小。

2. 水文适宜性评价

基于水文指数的丝路共建地区人居环境水文适宜性共分为五级，即不适宜、临界适宜、一般适宜、比较适宜与高度适宜（表 2-3）。

表 2-3　基于水文指数的丝路共建地区水文适宜性分区标准

水文指数	涉及区域	人居水文适宜性
<0.13	干旱区、极度干旱区	不适宜
0.13~0.31	干旱区、半干旱区	临界适宜
0.31~0.47	半干旱区、半湿润区	一般适宜
0.47~0.64	半湿润区、湿润区	比较适宜
0.64~1	湿润区	高度适宜

2.2.4　地被指数与地被适宜性

1. 地被指数及其计算

地被指数，表征区域的土地利用和土地覆被状况，可以利用土地利用或土地覆被类型加权植被指数 NDVI 的乘积来表征。计算公式如下：

$$LCI = NDVI \times LC_i \tag{2-6}$$

$$NDVI = (r_{\text{nir}} - r_{\text{red}})/(r_{\text{nir}} + r_{\text{red}}) \tag{2-7}$$

式中，LCI 为地被指数，与 MODIS 分别代表卫星传感器的近红外与红波段的地表反射率值；NDVI 为归一化植被指数，为各种土地覆被类型的权重，其中 i（1，2，3，…，10）代表不同土地利用/覆被类型。

2. 地被适宜性评价

基于地被指数的丝路共建地区人居环境地被适宜性共分为五级，即不适宜、临界适宜、一般适宜、比较适宜与高度适宜（表 2-4）。

表 2-4　基于地被指数的丝路共建地区地被适宜性分区标准

地被指数	涉及区域	人居地被适宜性
<0.02	苔原、冰雪、水体、裸地等未利用地	不适宜
0.02～0.10	灌丛	临界适宜
0.10～0.18	草地	一般适宜
0.18～0.28	森林	比较适宜
>0.28	不透水层、农田	高度适宜

2.2.5　人居环境适宜指数与适宜性分区

1. 人居环境指数及其计算

人居环境适宜指数反映区域地形、气候、水分和地被等人居环境要素的综合适宜性和限制性。由此，基于地形适宜性、气候适宜性、水分适宜性与地被适宜性，由分类到综合，构建综合反映人居环境适宜性特征的人居环境适宜指数，以定量评价丝路共建地区人居环境的自然适宜性与限制性。计算公式如下：

$$HSSI = 0.5 \times (NRDLS + r_h)(NRDLS + r_v) + 0.5 \times (NTHI + t_h)(NTHI + t_v) \tag{2-8}$$

$$r_h = LSWAI \times R_{\text{th}} - NRDLS \times LSWAI \times R_{\text{th}} \tag{2-9}$$

$$r_v = LCI \times R_{\text{tv}} - NRDLS \times LCI \times R_{\text{tv}} \tag{2-10}$$

$$t_h = LSWAI \times R_{\text{ch}} - NTHI \times LSWAI \times R_{\text{ch}} \tag{2-11}$$

$$t_v = LCI \times R_{\text{cv}} - NTHI \times LCI \times R_{\text{cv}} \tag{2-12}$$

式中，HSSI 为人居环境指数；NRDLS、NTHI、LSWAI、LCI 分别为标准化地形起伏度、标准化温湿指数、水文指数、地被指数；r_h、r_v、t_h、t_v 为各分要素校正指数的过程值；R_{th} 为丝路共建地区地形起伏度与水文指数相关系数；R_{tv} 为丝路共建地区地形起伏度与地被指数相关系数；R_{ch} 为丝路共建地区温湿指数与水文指数相关系数；R_{cv} 为丝路共建地区温湿指数与地被指数相关系数。

2. 人居环境适宜性评价

基于人居环境适宜指数高低和人居环境适应性与限制性特征，可以将丝路共建地区人居环境划分为不适宜地区、临界适宜地区和适宜地区等不同适宜类型（表 2-5）。

表 2-5　丝路共建地区人居环境综合适宜性分区标准

人居环境指数	涉及区域	人居环境适宜性	
<0.41	极高山、寒冷、地表水缺乏、地表盖度低	永久不适宜地区	不适宜地区
0.41～0.43	高原、寒冷、地表水缺乏、地表覆盖度低	条件不适宜地区	
0.43～0.45	山地、寒冷、地表水缺乏、地表覆盖度低	限制性临界地区	临界适宜地区
0.45～0.55	丘陵、寒冷、地表水较缺乏、地表覆盖度较低	适宜性临界地区	
0.55～0.66	平原及丘陵、寒冷（闷热）、地表水较丰裕、地表覆盖度低	一般适宜地区	
0.66～0.81	平原及丘陵、偏冷（热）、地表水较丰富、地表覆盖度较高	比较适宜地区	适宜地区
>0.81	平原及丘陵、温暖、地表水较丰富、地表覆盖度较高	高度适宜地区	

2.3　资源环境限制性评价与限制性分类

2.3.1　土地资源承载力与承载状态

土地资源承载力是在自然生态环境不受危害并维系良好的生态系统前提下，一定地域空间的土地资源所能持续供养的人口规模。本书建立了基于一定食物消费水平下的丝路共建地区土地资源承载力与承载状态评价模型，对丝路共建地区土地资源承载力与承载状态进行了评价。

1. 土地资源承载力及其计算

土地资源承载力是在自然生态环境不受危害并维系良好的生态系统前提下，一定地域空间的土地资源所能持续供养的人口规模，可以用一定食物消费水平下，区域土地资源所提供的热量能持续供养的人口规模来度量。计算公式如下：

$$ELCC = E / E_{pc} \qquad (2-13)$$

式中，ELCC 代表基于热量平衡的土地资源承载力（人）；E 代表热量供给量（kcal）；E_{pc} 代表人体热量需求标准，热量标准采用满足一般生理活动需求水平的标准。

2. 土地承载密度及其强度分类

土地承载密度是指单位农业用地面积土地资源可承载的人口数量。计算公式如下：

$$ELCD = ELCC / L \qquad (2-14)$$

式中，ELCD 代表农业用地土地承载密度，表示单位农业用地面积土地的人口承载力（人/km²）；ELCC 代表土地资源承载力（人），L 代表农业用地面积（km²）。

土地承载密度是指单位区域土地面积土地资源可承载的人口数量。计算公式如下：

$$LCCD=ELCC/A \tag{2-15}$$

式中，LCCD 代表区域土地承载密度，表示单位区域土地面积的人口承载力（人/km^2）；ELCC 代表土地资源承载力（人），A 代表区域土地面积（km^2）。

根据土地承载密度高低，可将丝路共建地区土地承载力划分为较强（>6.7 人/km^2）、中等（1.7～6.7 人/km^2）和较弱（<1.7 人/km^2）三种类型（表 2-6）。

表 2-6　丝路共建地区土地资源承载能力强度分类

承载能力强度分类	承载能力强度分类标准/（人/km^2）
较强	>6.7
中等	1.7～6.7
较弱	<1.7

3. 土地承载指数及其状态评价

土地承载指数反映区域土地承载状态，揭示土地与人口之间的平衡关系，可以通过土地资源承载力（ELCC）与现实人口（Pa）之比来表示。计算公式如下：

$$ELCCI = Pa / ELCC \tag{2-16}$$

式中，ELCCI 为土地承载指数；Pa 为现实人口（人）；ELCC 代表基于热量平衡的土地资源承载力（人）。根据土地承载指数高低，可以将丝路共建地区土地资源承载力划分为盈余、平衡和超载 3 类 6 种（表 2-7）。

表 2-7　丝路共建地区土地资源承载状态分级评价标准

类型	级别	土地承载指数
盈余	富富有余	≤0.5
	盈余	0.5～0.875
平衡	平衡有余	0.875～1.0
	临界超载	1.0～1.125
超载	超载	1.125～1.5
	严重超载	>1.5

2.3.2　水资源承载力与承载状态

水资源承载力反映的是区域水资源与人口之间的关系，可以用域内一定的用水水平为标准，计算区域水资源所能持续供养的人口规模。本书建立了基于人水平衡的丝路共建地区水资源承载力与承载状态评价模型，对丝路共建地区水资源承载力与承载状态进行了评价。

1. 水资源承载力及其计算

水资源承载力主要反映区域人口与水资源的关系，可通过一定人均综合用水量下，区域（流域）水资源所能持续供养的人口规模来表达。计算公式如下：

$$WCC = W / W_{pc} \tag{2-17}$$

式中，WCC 为水资源承载力（人）；W 为水资源可利用量（m³）；W_{pc} 为人均综合用水量（m³/人）。

2. 水资源承载密度及其强度分类

水资源承载密度是指单位面积土地上的水资源可承载的人口数量，可反映区域水资源承载力强弱。计算公式如下：

$$WCCD = WCC / A \tag{2-18}$$

式中，WCCD 为水资源承载密度（人/km²）；WCC 为水资源承载力（人）；A 为区域土地面积（km²）。

根据水资源承载密度高低可将丝路共建地区水资源承载力划分为较强、中等和较弱三种类型（表 2-8）。

表 2-8　丝路共建地区水资源承载能力强度分类

承载能力强度分类		承载能力强度分类标准
潜力承载	现实承载	
>150 人/km²	>6 人/km²	较强
50～150 人/km²	3～6 人/km²	中等
<50 人/km²	<3 人/km²	较弱

3. 水资源承载指数及其状态评价

水资源承载指数是指区域人口规模与水资源承载力之比，反映区域水资源与人口之平衡关系。计算公式如下：

$$WCCI = Pa / WCC \tag{2-19}$$

式中，WCCI 为水资源承载指数；WCC 为水资源承载力（人）；Pa 为现实人口数量（人）。根据水资源承载指数的大小，将丝路共建地区水资源承载力划分为水量盈余、人水平衡和人口超载三个类型六个级别（表 2-9）。

表 2-9　丝路共建地区水资源承载状态分级评价标准

类型	级别	水资源承载指数
水量盈余	富富有余	<0.33
	盈余	0.33～0.67
人水平衡	平衡有余	0.67～1.00
	临界超载	1.00～1.33
人口超载	超载	1.33～3.00
	严重超载	>3.00

2.3.3　生态承载力与承载状态

生态承载力是指在不损害生态系统生产能力与功能完整性的前提下，区域生态系统与人口之间的关系，可用一定的消耗水平为标准，计算生态系统可持续承载具有一定社会经济发展水平的最大人口规模。本书建立了丝路共建地区生态承载力与承载状态评价模型，对丝路共建地区生态承载力与承载状态进行了评价。

1. 生态承载力及其计算

生态承载力表示当前人均生态消耗水平下，生态系统可持续承载的最大人口规模。计算公式如下：

$$ECC = \frac{SNPP_{su}}{CNPP_{st}} \tag{2-20}$$

式中，ECC 表示生态承载力（人）；$SNPP_{su}$ 表示可持续利用生态供给量（gC）；$CNPP_{st}$ 表示人均生态消耗标准（gC/人）。

2. 生态承载密度及其强度分类

生态承载密度指单位面积生态资源可承载的人口数量，可反映区域生态系统承载力强弱。计算公式如下：

$$ECCD = \frac{ECC}{A} \tag{2-21}$$

式中，ECCD 为生态承载密度（人/km²）；ECC 为生态承载力（人）；A 区域土地面积（km²）。根据生态承载密度高低可将丝路共建地区生态承载力划分为较强、中等和较弱等三种类型（表2-10）。

表 2-10　丝路共建地区生态承载能力强度分类

承载能力强度分类	承载能力强度分类标准/（人/km²）
较强	>26.27
中等	8.76~26.27
较弱	<8.76

3. 生态承载指数及其状态评价

生态承载指数指区域人口规模与生态承载力之比，反映区域生态资源与人口之间的关系。计算公式如下：

$$ECI = \frac{POP}{ECC} \tag{2-22}$$

式中，ECI 表示生态承载指数；ECC 表示生态承载力（人）；POP 表示人口数量（人）。根据生态承载状态分级标准以及生态承载指数，将丝路共建地区生态承载力划分为生态盈余、生态平衡和生态超载三个类型六个级别（表2-11）。

表 2-11　丝路共建地区生态承载状态分级评价标准

类型	级别	生态承载指数
生态盈余	富富有余	<0.60
	盈余	0.60～0.80
生态平衡	平衡有余	0.80～1.00
	临界超载	1.00～1.20
生态超载	超载	1.20～1.40
	严重超载	>1.40

2.4　社会经济适应性评价与适应性分等

社会经济适应性反映的是区域社会经济综合发展情况,在一定程度上可以调节区域资源环境的承载状态。本书通过人类发展水平、交通通达水平、城市化水平三个方面构建了三维空间体积模型,从而综合衡量了丝路共建地区社会经济综合发展状态。

2.4.1　人类发展指数与人类发展水平

人类发展指数是用预期寿命指数、教育指数、GDP 指数分别定量测度人们的健康长寿水平、教育知识水平,以及生活收入水平。本书基于联合国开发计划署的人类发展指数模型,对丝路共建地区人类发展水平进行了评价。

1. 人类发展指数及其计算

人类发展指数是衡量区域经济社会发展水平的指标,由教育指数、预期寿命指数和 GDP 指数综合组成。计算公式如下:

$$HDI = \frac{1}{3} \times EI + \frac{1}{3} \times LI + \frac{1}{3} \times GI \qquad (2\text{-}23)$$

式中,HDI 为人类发展指数;EI 为教育指数;LI 为预期寿命指数;GI 为 GDP 指数。

2. 人类发展水平及其评价

根据丝路共建地区人类发展指数,通过均值归一化处理,可以将丝路共建地区人类发展水平划分为低水平区域、中水平区域和高水平区域三个类型(表 2-12)。

表 2-12　丝路共建地区人类发展水平分区标准

归一化人类发展指数	分区类型
<0.38	人类发展低水平区域
0.38～0.55	人类发展中水平区域
0.55～1.00	人类发展高水平区域

2.4.2 交通通达指数与交通通达水平

交通通达指数是衡量区域交通基础设施建设水平的指标,采用交通密度指数和交通便捷指数两个二级变量,聚合了七个三级变量(包括公路密度、铁路密度、水网密度,以及从每个网格单元到公路、铁路、港口、机场的最短距离),通过科学确定权重,综合量化生成。本书建立了丝路共建地区交通通达指数模型,对丝路共建地区交通通达水平进行了评价。

1. 交通通达指数及其评价

交通通达指数表征了区域交通水平,可采用交通便捷指数和交通密度指数来度量。计算公式如下:

$$TAI = 0.5 \times TCI_{one} + 0.5 \times TDI_{one} \tag{2-24}$$

式中,TCI_{one}、TDI_{one}分别表示归一化的交通便捷指数和交通密度指数。其中,交通便捷指数是反映居民出行便捷程度的指数,可利用层次分析法计算距公路、铁路与机场和港口等交通枢纽的最短距离得到;

根据丝路共建地区归一化交通通达指数,可以将其交通通达水平划分为低水平区域、中水平区域和高水平区域三种类型(表2-13)。

表2-13 丝路共建地区交通通达水平分区标准

归一化交通通达指数	分区类型
<0.40	交通通达低水平区域
0.40~0.45	交通通达中水平区域
0.45~1.00	交通通达高水平区域

2. 交通便捷指数及其计算

交通便捷度是量化区域交通基础设施对于居民出行便捷程度的指标。计算公式如下:

$$TCI_i = \frac{r_1 SDRI_i + r_2 SDRWI_i + r_3 SDAI_i + r_4 SDPI_i}{r_1 + r_2 + r_3 + r_4} \tag{2-25}$$

式中,$SDRI_i$、$SDRWI_i$、$SDAI_i$和$SDPI_i$分别是网格单元i到公路、铁路、机场和港口的最短距离指数;r_1、r_2、r_3、r_4分别为公路、铁路、机场和港口便捷度的权重。

3. 交通密度指数及其计算

交通密度指数是区域道路密度、铁路密度和水路密度的综合,计算公式如下:

$$TDI_i = \frac{r_1 RDI_i + r_2 RWDI_i + r_3 WDI_i}{r_1 + r_2 + r_3} \tag{2-26}$$

式中,TDI_i表示网格i的交通密度指数;r_1、r_2、r_3分别为丝路共建地区归一化道路密度、铁路密度、水路密度与人口密度之间的相关系数；RDI_i、$RWDI_i$、WDI_i 分别为网格 i 内道路长度、铁路长度、水路长度与网格 i 面积比值的归一化后的值，即道路密度指数、铁路密度指数、水路密度指数。

2.4.3　城市化指数与城市化水平

城市化指数是衡量区域由以农业为主的传统乡村社会向以非农产业为主的现代城市社会转变程度的指标，可定量评价区域现代化进程，选用土地城市化和人口城市化两项基础变量，基于熵技术支持的专家打分法判定指标权重，综合量化生成。本书建立了丝路共建地区城市化指数模型，对丝路共建地区城市化水平进行了评价。

1. 城市化指数及其评价

城市化指数是区域现代化进程的综合表征，可采用人口城市化率和土地城市化率来度量。计算公式如下：

$$UI = 0.25 \times ULI + 0.75 \times UPI \tag{2-27}$$

式中，UI 为城市化指数；ULI 是归一化土地城市化指数，即归一化城市用地占比；UPI 是归一化人口城市化指数，即归一化城市人口占比。根据丝路共建地区城市化指数，可将其城市化水平划分为低水平区域、中水平区域和高水平区域三种类型（表 2-14）。

表 2-14　丝路共建地区城市化水平分区标准

归一化城市化指数	分区类型
<0.08	城市化低水平区域
0.08~0.15	城市化中水平区域
0.15~1.00	城市化高水平区域

2. 人口城市化率及其计算

人口城市化指数是旨在量化城镇人口与总人口的比例关系，我们可以通过 NTL 数据模拟网格化的城市人口，并结合公里网格的人口数据来度量。计算公式如下：

$$UPI_i = \frac{DN_i \times TUP_j}{\sum_{i=1}^{n} DN_i \times TP_i} \tag{2-28}$$

式中，$i=1$，2，$\cdots$，n；$j=1$，2，$\cdots$，74；UPI_i 为网格单元 i 的城市人口数；DN_i 为网格单元 i 的亮度值；TP_i 为网格单元 i 的总人口数；TUP_j 为 j 县域的城市总人口；n 为该县域网格单元的数量。

3. 土地城市化率及其计算

土地城市化指数由建设用地土地面积除以土地总面积获得。计算公式如下：

$$\text{ULI}_i = \frac{\text{CL}_i}{\text{SL}_i} \qquad\qquad (2\text{-}29)$$

式中，ULI_i 是网格单元 i 的土地城市化指数；CL_i 是网格单元 i 的建设用地面积；SL_i 是网格单元 i 的土地总面积。

2.4.4　社会经济适应指数与适应性分等

社会经济适应指数用以定量评价区域社会经济发展对资源环境承载能力的适应性，可采用人类发展指数、交通通达指数和城市化指数等 3 个二级指标构成的三维四面体与三者均为 1 时构成的正方体体积的比例关系开三次方来表达。本书建立了丝路共建地区社会经济适应性数模型，对丝路共建地区社会经济适应性进行了评价。

1. 社会经济适应指数及其计算

社会经济适应指数融合了交通通达水平、人类发展水平和城市化水平三个方面，综合表征了丝路共建地区的社会经济适应性水平。计算公式如下：

$$\text{SDI} = \text{HDI}_{\text{one}} + \text{TAI}_{\text{one}} + \text{UI}_{\text{one}} \qquad\qquad (2\text{-}30)$$

式中，HDI_{one}、TAI_{one}、UI_{one} 分别表示归一化后的人类发展指数、交通通达指数、城市化指数。

2. 社会经济适宜性及其分等

根据丝路共建地区社会经济适应指数，可将其分为社会经济适应性低水平区域、中水平区域和高水平区域三个类型（表 2-15）。

表 2-15　丝路共建地区社会经济适应性水平分区标准

归一化社会经济适应指数	分区类型
<0.40	社会经济适应性低水平区域
0.40～0.56	社会经济适应性中水平区域
0.56～1.00	社会经济适应性高水平区域

2.5　资源环境承载能力综合评价

资源环境承载综合评价是识别影响丝路共建地区资源环境承载力关键因素的基础，旨在为丝路共建地区各地区掌握其承载力现状从而提高当地承载力水平提供重要依据。本书基于均值归一化人居环境适宜指数、均值归一化社会经济适应指数和资源承载限制指数，提出了基于三维空间四面体的资源环境承载综合指数模型。

2.5.1　资源环境承载能力综合评价模型

1. 资源环境承载能力及其计算

资源环境承载力反映了区域人口与各类资源的关系，可以通过丝路共建地区土地资源承载力、水资源承载力与生态承载集成计算得到。计算公式如下：

$$RCC = W_L \times LCC + W_W \times WCC + W_E \times ECC \qquad (2\text{-}31)$$

式中，RCC 是资源环境承载力（人）；LCC 是土地资源承载力（人）；WCC 是水资源承载力（人）；ECC 是生态承载力（人）；W_L、W_W 和 W_E 分别代表不同城市化阶段土地、水和生态承载力权重。

2. 资源环境承载密度及其强度分类

资源环境承载密度是指单位面积土地上的资源环境可承载的人口数量，可反映区域资源环境承载力强弱。计算公式如下：

$$RCCD = RCC / A \qquad (2\text{-}32)$$

式中，RCCD 为资源环境承载密度（人/km²）；RCC 为资源环境承载力（人）；A 为区域土地面积（km²）。根据丝路共建地区资源环境承载密度值，将其资源环境承载力划分为较强、中等和较弱三种类型（表 2-16）。

表 2-16　丝路共建地区资源环境承载能力分级

资源环境承载能力限制性分类	资源环境承载密度/（人/km²）
较强	≥300
中等	100～300
较弱	≤100

2.5.2　资源环境承载能力警示性分级

在人居环境指数、社会经济适应性指数与资源环境限制性指数的基础上进行了归一化指数计算，并建立了三维四面体模型的资源环境综合承载指数，以定量评估丝路共建地区资源环境综合承载状态。

1. 均值归一化人居环境适宜指数及其计算

均值归一化人居环境综合指数是人居环境指数进行了均值归一化处理之后的指数。计算公式如下：

$$HSI_m = HSI_{one} - k + 1 \qquad (2\text{-}33)$$

式中，HSI_m 是进行均值归一化处理之后的人居环境指数；HSI_{one} 为 HSSI 进行归一化之后的人居环境指数；k 为基于条件选择的人居环境适宜性分级评价结果中一般适宜地区 HSI_{one} 的均值。

2. 均值归一化社会经济适应指数及其计算

均值归一化社会经济适应指数是社会经济适应指数进行了均值归一化处理之后的指数。计算公式如下：

$$\text{SDI}_m = \text{SDI}_{\text{one}} - k + 1 \tag{2-34}$$

式中，SDI_m 是均值归一化社会经济适应指数；SDI_{one} 为 SDI 进行归一化后的社会经济适应指数；k 为丝路共建地区 SDI_{one} 的均值。

3. 均值归一化资源环境限制指数及其计算

资源环境限制指数是土地资源承载指数、水资源承载指数和生态承载指数的数学综合表达。计算公式如下：

$$\text{REI} = W_L \times \text{LCI}_t + W_W \times \text{WCI}_t + W_E \times \text{ECI}_t \tag{2-35}$$

$$\text{LCI}_t = \tan h(\frac{1}{\text{LCI}}) - \tan h(1) + 1 \tag{2-36}$$

$$\text{WCI}_t = \tan h(\frac{1}{\text{WCI}}) - \tan h(1) + 1 \tag{2-37}$$

$$\text{ECI}_t = \tan h(\frac{1}{\text{ECI}}) - \tan h(1) + 1 \tag{2-38}$$

式中，REI 是资源环境承载指数；LCI_t 是具有平衡状态物理意义的土地资源承载指数；WCI_t 是具有平衡状态物理意义的水资源承载指数；ECI_t 是具有平衡状态物理意义的生态承载指数；W_L、W_W 和 W_E 分别代表不同城市化阶段水土资源和生态承载指数权重。

4. 资源环境承载指数及其警示性分级

资源环境承载综合指数结合了人居环境指数、社会经济适应指数与资源环境承载指数三项综合指数，旨在全面地衡量丝路共建地区资源环境的承载状态。计算公式如下：

$$\text{PREDI} = \text{HSI}_m \times \text{REI} \times \text{SDI}_m \tag{2-39}$$

式中，PREDI 是资源环境承载综合指数；HSI_m 是均值归一化人居环境指数；REI 是资源承载指数；SDI_m 是均值归一化社会经济适应指数。根据丝路共建地区资源环境承载综合指数，可将其分为超载、平衡、盈余三个类型（表 2-17）。

表 2-17　丝路共建地区资源环境承载能力警示性分级

资源环境承载能力警示性分级	资源环境承载综合指数
超载	≤0.875
平衡	0.875~1.125
盈余	≥1.125

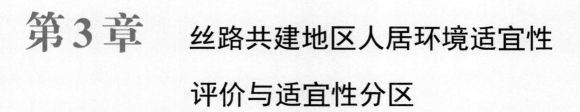

第3章 丝路共建地区人居环境适宜性评价与适宜性分区

第 3 章，丝绸共建地区人居环境适宜性评价与适宜性分区，以公里格网为基础，以国家或地区为基本研究单元，遵循"由分类到综合、再由综合到分析，由定性到定量、再由定量到定性"的研究思路和技术路线（图 3-1），基于人居环境地形适宜性、气候适宜性、水文适宜性和地被适宜性评价，建立人居环境指数（human settlements index, HSI）模型，逐步完成绿色丝绸之路共建国家和地区人居环境适宜性综合评价与适宜性分区，以定量揭示绿色丝绸之路共建国家和地区的人居环境自然适宜性与限制性。

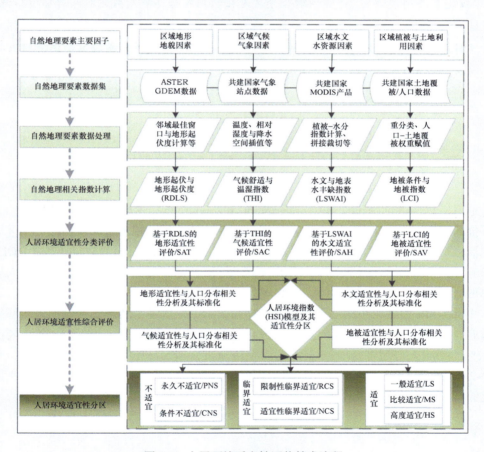

图 3-1　人居环境适宜性评价技术流程

"由分类到综合"，是在地形适宜性评价与适宜性分区、气候适宜性评价与适宜性分区、水文适宜性评价与适宜性分区，以及地被适宜性评价与适宜性分区的基础上，通过构建人居环境指数与适宜性/限制性因子组合相结合的方法，进行人居环境适宜性综合评价与适宜性综合分区。"由综合到分析"是指在完成人居环境适宜性综合评价与综合分区的基础上，开展人居环境适宜性与限制性类型分析以及分区统计分析。"由定性到定量"，是指基于利用地形起伏度、温湿指数、水文指数（亦即地表水丰缺指数）和地被指数与人居环境指数，分别完成地形适宜性评价、气候适宜性评价、水文适宜性评价、地被适宜性评价与人居环境适宜性综合评价。通过定性到定量，把地形、气候、水文、植被与土地利用对人口分布、人类生存与发展，以及人居环境的适宜与限制程度定量化。"由定量到定性"是指在完成指数计算与适宜性定量评价的基础上，基于人居环境指数适宜性/限制性因子类型与因子数量进行适宜性与限制性分区分析。其中，单因素适宜性分区是根据相应指数与人口分布相关性划分为 5 种类型，即不适宜、临界适宜、一般适宜、比较适宜与高度适宜。适宜性综合分区是在利用人居环境指数完成人居环境不适宜、临界适宜与适宜三种类型的基础上，基于人居环境指数适宜性/限制性因子类型与因子数量对三种类型再分别细分为永久不适宜与条件不适宜、限制性临界适宜与适宜性临界适宜，以及一般适宜、比较适宜与高度适宜，共 7 个亚类。

3.1 基于地形起伏度的地形适宜性评价与分区

地形适宜性评价（suitability assessment of topography，SAT）是人居环境自然适宜性评价的基础与核心内容之一，它着重探讨一个区域地形地貌本底起伏特征对该区域人类生活、生产与发展的影响与制约。地形起伏度（relief degree of land surface，RDLS）是影响区域人口分布的重要因素。采用全球数字高程模型数据（GDEM）构建了人居环境地形适宜性评价模型，利用 ArcGIS 窗口分析、邻域分析等方法，提取了共建国家和地区 1km×1km 栅格大小的地形起伏度，据此揭示了全区基于地形起伏度的人居环境地形适宜性。结果表明，共建国家和地区以地形适宜为主要特征，地形适宜地区占到91.82%，相应人口超过 99.13%；不适宜地区只占 3.37%，相应人口不足 0.10%。根据图 3-2，共建国家和地区的人居环境的地形适宜程度整体表现为平原、盆地高于高原、山地的特征。

3.1.1 地形高度适宜地区

共建国家和地区的高度适宜地区（HSA）土地面积为 1931.46×10^{4}km^2，接近全区的37.38%；相应人口约为共建国家和地区人口的 64.73%，达 2963.96×10^6 人。"高度适宜"是共建国家和地区比重最大的地形适宜性类型，广泛分布在丝路全域大江大河的中下游平原地区。根据图 3-2，共建国家和地区的高度适宜地区主要分布在中国东部的华北平原–江淮地区–洞庭湖平原–鄱阳湖平原–江汉平原–东北平原南部、东南亚地区的湄南河

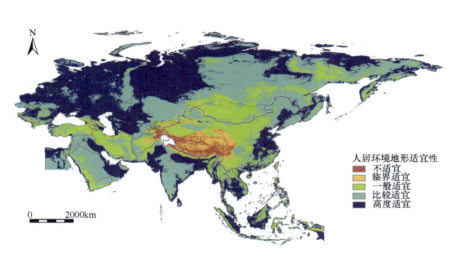

图 3-2　共建国家和地区基于地形起伏度的人居环境地形适宜性评价图

平原–伊洛瓦底平原–湄公河平原、南亚的印度河平原–恒河平原及印度沿海平原、中亚的里海沿岸平原、西亚及中东的美索不达米亚平原与阿拉伯半岛的波斯湾沿岸及埃及的尼罗河三角洲地区、蒙俄的西西伯利亚平原–北西伯利亚低地及东欧平原等。该区域所在地的地形起伏度较小，地势和缓，平地集中，加上水热条件优越、光照充足、交通便利，大多是共建国家和地区的人口与产业集聚地区，人类活动频繁。

就共建国家和地区 "6（蒙俄、中亚、中东欧、西亚及中东、南亚、东南亚）+1（中国）" 分区地形高度适宜性来看，中亚土地面积为 $177.69×10^4km^2$，占该区土地面积的 44.39%；相应人口总量为 $11.64×10^6$ 人，约占该区总人口的 16.91%。主要集中在里海沿岸平原、图兰低地和哈萨克斯坦丘陵西部边缘地区等。中东欧土地面积为 $141.78×10^4km^2$，接近该区土地面积的 64.79%；相应人口总量为 $111.99×10^6$ 人，约占该区总人口的 63.07%。高度集中在中东欧东部的东欧平原及黑海沿岸平原等。西亚及中东土地面积为 $158.52×10^4km^2$，占该区土地面积的 20.94%；相应人口总量为 $215.10×10^6$ 人，超过该区总人口的 63.07%。主要分布在尼罗河三角洲和美索不达米亚平原、波斯湾沿岸平原等。南亚土地面积为 $176.05×10^4km^2$，占该区土地面积的 34.22%；相应人口总量为 $1085.86×10^6$ 人，约占该区总人口的 62.07%，超过共建国家和地区总人口的 1/3。主要集中在印度河平原和恒河平原等。蒙俄土地面积为 $846.34×10^4km^2$，占该区土地面积的 45.35%，接近共建国家和地区高度适宜地区的 1/2；相应人口总量为 $113.89×10^6$ 人，约占该区总人口的 77.43%。集中连片分布在东欧平原和西西伯利亚平原等。东南亚土地面积为 $240.42×10^4km^2$，占该区土地面积的 53.40%，约为共建国家和地区高度适宜地区的 1/8；相应人口数量为 $529.91×10^6$ 人，约占该区总人口的 83.55%。主要集中在中南半岛南部湄公河三角洲、湄南河三角洲和伊洛瓦底江平原等。中国高度适宜地区约占共建国家和地区高度适宜地区的 1/12，土地面积为 $154.65×10^4km^2$，接近全国的 1/6；相应人口总量为 $895.56×10^6$ 人，超过全国的 3/5，约为共建国家和地区该区域人口的 3/10。主要集中在东北平原、华北平原、长江中下游平原，以及东南沿海平原等地区。

3.1.2　地形比较适宜地区

共建国家和地区比较适宜地区（MSA）土地面积为 1848.78×10⁴km²，超过全域的 35.78%；相应人口总量为 1198.50×10⁶ 人，占比为 26.17%。根据图 3-2，共建国家和地区的比较适宜地区主要集中在中国东北平原外围-四川盆地区、泰国中东部-缅甸中部、印度大部、阿拉伯半岛大部-埃及中南部、哈萨克斯坦中西部、俄罗斯中西伯利亚高原及哈萨克斯坦中东部与阿拉伯半岛中西部地区等。该区域多为丘陵、盆地和高原，人口相对集中。

就共建国家和地区"6+1"分区地形比较适宜性来看，中亚土地面积为 175.37×10⁴km²，占该区土地面积的 43.81%；相应人口总量为 51.13×10⁶ 人，约占该区总人口的 74.30%，主要集中在哈萨克斯坦东部与南部的丘陵地区等。中东欧土地面积为 61.91×10⁴km²，占该区土地面积的 28.29%；相应人口总量为 62.93×10⁶ 人，约占该区总人口的 35.44%，主要集中在中东欧中部地区的第聂伯河沿岸高地等。西亚及中东土地面积为 368.14×10⁴km²，占该区土地面积的 48.63%；相应人口总量为 100.50×10⁶ 人，约占该区总人口的 23.52%，主要集中在阿拉伯半岛的中西部和埃及中南部，以及伊朗高原局部地区等。南亚土地面积为 212.99×10⁴km²，占该区土地面积的 41.40%；相应人口总量为 584.13×10⁶ 人，约占该区总人口的 33.39%，约占共建国家和地区比较适宜地区人口的 1/2，主要集中在德干高原大部地区等。蒙俄土地面积为 716.63×10⁴km²，占该区土地面积的 38.40%，接近共建国家和地区比较适宜地区的 2/5；相应人口总量为 28.81×10⁶ 人，约占蒙俄总人口的 19.58%，主要集中在中西伯利亚高地和蒙古国与俄罗斯交界地区等。东南亚土地面积为 104.68×10⁴km²，占该区土地面积的 23.25%；相应人口总量为 79.85×10⁶ 人，约占该区总人口的 12.59%，主要集中在泰国北部、柬埔寨东部、缅甸中部地区以及加里曼丹岛局部地区等。中国比较适宜地区约为共建国家和地区比较适宜地区的 12.92%，土地面积达 238.81×10⁴km²，约占全国的 1/4；相应人口总量为 291.15×10⁶ 人，超过全国的 1/5，接近全区比较适宜地区人口的 1/4。主要分布在大小兴安岭两侧、长白山地、呼伦贝尔高原、汾渭谷地、塔里木盆地东北部、吐鲁番盆地大部、四川盆地、云贵高原东南部，以及南岭山地大部分地区。

3.1.3　地形一般适宜地区

共建国家和地区一般适宜地区（LSA）土地面积为 964.18×10⁴km²，约占全域的 18.66%；相应人口总量约为 376.66×10⁶ 人，占全域的 8.23%。根据图 3-2，共建国家和地区高度适宜地区主要分布在中国西南地区并分别向北延至蒙古国及其与俄罗斯交界处与俄罗斯远东地区、向南经横断山区延伸到缅甸-老挝-越南的北部山区及印度尼西亚的加里曼丹岛中部与苏门答腊岛的西部沿海地区、向西经吉尔吉斯斯坦延伸到阿富汗-伊朗-土耳其-沙特阿拉伯西部地区。该区域所在地多为高原、低山和丘陵，人地比例相对适宜。

就共建国家和地区"6+1"分区地形一般适宜性来看，中亚土地面积为 $19.85×10^4km^2$，占该区土地面积的 4.96%；相应人口总量为 $5.40×10^6$ 人，约占该区总人口的 7.85%。高度集聚在中亚的天山山脉西侧等。中东欧土地面积为 $14.40×10^4km^2$，约占该区土地面积的 6.58%；相应人口总量为 $2.61×10^6$ 人，约占该区总人口的 1.47%。高度集中在白俄罗斯丘陵地区等。西亚及中东土地面积为 $206.67×10^4km^2$，占该区土地面积的 27.30%，超过共建国家和地区一般适宜地区的 1/5；相应人口总量为 $106.44×10^6$ 人，占到该区总人口的 24.91%，约占共建国家和地区该适宜类型人口的 28.26%，主要集中在阿拉伯半岛西侧狭长地带和伊朗高原大部等。南亚土地面积为 $65.70×10^4km^2$，占该区土地面积的 12.77%；相应人口总量为 $62.45×10^6$ 人，约占该区总人口的 3.57%，接近共建国家和地区一般适宜地区人口的 1/6，主要集中在巴基斯坦大部和印度北部（如与尼泊尔交界处）。蒙俄土地面积为 $285.16×10^4km^2$，占该区土地面积的 15.28%，约为共建国家和地区一般适宜地区的 1/3；相应人口总量为 $4.15×10^6$ 人，约为该区总人口的 2.82%。主要集中在蒙古高原大部和俄罗斯远东局部地区等。东南亚土地面积为 $92.84×10^4km^2$，占该区土地面积的 20.62%；相应人口总量为 $22.96×10^6$ 人，约占该区总人口的 3.62%，主要集中在中南半岛北部山区和加里曼丹岛中部地区等。中国一般适宜地区面积超过共建国家和地区一般适宜地区总面积的 3/10，土地面积达 $285.20×10^4km^2$，接近全国面积的 30%，为中国人居环境地形适宜性比重最大的类型；相应人口总量为 $172.65×10^6$ 人，约占全国的 1/8，约占全区一般适宜地区人口的 1/2，主要分布在黄土高原、内蒙古高原西南部、塔里木盆地西南部、柴达木盆地、准噶尔盆地和四川盆地周边地区、云贵高原中部，以及江南丘陵局部地区等。

3.1.4　地形临界适宜地区

共建国家和地区临界适宜地区（CSA）土地面积为 $248.54×10^4km^2$，约为全域的 4.81%；相应人口总量约为 $35.36×10^6$ 人，仅为全域的 0.77%。"临界适宜"是共建国家和地区地形适宜性与否的过渡区域，在空间上高度集聚，偏居青藏高原一隅。根据图 3-2，共建国家和地区的临界适宜地区主要集中在中国藏北地区、藏东南地区以及冈底斯山脉，中国与尼泊尔、印度交界处的喜马拉雅山脉沿线，兴都库什山脉局部地区，以及伊朗高原中西部，在蒙古高原局部、阿尔泰山脉沿线也有一定比例分布。该区域所在地多为高原、山地，人口稀疏或相对集聚。

就共建国家和地区"6+1"分区地形临界适宜性来看，中亚土地面积为 $16.97×10^4km^2$，占该区土地面积的 4.24%；相应人口总量为 $0.61×10^6$ 人，约占该区总人口的 0.88%，高度集中在吉尔吉斯斯坦与塔吉克斯坦境内的天山山脉地区等。中东欧土地面积为 $0.74×10^4km^2$，仅占该区土地面积的 0.34%；相应人口总量约为 $0.04×10^6$ 人，仅为该区总人口的 0.02%，零星分布于中东欧西侧的西喀尔巴阡山局部地区等。西亚及中东土地面积为 $22.94×10^4km^2$，占该区土地面积的 3.03%，接近共建国家和地区临界适宜地区的 1/10；相应人口总量为 $5.26×10^6$ 人，约为该区总人口的 1.23%，零星分布于伊朗高原西部地区和阿拉伯半岛西侧局部区域等。南亚土地面积为 $27.27×10^4km^2$，占该区土地面积的 5.30%；相应人口总量为 $14.87×10^6$ 人，约占该区总人口的 0.85%，集中分布在巴基斯坦北部地区和喜马拉雅山脉南麓狭长地区等。蒙俄土地面积为 $17.54×10^4km^2$，占该区土地面积的 0.94%；相应人口总量约为 $0.25×10^6$ 人，不足该区总人口的 0.17%，零星分布在蒙古高原西北侧等。东南亚土地面积为 $10.36×10^4km^2$，占该区土地面积的 2.30%；相应人口总量为 $1.27×10^6$ 人，仅占该区总人口的 0.20%，零星分布于缅甸西北部、越南北部的黄连山区和苏门答腊岛西部等区域。中国临界适宜地区接近共建国家和地区临界适宜地区面积的 7/10，土地面积达 $157.28×10^4km^2$，接近全国的 1/6；相应人口总量为 $13.06×10^6$ 人，约占全国的 1%，占全域临界适宜地区人口的 2/5，主要分布在青藏高原腹地及其周边山地、昆仑山、祁连山、天山、阿尔泰山和云贵高原西部山区。

3.1.5　地形不适宜地区

共建国家和地区不适宜地区（NSA）土地面积为 $174.13×10^4km^2$，约为全域的 3.37%；相应人口总量为 $4.57×10^6$ 人，不足全域千分之一。"不适宜"是共建国家和地区比重最小的地形适宜性类型，在空间上呈高度集聚分布。根据图 3-2，共建国家和地区的不适宜地区主要集聚在中国的青藏高原、天山山脉及中国与南亚交界处的喜马拉雅山脉沿线、兴都库什山脉沿线、毛克山脉和西亚及中东与蒙俄交界处的大高加索山等地区。该区域所在地的地形起伏度较大，地广人稀。需指出，中东欧人居环境地形不适宜地区分布极少。

就共建国家和地区"6+1"分区地形不适宜性来看，中亚土地面积为 $10.41×10^4km^2$，占该区土地面积的 2.60%；相应人口总量不足 $0.04×10^6$ 人，仅为该区总人口的 0.06%，高度集中在塔吉克斯坦南部地区的帕米尔高原等区域。西亚及中东土地面积为 $0.76×10^4km^2$，不足该区土地面积的 0.10%；相应人口总量不足 $1×10^4$ 人，不足该区总人口的万分之一，零星地分布于亚洲与欧洲分界线的大高加索山区及伊朗境内的库赫鲁德山脉等区域。南亚土地面积达 $32.46×10^4km^2$，占该区土地面积的 6.31%，接近共建国家和地区不适宜地区的 1/5；相应人口总量为 $2.09×10^6$ 人，仅为该区总人口的 0.12%，约占共建国家不适宜地区人口的 45.73%，主要集中在阿富汗境内的兴都库什山区和喜马拉雅山南麓狭长地带等。蒙俄土地面积为 $0.56×10^4km^2$，占该区土地面积的 0.03%；相应人口总量不足 $1×10^4$ 人，不足该区总人口的万分之一，高度集中在蒙古国与中国交界处的阿尔泰山等地区。东南亚土地面积为 $1.96×10^4km^2$，占该区土地面积的 0.43%；相应人口总量约 $0.25×10^6$ 人，仅占东南亚总人口的 0.04%，高度集中分布于伊里安岛毛克山脉和加里曼丹岛伊兰山脉等地区。中国地形不适宜地区占到了共建国家和地区不适宜地区的绝大部分，达 71.25%，土地面积为 $124.06×10^4km^2$，超过全国的 1/8；相应人口总量为 $2.19×10^6$ 人，不足全国的 2‰，超过共建国家和地区在该区域总人口的四成，主要分布在藏北高原、藏东南–横断山区以及昆仑山、祁连山和天山山地的局部区域。

3.2　基于温湿指数的人居环境气候适宜性评价与分区

气候适宜性评价（suitability assessment of climate，SAC）是人居环境评价的一项重要内容。温湿指数是描述区域气候适宜性的重要指标，综合考虑了温度和相对湿度对人体舒适度的影响。利用气温和相对湿度数据计算了绿色丝绸之路共建国家和地区的温湿指数，揭示了绿色丝绸之路共建国家和地区的人居环境气候适宜性。结果表明，共建国家和地区气候适宜地区面积占比为 50.62%，相应人口占到区域总人口的 90.84%；临界适宜地区面积占比为 19.48%，人口占比为 8.98%；不适宜地区面积占比为 29.90%，相应人口占比仅为 0.18%。共建国家和地区的气候适宜程度整体表现为由中部向南北递减的变化趋势（图 3-3）。

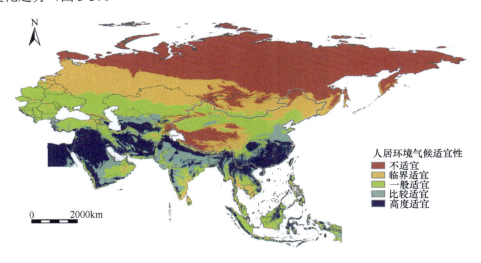

图 3-3　共建国家和地区基于温湿指数的人居环境气候适宜性评价图

3.2.1　气候高度适宜地区

共建国家和地区气候高度适宜地区（HSA）土地面积为 $863.17 \times 10^4 km^2$，占全域的 17.23%，相应的人口总量约为共建国家和地区总人口的 33.99%，达 1556.19×10^6 人。气候高度适宜地区主要分布在共建国家和地区的中部 30°N 纬线附近区域。根据图 3-3，共建国家和地区的高度适宜地区主要分布在中国长江中下游平原–四川盆地–云贵高原–江南丘陵–浙闽丘陵–两广丘陵–海南省中南部–台湾省西北部、中南半岛北部及东部山地–苏门答腊岛西部山地–加里曼丹岛中部山地、喜马拉雅山脉南麓–印度半岛西部沿海地区、伊朗高原–阿拉伯半岛中部和西部高原山地地区–埃及大部分地区、图兰低地。这些地区温湿条件较好，气候非常适宜，大多是人口与产业集聚地区。

就共建国家和地区"6+1"分区气候高度适宜性来看，中亚土地面积为 $35.35 \times 10^4 km^2$，占该区总面积的 9.00%；相应人口数量为 16.94×10^6 人，约占该区总人口的 24.55%，主要集中在本区南部的里海东南沿岸平原及图兰低地地区等。中东欧土地面积为 0.41×10⁴km²，仅占该区总面积的 0.19%；相应人口数量为 1.19×10⁶ 人，约占该区总人口的 0.66%，仅分布在巴尔干半岛西南部地中海沿岸地区等。西亚及中东土地面积为 394.28×10⁴km²，占该区总面积的 53.22%，占绿色丝绸之路共建国家和地区高度适宜区总面积的 45.68%；相应人口数量为 254.89×10⁶ 人，占该区总人口的 59.69%，主要分布在埃及大部分地区、伊朗高原地区、阿拉伯半岛北部的沙漠地区以及西部的高原山地地区等。南亚土地面积为 125.30×10⁴km²，占该区总面积的 26.25%；相应人口数量为 404.49×10⁶ 人，占该区总人口的 23.12%，主要集中在北部的印度河平原与恒河平原地区、喜马拉雅山脉南麓，以及印度半岛西部沿海地区等。蒙俄由于纬度高、年均温度低、相对湿度大，温湿指数极低，本区内气候高度适宜区分布极少。东南亚土地面积为 114.88×10⁴km²，占该区总面积的 26.47%；相应人口数量为 54.70×10⁶ 人，约占该区总人口的 8.63%，主要集中在缅甸西北部地区、老挝北部山地地区、越南中部的山地地区，以及苏门答腊岛、加里曼丹岛、新几内亚岛等印度尼西亚群岛境内的山地地区。中国气候高度适宜地区土地面积为 163.96×10⁴km²，占全国总面积的 17.08%，约占共建国家和地区高度适宜区面积的 1/5，相应人口数量为 686.03×10⁶ 人，约占全国总人口的 1/2，超过共建国家和地区高度适宜区总人口的 2/5，主要集中在中国秦岭淮河以南的大部分地区，包括长江中下游平原、四川盆地、云贵高原南部、两广丘陵、华南沿海平原、海南省中南部、台湾省的西北部等地区。

3.2.2　气候比较适宜地区

共建国家和地区气候比较适宜地区（MSA）土地面积为 626.19×10⁴km²，占全域总面积的 12.50%；相应的人口数量为 1501.82×10⁶ 人，约占全域的 1/3。共建国家和地区的气候比较适宜地区在空间上分布于高度适宜区的外围地区。根据图 3-3，共建国家和地区的气候比较适宜地区主要集中在中国的华北平原–塔里木盆地东部–东南部的山地丘陵地区、图兰低地北部地区、埃及东南部–阿拉伯半岛鲁卜哈利沙漠周边地区、马尔瓦高原（或马尔瓦台地）–德干高原–恒河平原东部、中南半岛西部与东部山区–新几内亚岛中南部地区等地。该区域气候条件相对较好，人口相对集中。

就共建国家和地区"6+1"分区气候比较适宜性来看，中亚土地面积为 48.88×10⁴km²，占该区总面积的 12.45%；相应人口数量为 27.91×10⁶ 人，约占该区总人口的 40.44%，主要集中分布在图兰低地中部地区等。中东欧土地面积为 4.09×10⁴km²，约为该区总面积的 1.92%；相应人口数量为 6.33×10⁶ 人，约占该区总人口的 3.56%，零星分布在本区南部沿海地区等。西亚及中东土地面积为 164.34×10⁴km²，占该区总面积的 22.19%，约为全区比较适宜地区总面积的 1/4；相应人口数量为 98.48×10⁶ 人，约占该区总人口的 1/4，主要集中在埃及东南部、阿拉伯半岛鲁卜哈利沙漠的周边地区等。南亚土地面积为 197.59×10⁴km²，占该区总面积的 41.41%；相应人口数量为 907.92×10⁶ 人，约占该区总人口的 51.91%，超过全区比较适宜地区总人口的 3/5，主要分布在马尔瓦高原、德干高原、恒河平原东部，以及斯里兰卡的南部地区等。蒙俄土地面积为 $1.17×10^4km^2$，占该区总面积的 0.06%；相应人口数量为 $2.69×10^6$ 人，约占该区总人口的 1.83%，零星分布于西南部黑海沿岸地区等。东南亚土地面积为 $83.30×10^4km^2$，占该区总面积的 19.19%；相应人口数量为 $78.06×10^6$ 人，约占该区总人口的 12.31%，主要分布在缅甸西部山区、泰国北部、老挝中部、越南东北部、新几内亚岛中南部等地，在印度尼西亚其他群岛也有零星分布。中国气候比较适宜地区土地面积达 $106.05×10^4km^2$，占全国总面积的 11.05%，占全区比较适宜区总面积的 16.94%；相应人口数量为 $398.74×10^6$ 人，超过全国总人口的 1/4，同时超过全区比较适宜区总人口的 1/4，主要分布在华北平原、塔里木盆地东北部、吐鲁番盆地大部、云贵高原东北部、汾渭谷地、四川盆地周边，以及东南部的山地丘陵地区。

3.2.3　气候一般适宜地区

共建国家和地区一般适宜地区（LSA）土地面积为 $1046.70×10^4km^2$，约占全域总面积的 20.89%；相应的人口数量为 $1101.31×10^6$ 人，占全域总人口的 24.05%。共建国家和地区的气候一般适宜区广泛分布各个地区。根据图 3-3，共建国家和地区的气候一般适宜区主要分布在中国的山东半岛–东北平原南部–辽东半岛–内蒙古高原西南部–黄土高原–巴丹吉林沙漠–塔里木盆地–柴达木盆地–准噶尔盆地、哈萨克斯坦中南部沙漠地区、俄罗斯大高加索山脉以北–顿河以南的平原地区、美索不达米亚平原–小亚细亚半岛–阿拉伯半岛的东南角、中东欧大部分区域、印度半岛局部地区、中南半岛中部–印度尼西亚群岛的大部分地区。该类型区气候条件一般，人地比例相对均衡。

就共建国家和地区"6+1"分区气候一般适宜性来看，中亚土地面积为 $164.81×10^4km^2$，占该区总面积的 41.98%；相应人口数量为 $16.55×10^6$ 人，约占该区总人口的 23.98%，该分区类型高度集聚在哈萨克斯坦南部地区等。中东欧一般适宜性分区类型占主导，土地面积为 $170.44×10^4km^2$，占该区总面积的 80.21%，相应人口数量为 $159.25×10^6$ 人，占该区总人口的 89.47%，该分区类型广泛分布于波德平原以南的大部分地区等。西亚及中东土地面积为 $151.82×10^4km^2$，占该区总面积的 20.50%，占全区一般适宜地区的 14.50%；相应人口数量为 $64.44×10^6$ 人，占该区总人口的 15.09%，主要分布在美索不达米亚平原、小亚细亚半岛、阿拉伯半岛南部的鲁卜哈利沙漠等地。南亚土地面积为 $93.31×10^4km^2$，占该区总面积的 19.56%；相应人口数量为 $295.21×10^6$ 人，约占该区总人口的 16.88%，超过全区一般适宜地区人口的 1/4，主要集中在阿富汗中部、巴基斯坦和印度交界处的南段以及印度半岛中东部平原与山地交界处等。蒙俄土地面积为 $93.19×10^4km^2$，接近该区总面积的 5.20%；相应人口数量为 $34.42×10^6$ 人，约占该区总人口的 23.42%，主要集中在大高加索山脉以北、顿河以南的平原地区等。东南亚土地面积为 $172.85×10^4km^2$，占该区总面积的 39.82%；相应人口数量为 $212.18×10^6$ 人，约占该区总人口的 1/3，主要集中在缅甸中南部平原、泰国东部平原、马来西亚和印度尼西亚大部分地区等。中国气候一般适宜地区土地面积达 $277.88×10^4km^2$，接近全国总面的 30%，为中国比重最大的分区类型，面积超过全区一般适宜地区总面积的 1/4；相应人口数量为241.88×10⁶人，约占全国总人口的17.34%，超过全区气候一般适宜区人口的1/5，主要分布在山东半岛、东北平原南部、辽东半岛、内蒙古高原西南部、黄土高原、巴丹吉林沙漠、塔里木盆地、柴达木盆地、准噶尔盆地，以及四川盆地周边山地地区。

3.2.4 气候临界适宜地区

共建国家和地区临界适宜地区（CSA）土地面积为975.86×10⁴km²，占全域19.48%；相应的人口数量为411.25×10⁶人，仅为全域8.98%。气候临界适宜区是共建国家和地区气候适宜性与否的过渡区域，在空间上集中分布在中北部地区。根据图3-3，共建国家和地区的气候临界适宜地区主要集中在中国青藏高原南部和东部–柴达木盆地周边山地–东北平原以东地区–内蒙古高原东部、中亚北部、蒙俄西南部、中东欧北部平原及中部山区、西亚及中东的局部地区、南亚东南沿海地区、中南半岛南部地区。该分区类型所在地多为常年偏冷或偏热地区，北部偏冷区人口稀疏，南部偏热区人口相对聚集。

就共建国家和地区"6+1"分区气候临界适宜性来看，中亚土地面积为127.14×10⁴km²，占该区总面积的32.39%；相应人口数量为7.57×10⁶人，占该区总人口的10.98%，集中分布在哈萨克斯坦北部地区以及天山山脉周边地区等。中东欧土地面积为37.50×10⁴km²，仅占到该区总面积的17.65%；相应人口约为11.23×10⁶人，为该区总人口的6.31%，主要分布在北部平原地区及中部西喀尔巴阡山–东喀尔巴阡山–南喀尔巴阡山地区，此外，在南部山区也有零星分布。西亚及中东土地面积为29.49×10⁴km²，占该区总面积的3.98%；相应人口数量为9.18×10⁶人，为该区总人口的2.15%，零星分布于伊朗高原北部地区、小高加索山脉南部山地以及阿拉伯半岛东南部的沙漠地区等。南亚土地面积为41.57×10⁴km²，占该区总面积的8.71%；相应人口数量为140.89×10⁶人，占该区总人口的8.06 %，主要分布在阿富汗中东部、喜马拉雅山脉南麓狭长地带、印度半岛东南部沿海地区、斯里兰卡岛的北部沿海地区。蒙俄土地面积为530.11×10⁴km²，占该区总面积的29.57%；相应人口约为104.38×10⁶人，超过该区总人口的70%，广泛分布在俄罗斯西南部平原地区、蒙古高原中东部地区等。东南亚土地面积为63.01× 10⁴km²，占该区总面积的14.52%；相应人口数量为289.06×10⁶人，占该区总人口的45.59%，主要分布在泰国昭披耶河流域、柬埔寨中部平原地区、越南湄公河三角洲地区，以及菲律宾中部地区，此外，在马来西亚及印度尼西亚群岛也有零星分布。中国气候临界适宜地区土地面积达242.48×10⁴km²，超过全国的1/4，接近共建国家和地区临界适宜区总面积的1/4；相应人口数量为67.06×10⁶人，仅占全国的4.81%，占全区该气候适宜性类型区总人口的16.31%，主要分布在青藏高原南部腹地及东部山地地区、柴达木盆地周边山地、东北平原及其以东地区、内蒙古高原东部，以及天山山脉周边地区。

3.2.5　气候不适宜地区

　　共建国家和地区气候不适宜区（NSA）土地面积为 $1498.10×10^4km^2$，约为全域总面积的 29.90%；相应的人口数量为 $8.43×10^6$ 人，仅占全域总人口的 0.18%。气候不适宜区是共建国家和地区面积比重最大但人口比重最小的气候适宜性类型，在空间上高度集聚于高纬度、高海拔地区。根据图 3-3，共建国家和地区的气候不适宜地区主要集聚在中国的青藏高原–帕米尔高原–天山山脉–大兴安岭地区、蒙古国西北部山区–西西伯利亚平原–中西伯利亚高原–俄罗斯远东地区。这些地区常年寒冷，温湿指数较小，地广人稀。

　　就共建国家和地区"6+1"分区气候不适宜性来看，中亚土地面积为 $16.39×10^4km^2$，占该区总面积的 4.18%；相应人口数量为 $0.03×10^6$ 人，仅为该区总人口的 0.05%，高度集中在塔吉克斯坦东南部的帕米尔高原、哈萨克斯坦东部的阿拉套山、吉尔吉斯斯坦东部的天山山脉等高海拔山地地区。中东欧土地面积为 $0.06×10^4km^2$，占该区总面积的 0.03%，零星分布于中部的喀尔巴阡山系地区，基本没有人口分布。西亚及中东土地面积为 $0.80×10^4km^2$，仅占该区总面积的 0.11%；相应人口不足 $1×10^4$ 人，人口占比不足该区总人口的万分之一，零星分布于大高加索山脉、小高加索山脉，以及土耳其黑海山脉等山地地区。南亚土地面积达 $19.40×10^4km^2$，占该区总面积的 4.07%，相应人口约为 $0.49×10^6$ 人，仅为该区总人口的 0.03%，主要集中在阿富汗境内的兴都库什山区和喜马拉雅山南麓狭长地带等。蒙俄土地面积为 $1168.56×10^4km^2$，占该区总面积的 65.17%，占共建国家和地区气候不适宜类型区总面积的 78.00%；相应人口约 $5.50×10^6$ 人，占该区总人口的 3.74%，占共建国家和地区气候不适宜类型区总人口的 65.24%，高度集中在蒙古国西北部山区、西西伯利亚平原、中西伯利亚高原以及俄罗斯远东地区等。东南亚气候条件相对较好，气候不适宜地区分布极少。中国气候不适宜地区土地面积为 $169.63×10^4km^2$，占全国总面积的 17.67%，占到了全区不适宜地区总面积的 11.32%；相应人口数量为 $1.30×10^6$ 人，不足全国总人口的 1‰，超过全区气候不适宜地区总人口的 10%，主要分布在青藏高原北部的藏北高原和祁连山山脉地区、西南部的冈底斯山脉地区，与中亚接壤的帕米尔高原、天山山脉地区，以及东北地区的大兴安岭等高纬度、高海拔地区。

3.3　基于水文指数的人居环境水文适宜性评价与分区

　　水文条件对人居环境的影响通常用水文指数或地表水丰缺指数（land surface water abundance index，LSWAI）来表征。考虑到绿色丝绸之路共建国家和地区研究区域的差异性、水资源相关数据的可获得性，以及注重空间水资源表达的差异性等，采用降水量和地表水分指数（land surface water index，LSWI）构建水文指数来表征区域水资源的丰缺程度，即区域水资源、水文条件与人口分布的相关性和适宜性。前者体现了天然状态下区域自然给水能力的大小，后者表征了区域地球表面植被–土壤水分含量的高低。据此，基于水文指数提示了共建国家人居环境水文适宜性。结果表明，共建国家和地区以水文适宜为主要特征，水文适宜地区近 7/10，相应人口近 9/10；不适宜地区约占 1/5，相应人口不足 2.04%。由图 3-4 可知，绿色丝绸之路共建国家和地区的人居环境水文适宜程度整体表现为湿润区、半湿润区高于半干旱区、干旱区的特征。

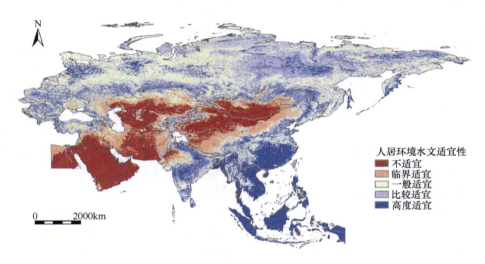

图 3-4　共建国家和地区人居环境水文适宜性评价结果

3.3.1　水文高度适宜地区

共建国家和地区高度适宜地区（HSA）土地面积为 1288.67×10⁴km²，接近全域的 1/4；相应的人口约为共建国家中人口的 43.01%，达 19.69×10⁸ 人。"高度适宜"是共建国家和地区比重最大的水文适宜性类型，在空间上广泛分布，以沿海地区及大江大河流域为主。根据图 3-4，共建国家和地区的高度适宜地区主要分布在中国东南部的长江中下游平原–洞庭湖平原–鄱阳湖平原–江汉平原、越南湄公河流域，以及马来群岛的苏门答腊岛–加里曼丹岛–新几内亚群岛。此外，水文高度适宜地区亦散布于蒙俄东北部、中东欧西北部等地区。该区域所在地的水文指数为中值或者中高值，气候湿润，植被覆盖度高，加之大江大河流经，大多是共建国家和地区的人口与产业集聚地区，人类活动频繁。

就共建国家和地区"6+1"分区水文高度适宜性来看，中亚土地面积为 21.06×10⁴km²，占该区土地面积的 5.26%；相应人口数量为 0.06×10⁸ 人，约占该区总人口的 8.11%。主要集中在里海沿岸平原、图兰低地，以及锡尔河流域等地区。中东欧土地面积为 52.98×10⁴km²，接近该区土地面积的 24.21%；相应人口数量为 0.60×10⁸ 人，约占该区总人口的 33.55%。零星分布在中东欧中部及黑海沿岸平原等。西亚及中东土地面积为 37.93×10⁴km²，占该区土地面积的 5.01%；相应人口数量为 0.61×10⁸ 人，占该区总人口的 14.28%。零星分布在埃及尼罗河三角洲和美索不达米亚平原、波斯湾沿岸平原等地。南亚土地面积为 159.33×10⁴km²，占该区土地面积的 30.97%；相应人口数量为 6.83×10⁸

人，约占该区总人口的 39.04%，高度适宜地区主要集中在印度河平原和恒河平原的江河流域。蒙俄土地面积为 340.96×10⁴km²，占该区土地面积的 18.27%，相应人口数量为 0.50×10⁸ 人，约占该区总人口的 34.32%。零星分布在东欧平原和西西伯利亚平原及其平原内部湖泊江河流域。蒙俄的水文高度适宜性类型集中分布在俄罗斯，占该国面积近 1/5，相应人口占该国近 1/2。东南亚土地面积为 392.10×10⁴km²，占该区土地面积的 87.09%，相应人口数量为 4.04×10⁸ 人，约占该区总人口的 63.79%。主要集中在中南半岛湄公河三角洲、湄南河三角洲和伊洛瓦底江平原，高度集中于海岛如东南亚诸岛。中国水文高度适宜地区土地面积为 336.96×10⁴km²，超过全国的 1/3；相应人口数量为 6.21×10⁸ 人，超过全国的 2/5，约为共建国家和地区该区域人口的 1/3。主要集中在长江中下游平原及华南沿海平原等地。

3.3.2　水文比较适宜地区

共建国家和地区比较适宜地区（MSA）土地面积为 1048.92×10⁴km²，超过全域的 20.30%；相应的人口数量为 10.63×10⁸ 人，超过全域的 23.21%。共建国家和地区的比较适宜地区在空间上介于高度适宜地区和一般适宜地区之间。根据图 3-4，共建国家和地区的比较适宜地区主要集中在中国的东北平原外围、印度半岛、小亚细亚半岛、里海沿岸、俄罗斯东西伯利亚高原–勒拿河沿岸平原及东欧平原西部地区等。该区域多分布有江河支流，人口相对集中。

就共建国家和地区"6+1"分区水文比较适宜性来看，中亚土地面积为 28.86×10⁴km²，占该区土地面积的 7.21%；相应人口数量为 0.13×10⁸ 人，占该区总人口的 18.31%。主要集中在图兰低地的锡尔河支流流域。中东欧土地面积为 65.25×10⁴km²，占该区土地面积的 29.82%；相应人口数量为 0.65×10⁸ 人，占该区总人口的 36.77%。零星分布在中东欧北部的波德平原。西亚及中东土地面积为 38.91×10⁴km²，占该区土地面积的 5.14%，相应人口数量为 0.57×10⁸ 人，占该区总人口的 13.43%。零星分布在西亚及中东北部的黑海海域边缘。南亚土地面积为 107.63×10⁴km²，占该区土地面积的 20.92%；相应人口数量为 4.60×10⁸ 人，占该区总人口的 26.30%，约占共建国家和地区人口的 2/5。主要集中在德干高原大部分地区。蒙俄土地面积为 646.46×10⁴km²，占该区土地面积的 34.64%，约占共建国家和地区比较适宜地区的 3/5；相应人口数量为 0.52×10⁸ 人，占该区总人口的 35.52%。主要集中在中通古斯平原和勒拿河沿岸平原等地区。蒙俄水文比较适宜地区主要分布在俄罗斯，相应面积占该国的近 2/5。东南亚土地面积为 11.62×10⁴km²，占该区土地面积的 2.58%；相应人口数量为 0.81×10⁸ 人，占该区总人口的 12.77%。主要分布在中南半岛的泰国北部、柬埔寨、缅甸中部等内陆地区。中国水文比较适宜地区约为共建国家和地区比较适宜地区的 1/10 强，土地面积达 125.18×10⁴km²，占全国的 13.04%；相应人口数量为 3.41×10⁸ 人，约占全国的 1/4，接近共建国家和地区该区域人口的 1/3。主要分布在东北平原、华北平原北部、长江以北–黄河以南地区，以及四川盆地、云贵高原的东南部以及南岭山地的大部分地区。

3.3.3　水文一般适宜地区

　　共建国家和地区一般适宜地区（LSA）土地面积为 1254.57×10^{4}km^2，约占全域的 24.28%；相应的人口数量为 11.21×10^8 人，占全域的 24.49%。共建国家和地区的一般适宜地区在空间分布上毗邻比较适宜地区。根据图 3-4，共建国家和地区的一般适宜地区主要分布在黑海海域边缘–伊朗高原北部、印度半岛西北部、青藏高原南部–黄河流域上游–蒙古高原南部、中南半岛的缅甸等内陆国家、帕米尔高原北部、东欧平原南部，以及西西伯利亚平原–东西伯利亚高原等地，该区多为半湿润区和半干旱区，人地比例相对适宜。

　　就共建国家和地区"6+1"分区水文一般适宜性来看，中亚土地面积为 80.10×10^{4}km^2，占该区土地面积的 20.01%；相应人口数量为 0.31×10^8 人，占该区总人口的 44.43%。零星分布在中亚北部哈萨克丘陵地区等。中东欧土地面积为 76.83×10^{4}km^2，占该区土地面积的 35.11%；相应人口数量为 0.47×10^8 人，占该区总人口的 26.52%。主要分布在东欧平原西部。中东欧大部分国家水文一般适宜地区面积约占各国的 1/5 以上。西亚及中东土地面积为 65.94×10^{4}km^2，占该区土地面积的 8.71%，相应人口数量为 1.04×10^8 人，占该区总人口的 24.43%，约占共建国家和地区该适宜类型人口的 10%。零星分布在小亚细亚半岛南侧。西亚及中东大部分国家一般适宜地区分占各国面积的 1/10 以下。南亚土地面积为 99.81×10^{4}km^2，占该区土地面积的 19.40%；相应人口数量为 4.36×10^8 人，占该区总人口的 24.90%，接近共建国家和地区一般适宜地区人口的 2/5。主要集中在德干高原中部和新德里西南部。蒙俄土地面积为 705.06×10^{4}km^2，占该区土地面积的 37.78%，相应人口数量为 0.36×10^8 人，占该区总人口的 24.48%。主要集中在蒙古高原西西伯利亚平原–东西伯利亚高原等地。东南亚土地面积为 41.83×10^{4}km^2，占该区土地面积的 9.29%；相应人口数量为 1.40×10^8 人，占该区总人口的 22.09%。主要集中在中南半岛北部内陆山区和爪哇岛南部等地。中国水文一般适宜地区面积约占共建国家和地区水文一般适宜地区的 1/6，土地面积达 186.53×10^{4}km^2，占全国面积的 19.43%；相应人口数量为 3.89×10^8 人，占全国的 27.89%，约占共建国家和地区该区域人口的 1/3。其主要分布在黄土高原、内蒙古高原南部、青藏高原南部、黄河流域上游，以及蒙古高原南部。

3.3.4　水文临界适宜地区

　　共建国家和地区临界适宜地区（CSA）土地面积为 517.74×10^{4}km^2，约为全域的 10.02%；相应的人口数量为 3.32×10^8 人，仅为全域的 7.25%。临界适宜区是共建国家和地区是水文适宜性与否的过渡区域，在空间上连片分布，偏居绿色丝绸之路共建国家和地区中部。根据图 3-4，共建国家和地区的临界适宜地区主要集中在中国的藏北地区、蒙古高原中国部分、德干高原西北部、伊朗高原东部、大高加索山脉南侧，以及哈萨克丘陵。该区域所在地多为半干旱地区，人口稀疏或相对集聚。

　　就共建国家和地区"6+1"分区水文临界适宜性来看，中亚土地面积为 100.39×

$10^4 \mathrm{km}^2$，占该区土地面积的 25.08%；相应人口数量为 0.17×10^8 人，占该区总人口的 24.79%。零星分布在中亚北部的哈萨克丘陵地区及塔吉克斯坦境内的天山山脉。中东欧土地面积为 $19.02 \times 10^4 \mathrm{km}^2$，仅占到该区土地面积的 8.69%；相应人口为 0.05×10^8 人，仅为该区总人口的 2.63%。零星分布于中东欧西南部的喀尔巴阡山脉南部地区。西亚及中东土地面积为 $115.14 \times 10^4 \mathrm{km}^2$，占该区土地面积的 15.21%，相应人口数量为 1.13×10^8 人，占该区总人口的 26.37%，超过绿色丝绸之路共建国家和地区总人口的 1/3。零星分布于伊朗高原西部地区和大高加索山脉南部区域。南亚土地面积为 $74.44 \times 10^4 \mathrm{km}^2$，占该区土地面积的 14.47%；相应人口数量为 1.40×10^8 人，占该区总人口的 8.00%。集中分布在孟买北部等地。蒙俄土地面积为 $64.76 \times 10^4 \mathrm{km}^2$，占该区土地面积的 3.47%；相应人口数量为 0.06×10^8 人，占该区总人口的 3.81%。蒙古国水文临界适宜地区占该国面积的 1/5，相应人口占该国的 9/10 以上；而俄罗斯仅 2% 左右的土地为水文临界适宜性类型区，且极少的人口分布在该类型地域内。中国水文临界适宜地区超过共建国家和地区临界适宜地区的 1/4，土地面积达 $134.88 \times 10^4 \mathrm{km}^2$，占全国的 14.05%；相应人口数量为 0.34×10^8 人，仅占全国的 2.42%。主要分布在青藏高原腹地及其周边山地如昆仑山、祁连山、天山、阿尔泰山和云贵高原西部山地，以及黄土高原、黄河流域上游和内蒙古高原南部。

3.3.5 水文不适宜地区

共建国家和地区不适宜地区（NSA）土地面积为 $1057.19 \times 10^4 \mathrm{km}^2$，约为全域的 20.46%；相应的人口数量为 0.93×10^8 人，约占全域的 2.04%。不适宜区是共建国家和地区比重最小的水文适宜性类型，在空间上呈较为集聚。根据图 3-4，共建国家和地区的不适宜地区主要集聚在中国的青藏高原北部、新疆、甘肃等中国西北地区，并向北延伸至蒙古高原北部。另外，水文不适宜地区还集中分布在中亚、西亚及中东的大部分地区，零星分布在南亚中部地区。该区域所在地的水文指数小，多为干旱地区。

就共建国家和地区"6+1"分区水文不适宜性来看，中亚土地面积为 $169.84 \times 10^4 \mathrm{km}^2$，占该区土地面积的 42.43%；相应人口为 0.03×10^8 人，仅为该区总人口的 4.37%。高度集中在塔吉克斯坦南部地区的帕米尔高原及哈萨克丘陵等地。中亚水文不适宜地区主要分布在土库曼斯坦，该国不适宜地区土地面积占比为 7/10 左右，相应人口占比为 3/5 左右。中东欧土地面积为 $4.73 \times 10^4 \mathrm{km}^2$，仅占到该区土地面积的 2.16%；相应人口为 0.01×10^8 人，仅为该区总人口的 0.52%。零星分布于中东欧南部的喀尔巴阡山局部地区。西亚及中东土地面积为 $499.11 \times 10^4 \mathrm{km}^2$，占该区土地面积的 65.93%；相应人口为 0.92×10^8 人，占该区总人口的 21.48%。本区是绿色丝绸之路共建国家和地区水文不适宜地区最为集中的地域，集中分布在阿拉伯半岛（鲁卜哈利沙漠）、内夫得沙漠、利比亚沙漠东部等区域。南亚土地面积达 $73.26 \times 10^4 \mathrm{km}^2$，占该区土地面积的 14.24%，相应人口数量为 0.31×10^8 人，仅为该区总人口的 1.76%，约占共建国家和地区不适宜地区人口的 1/3。主要集中在孟买北部等地。蒙俄土地面积为 $109.17 \times 10^4 \mathrm{km}^2$，占该区土地面积的 5.85%；相应人口为 0.03×10^8 人，占该区总人口的 1.87%。高度集中在蒙古国与中国交界处的蒙古高原等地区。东南亚土地面积为 $4.68×10^4km^2$，占该区土地面积的 1.04%；相应人口为 $0.09×10^8$ 人，仅占该区总人口的 1.35%。零星分布于中南半岛北部的高山地区，马来群岛地区水文不适宜地区分布极少。中国水文不适宜地区仅占比超过共建国家和地区水文不适宜地区的 1/10，土地面积为 $176.45×10^4km^2$，占全国的 18.38%；相应人口数量为 $0.10×10^8$ 人，不足全国的 0.7%，约为共建国家和地区该区域人口 1/9。其主要分布在藏北高原、新疆、甘肃等中国西北地区，并向北延伸至蒙古高原北部。

3.4 基于地被指数的人居环境地被适宜性评价与分区

地被适宜性（suitability assessment of vegetation，SAV）是人居环境自然适宜性评价的基础与核心内容之一，它着重探讨一个区域地被覆盖特征对该区域人类生活、生产与发展的影响与制约。为了揭示地表实际植被覆盖类型以及用地类型的植被覆盖程度对人居环境的影响，利用土地覆被类型与 NDVI 的乘积构建地被指数（land cover index，LCI），据此揭示了基于地被指数的共建国家和地区人居环境地被适宜性。结果表明，共建国家和地区以地被适宜为主要特征，地被适宜地区占 55.67%，相应人口超过 88.40%；不适宜地区占 27.48%，相应人口不足 3%。绿色丝绸之路共建国家和地区人居环境地被适宜程度整体表现为南部最高、北部地区次之、中间及蒙俄边缘部分最低（图 3-5）。

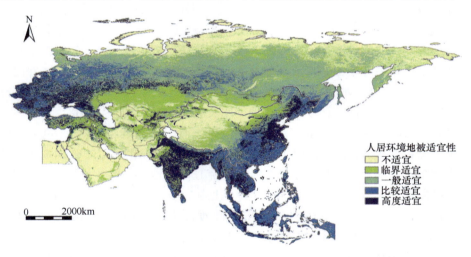

图 3-5　共建国家和地区基于地被指数的人居环境地被适宜性评价图

3.4.1 地被高度适宜地区

共建国家和地区高度适宜地区（HSA）土地面积为 $771.32×10^4km^2$，只占全域的 14.93%；相应的人口约为共建国家人口的 55.30%，人口总量达到 $2531.81×10^6$ 人，"高度适宜"是共建国家和地区人口比重最大的地被适宜性类型，在空间上分布较为集中，以大江大河中下游平原地区为主。根据图 3-5，共建国家和地区的高度适宜地区主要分布在中国东部的华北平原–江淮地区–洞庭湖平原–鄱阳湖平原–江汉平原–东北平原南部、泰国湄南河平原–缅甸伊洛瓦底平原–越南湄公河平原、印度河平原–恒河平原及印度沿海平原、美索不达米亚平原与里海沿岸平原、波斯湾沿岸及埃及的尼罗河三角洲地区、西西伯利亚平原–北西伯利亚低地及东欧平原等。该区域所在地的地被覆盖度较高，地势和缓，土地覆被类型多为森林、农田等，平地集中，加上水热条件优越、光照充足、交通便利，大多是共建国家和地区的人口与产业集聚地区，人类活动频繁。

就共建国家和地区 "6+1" 分区地被高度适宜性来看，中亚土地面积为 $27.16×10^4km^2$，占该区土地面积的 6.79%；相应人口数量为 $32.44×10^6$ 人，占该区总人口的 47.02%，主要集中在里海沿岸平原、图兰低地和哈萨克丘陵西部边缘地区等。中东欧土地面积为 $86.40×10^4km^2$，占该区土地面积的 39.48%；相应人口数量为 $85.57×10^6$ 人，占该区总人口的 48.07%，高度集中在中东欧东部的东欧平原及黑海沿岸平原等。西亚及中东土地面积为 $52.54×10^4km^2$，占该区土地面积的 6.94%；相应人口数量为 $110.60×10^6$ 人，占该区总人口的 25.90%，主要分布在埃及尼罗河三角洲、美索不达米亚平原、波斯湾沿岸平原与阿拉伯半岛的东南部局部地区等。南亚土地面积为 $219.72×10^4km^2$，占该区土地面积的 42.70%，在共建国家和地区中占比最大。相应人口数量为 $1128.16×10^6$ 人，占该区总人口的 64.50%，超过共建国家和地区总人口的 2/5，主要集中在印度河平原和恒河平原等。蒙俄土地面积为 $84.81×10^4km^2$，占该区土地面积的 4.54%，高度适宜地区土地面积较少；相应人口数量为 $31.41×10^6$ 人，占该区总人口的 21.37%，集中连片分布在西西伯利亚平原及北冰洋沿岸局部地区等。东南亚土地面积为 $119.92×10^4km^2$，占该区土地面积的 26.63%；相应人口数量为 $361.18×10^6$ 人，约占该区总人口的 56.97%，主要集中在中南半岛南部湄公河三角洲、湄南河三角洲和伊洛瓦底江平原及海岛东南亚的加里曼丹岛南部与苏门答腊岛东侧等。中国地被高度适宜地区土地面积为 $181.07×10^4km^2$，超过全国的 1/6，约占到共建国家和地区的 23.48%；相应人口数量为 $761.45×10^6$ 人，占全国 54.59%，在共建国家和地区占到 30.08%，主要集中在东北平原、华北平原、长江中下游平原，以及华南沿海平原等地区。

3.4.2　地被比较适宜地区

共建国家和地区比较适宜地区（MSA）土地面积为 $856.66×10^4km^2$，超过全域的 17%；相应的人口数量为 $853.71×10^6$ 人，占全域的 19%。共建国家和地区的比较适宜地区在空间上介于高度适宜地区和一般适宜地区之间。根据图 3-5，共建国家和地区的比较适宜地区主要集中在中国的东北平原外围–四川盆地地区、泰国中东部–缅甸中部、印度大部、阿拉伯半岛大部–埃及中南部、哈萨克斯坦中西部、俄罗斯中西伯利亚高原与阿拉伯半岛中西部地区等。该区域多为地被覆盖较好的丘陵、盆地等，人口相对集中。

就共建国家和地区 "6+1" 分区地被比较适宜性来看，中亚土地面积为 $2.67×10^4km^2$，占该区土地面积的 0.67%；相应人口数量为 $9.68×10^6$ 人，占该区总人口的 14.03%，主要集中在哈萨克斯坦东部与南部地区等。中东欧土地面积为 74.28×10⁴km²，占该区土地面积的 33.95%；相应人口数量为 35.49×10⁶人，占该区总人口的 19.94%，主要集中在中东欧中部的第聂伯河等地区等。西亚及中东土地面积为 30.14×10⁴km²，占该区土地面积的 3.98%；相应人口数量为 53.68×10⁶人，占该区总人口的 12.57%，主要集中在阿拉伯半岛的中西部和埃及中南部，以及伊朗高原局部地区等。南亚土地面积为 44.65×10⁴km²，占该区土地面积的 8.68%；相应人口数量为 200.19×10⁶人，占该区总人口的 11.45%，主要集中在德干高原大部分地区等。蒙俄土地面积为 222.08×10⁴km²，占该区土地面积的 11.90%，在共建国家和地区中占到 25.92%；相应人口数量为 31.40×10⁶人，占该区总人口的 21.36%，主要集中在中西伯利亚高地和蒙古国与俄罗斯交界地区等。东南亚土地面积为 281.24×10⁴km²，占该区土地面积的 62.48%，在共建国家和地区中占比最大（32.82%）；相应人口数量为 159.19×10⁶人，占该区总人口的 25.11%，主要集中在泰国北部、柬埔寨东侧、缅甸中部地区，以及加里曼丹岛局部地区等。中国地被比较适宜地区土地面积达 196.10×10⁴km²，约占全国的 1/5，在共建国家和地区中占到 22.89%；相应人口数量为 369.26×10⁶人，超过全国的 1/4，超过共建国家和地区该区域人口的 3/10，主要分布在大小兴安岭两侧、长白山地、呼伦贝尔高原、汾渭谷地、塔里木盆地东北部、吐鲁番盆地大部、四川盆地、云贵高原东南部，以及南岭山地的大部分地区。

3.4.3　地被一般适宜地区

共建国家和地区一般适宜地区（LSA）土地面积为 1248.57×10⁴km²，约占全域的 24%；相应的人口数量为 662.49×10⁶人，占全域的 14%。共建国家和地区的一般适宜地区在空间分布上毗邻比较适宜地区。根据图 3-5，共建国家和地区的一般适宜地区主要分布在中国的西南地区并分别向北延至蒙古国及其与俄罗斯交界处及俄罗斯远东地区，向南经横断山区延伸到缅甸–老挝–越南的北部山区及印度尼西亚的加里曼丹岛中部与苏门答腊岛的西部沿海地区，向西经中亚的吉尔吉斯斯坦延伸到西亚及中东的伊朗–土耳其–沙特阿拉伯西部地区。该区域所在地多为高原、低山和丘陵，人地比例相对适宜。

就共建国家和地区"6+1"分区地被一般适宜性来看，中亚土地面积为 37.31×10⁴km²，占该区土地面积的 9.32%；相应人口数量为 10.59×10⁶人，占该区总人口的 15.34%，高度集聚在中亚南部地区的天山山脉西侧等。中东欧土地面积为 53.09×10⁴km²，占该区土地面积的 24.26%；相应人口数量为 53.53×10⁶人，占该区总人口的 30.07%，高度集中在白俄罗斯丘陵地区等。西亚及中东土地面积 33.83×10⁴km²，占该区土地面积的 4.47%；相应人口数量为 75.48×10⁶人，占共建国家和地区该适宜类型人口的 11.39%，主要集中在阿拉伯半岛西侧狭长地带和伊朗高原大部分地区等。南亚土地面积为 51.43×10⁴km²，占该区土地面积的 10.00%；相应人口数量为 226.58×10⁶人，占该区总人口的 12.95%。主要集中在巴基斯坦大部分地区和印度与尼泊尔交界处等。蒙俄土地面积为 889.58×10⁴km²，占该区土地面积的 47.67%，在共建国家和地区中占比最大，超过 7/10；相应人口数量为 66.87×10⁶人，占该区总人口的 45.49%，主要集中在蒙古高原大部分地区和俄罗斯远东局部地区等。东南亚土地面积为 $24.42×10^4km^2$，占该区土地面积的 5.42%；相应人口数量为 $74.05×10^6$ 人，占该区总人口的 11.68%，主要集中在中南半岛北部山区和加里曼丹岛中部地区等。中国土地面积达 $149.63×10^4km^2$，占全国面积的 15.59%；相应人口数量为 $182.07×10^6$ 人，占全国人口的 13.05%，主要分布在黄土高原、内蒙古高原西南部、塔里木盆地西南部、柴达木盆地、准噶尔盆地和四川盆地周边地区、云贵高原中部，以及江南丘陵局部地区。

3.4.4　地被临界适宜地区

共建国家和地区临界适宜地区（CSA）土地面积为 $870.65×10^4km^2$，约为全域的 16.85%；相应的人口数量为 $403.61×10^6$ 人，仅为全域的 9%。临界适宜地区是共建国家和地区是地被适宜性与否的过渡区域，在空间上高度集聚，偏居青藏高原一隅。根据图 3-5，共建国家和地区的临界适宜地区主要集中在中国的藏北地区、藏东南地区，以及冈底斯山脉、喜马拉雅山脉沿线、兴都库什山脉的局部地区及蒙古高原局部、西亚及中东的伊朗高原中西部，蒙俄的阿尔泰山脉沿线也有一定比例分布。该区域所在地多为高原、山地，人口稀疏或相对集聚。

就共建国家和地区"6+1"分区地被临界适宜性来看，中亚土地面积为 $239.44×10^4km^2$，占该区土地面积的 59.81%，为该地区最大比例的地被适宜性类型；相应人口数量为 $14.75×10^6$ 人，占该区总人口的 21.38%，高度集中在吉尔吉斯斯坦与塔吉克斯坦境内的天山山脉等地。中东欧土地面积为 $2.46×10^4km^2$，仅占到该区土地面积的 1.13%；相应人口数量为 $2.16×10^6$ 人，仅为该区总人口的 1.22%，零星分布于中东欧西侧的西喀尔巴阡山局部地区等。西亚及中东土地面积为 $110.77×10^4km^2$，占该区土地面积的 14.63%；相应人口数量为 $125.47×10^6$ 人，占该区总人口的 29.39%，集中分布于伊朗高原西部地区和阿拉伯半岛西侧局部区域等。南亚土地面积为 $97.03×10^4km^2$，占该区土地面积的 18.86%；相应人口数量为 $166.15×10^6$ 人，占该区总人口的 9.50%，集中分布在巴基斯坦北部地区和喜马拉雅山脉南麓狭长地区等。蒙俄土地面积为 $229.73×10^4km^2$，其面积仅次于中亚占该区土地面积的 12.31%；相应人口数量为 $14.54×10^6$ 人，约占该区总人口的 10%，零星分布在蒙古高原西北侧等。东南亚土地面积为 $14.36×10^4km^2$，占该区土地面积的 3.19%；相应人口数量为 $23.10×10^6$ 人，仅占该区总人口的 3.64%，零星分布于缅甸西北部、越南的黄连山区和苏门答腊岛西部等区域等。中国地被临界适宜地区约占共建国家和地区临界适宜总面积的 1/5，土地面积达 $174.88×10^4km^2$，超过全国的 1/6；相应人口数量为 $64.66×10^6$ 人，仅占全国的 4.63%，主要分布在青藏高原腹地及其周边山地、昆仑山、祁连山、天山、阿尔泰山山地和云贵高原西部山地。

3.4.5　地被不适宜地区

共建国家和地区不适宜地区（NSA）土地面积为 $1419.88×10^4km^2$，约为全域的 27%；

相应的人口数量为 127.38×10^6 人，不足全域的 3%。不适宜地区是共建国家和地区比重最小的地被适宜性类型，空间上高度集聚（图 3-5）。共建国家和地区的不适宜地区主要集聚在中国的青藏高原、天山山脉、中国与南亚的尼泊尔、印度交界处的喜马拉雅山脉沿线、兴都库什山脉沿线，毛克山脉和西亚及中东与蒙俄交界处的大高加索山等地区地广人稀。

就共建国家和地区"6+1"分区地被不适宜性来看，中亚土地面积为 93.71×10^{4}km^2，占该区土地面积的 23.41%；相应人口数量为 1.54×10^6 人，仅为该区总人口的 2.23%，高度集中在塔吉克斯坦南部地区的帕米尔高原等。中东欧分布较少，土地面积为 2.59×10^{4}km^2，占该区土地面积的 1.18%；相应人口数量为 1.24×10^6 人，仅为该区总人口的 0.70%，零散分布在本区高海拔植被稀疏区域。西亚及中东土地面积为 529.76×10^{4}km^2，占该区土地面积的 69.98%，在共建国家和地区中占比 37.31%；相应人口数量为 61.76×10^6 人，占该区总人口的 14.46%，零星分布于亚洲与欧洲分界线的大高加索山区及伊朗境内的库赫鲁得山脉等区域。南亚土地面积达 101.65×10^{4}km^2，占该区土地面积的 19.76%；相应人口数量为 27.93×10^6 人，仅占该区总人口的 1.60%，主要集中在阿富汗境内的兴都库什山区和喜马拉雅山南麓狭长地带等。蒙俄土地面积为 440.02×10^{4}km^2，占该区土地面积的 23.58%，约占共建国家和地区的 30.98%；相应人口数量为 2.77×10^6 人，不足该区总人口的 2%，高度集中在蒙古国等地区。东南亚土地面积为 10.29×10^{4}km^2，占该区土地面积的 2.28%；相应人口为 16.47×10^6 人，仅占该区总人口的 2.60%，高度集中分布于伊里安岛毛克山脉和加里曼丹岛伊兰山脉等地区。中国地被不适宜地区面积在共建国家和地区不适宜地区仅次于西亚及中东与蒙俄两个地区。土地面积为 258.33×10^{4}km^2，接近全国的 27%；相应人口数量为 17.56×10^6 人，不足全国的 2%。主要分布在藏北高原、藏东南–横断山区以及昆仑山、祁连山和天山山地局部地区。

3.5 基于人居环境指数的人居环境适宜性综合评价与分区

人居环境自然适宜性，即人居环境对人类生存与发展的自然适宜性与限制性是由漫长历史过程形成发展而成，其自然适宜与限制程度存在区域（国别）差异。人居环境综合评价与适宜性分区，是在完成基于地形起伏度的地形适宜性评价与分区、基于温湿指数的气候适宜性评价与分区、基于水文指数的水文适宜性评价与分区，以及基于地被指数的地被适宜性评价与分区的基础上，结合全球公里格网人口密度 2015 年 LandScan 数据，通过构建人居环境指数（HSI）模型，并依据人居环境指数与地形、气候、水文与地被等单要素自然适宜性与限制性因子类型与相关关系，依次划分人居环境不适宜地区（包括永久不适宜区与条件不适宜区）、临界适宜地区（包括限制性临界适宜区与适宜性临界适宜区）和适宜地区（包括一般适宜区、比较适宜区与高度适宜区）的过程。图 3-6

与图 3-7 分别展示了 "6+1" 七个共建地区/国家的人居环境适宜性与适宜程度、限制性与限制程度三大类（不适宜地区、临界适宜地区、适宜地区）、7 个小类（永久不适宜地区、条件不适宜地区、限制性临界适宜地区、适宜性临界适宜地区、一般适宜地区、比较适宜地区与高原适宜地区）的对应空间特征与区域差异。

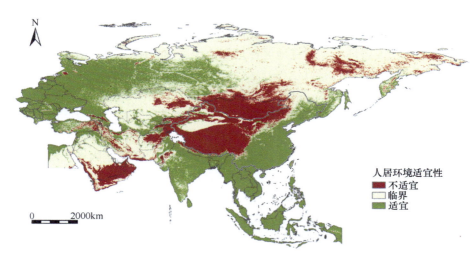

图 3-6　共建国家和地区人居环境自然适宜性三大类分区空间格局

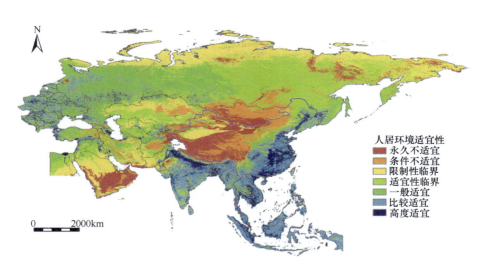

图 3-7　共建国家和地区人居环境自然适宜性 7 小类分区空间格局

3.5.1　人居环境不适宜地区的限制性

人居环境不适宜地区超过 $1096 \times 10^4 km^2$，在全区占地超过 21%；相应人口约为 8718×10^4 人，占比不及全区的 2%。该地区平均人口密度仅约 8 人/km^2，不及同期全区平均水平（88～89 人/km²）的 1/10。人居环境永久不适宜区（PNSA）与条件不适宜区（CNSA）在人居环境不适宜地区中相应的土地面积之比约为 53∶47，相应人口数量之比约为 27∶73。人居环境永久不适宜区地多人少，而条件不适宜区则相对地少人多，人口主要分布在人居环境相对较好的条件不适宜区。

具体地，中国、蒙俄地区与西亚及中东地区的人居环境不适宜地区面积在共建国家和地区的人居环境不适宜地区总面积中占到 85.75%，三者分别占 38.11%、29.59% 与18.05%。在空间上，人居环境不适宜地区在这三个地区中集中分布在三大区域（图 3-8），分别是青藏高原及其以西高山地区（包括天山与兴都库什山脉等）、蒙古高原及其周边高山地区（由西向东主要有阿尔泰山、西/东萨彦岭、雅布洛诺夫山与大兴安岭等）、阿拉伯半岛南部地区（集中分布在鲁卜哈利沙漠）。在青藏高原及其以西高山地区、蒙古高原及其周边高山地区两大人居环境不适宜地区的过渡地带，即巴丹吉林沙漠、腾格里沙漠、毛乌素沙漠也属于不适宜地区，从而形成了共建国家和地区人居环境不适宜地区的核心区。这里深居亚洲内陆腹地，其东部边缘距渤海最近处约 500km，最远处接近2000km。南部边缘距离孟加拉湾超过 600km，北部边缘距北冰洋 1400～2400km，西部边缘则更远，距大西洋则超过 3000km。

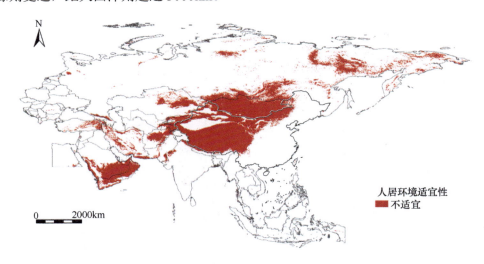

图 3-8　共建国家和地区人居环境不适宜地区（NSA）空间分布

除此之外，人居环境不适宜地区在其他区域的分布则相对零散。在俄罗斯远东地区的上扬斯克山脉、切尔斯基山脉、科雷马山脉、楚科奇山原、科里亚克山原，以及堪察加半岛的中部山脉呈带状分布。在俄罗斯境内的分布地区还有中西伯利亚高原的普托拉纳高原、大高加索山脉与乌拉尔山脉等。西亚及中东人居环境不适宜地区呈带状分布，分布在土耳其境内的安纳托利亚高原、伊朗境内的扎格罗斯山脉与厄尔布尔士山脉，以及阿拉伯半岛西侧的希贾兹山山脉（汉志山脉）等。南亚人居环境不适宜地区集中在阿富汗中东部、印度–巴基斯坦边境地区的印度沙漠地区，以及喜马拉雅山脉南坡。中亚人居环境不适宜地区主要分布在哈萨克丘陵地区，以及塔吉克斯坦与吉尔吉斯斯坦境内的天山余脉。南亚与中亚两个地区中的人居环境不适宜地区面积在共建国家和地区的人居环境不适宜地区总面积中分别占到 7.11% 与 6.72%。东南亚与中东欧人居环境不适宜地区面积较少，前者主要分布在印度尼西亚新几内亚岛的毛克山脉，后者主要分布在巴尔干半岛的丘陵山地与喀尔巴阡山脉等，人居环境不适宜地区相应土地面积占比不足 0.50%。

3.5.2　人居环境永久不适宜地区

共建国家和地区的人居环境永久不适宜区（PNSA）占地约为 11%，相应人口约占 5‰。全区人居环境永久不适宜区的土地面积约为 576.13×10^{4}km^2，在共建国家和地区占地约为 11.15%；相应人口数量为 2382.41×10^4 人，只占全区的 0.52%。永久不适宜区人口平均密度约为 4 人/km^2，大多数地区人迹罕至，人口极度稀疏，存在大面积的无人区。人居环境永久不适宜区在整个人居环境不适宜区占比达到 52.54%，相应人口在整个人居环境不适宜地区中占到 27.33%。

首先，人居环境永久不适宜区主要受地形高耸、气候严寒、水文干旱，以及地被荒芜等极端条件制约，表现为地形与气候等多重不适宜人类常年生活和居住且短时间内难以改变。空间上，由高寒环境引起的永久不适宜区主要分布在共建国家和地区的极高山/高原及蒙俄（图 3-9）。其中，以青藏高原及其邻近山区尤为突出；另外，蒙古国南部的戈壁荒漠地区（向西延伸至阿尔泰山脉等）、俄罗斯的东部西伯利亚山地（如上扬斯克山脉）也有大规模分布。由干旱与荒漠引起的永久不适宜区主要分布在西亚及中东阿拉伯半岛南部的鲁卜哈利沙漠地区与西部狭长的阿拉伯高原地区，其中以阿拉伯半岛南部最为突出，涉及沙特阿拉伯、阿曼、阿联酋，以及也门等国。

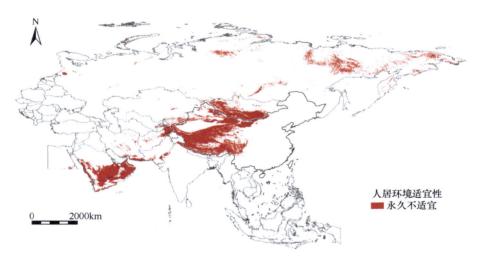

图 3-9　共建国家和地区人居环境永久不适宜地区（PNSA）空间分布

就中国及其他 6 个地区而言，中国人居环境永久不适宜区的土地面积最大，为 248.07×10⁴km²。这一类型既在中国人居环境适宜性 7 个类型中占比最大（25.63%），在共建国家和地区永久不适宜地区中占比也是最大的（43.06%）。相应人口仅有 281.09×10⁴ 人，占中国总人口的 0.21%，在共建国家和地区永久不适宜地区中占到 11.80%。集中连片分布在中国广大西部，其中以青藏高原、新疆天山山脉以及内蒙古西部地区最为明显，其人口密度平均水平约为 1 人/km²，大多荒无人烟。

其次，人居环境永久不适宜区在西亚及中东与蒙俄也有相当规模，土地面积分别为 141.40×10⁴km² 与 124.57×10⁴km²，在西亚及中东与蒙俄分别占到 19.52% 与 6.61%，在共建国家和地区永久不适宜区中占比分别为 24.54% 与 21.62%。尽管两个地区永久不适宜区的土地面积规模相当，但其人口承载规模差别很大。西亚及中东永久不适宜区人口数量达到 1315.73×10⁴ 人，相应人口密度约为 9 人/km²；在该地区人口数量占比约为 3.25%，在共建国家和地区永久不适宜区中占比高达 55.23%，占比最大。蒙俄永久不适宜区人口规模仅为 43.26×10⁴ 人，相应人口密度不足 1 人/km²；在该地区人口数量占比约为 0.43%，在共建国家和地区永久不适宜地区中占比为 1.81%。

最后，南亚永久不适宜区土地面积约为 42.91×10⁴km²，在南亚占到 8.46%，在共建国家和地区永久不适宜地区中占到 7.45%。该区永久不适宜地区相应人口数量约为 421.95×10⁴ 人，相应人口密度约为 10 人/km²；在该地区人口数量占比约为 0.23%，在共建国家和地区永久不适宜地区中占比高达 17.71%。中亚永久不适宜土地面积约为 16.57×10⁴km²，在中亚占到 4.06%，在共建国家和地区永久不适宜地区中占到 2.88%。该区永久不适宜地区相应人口数量约为 5.84×10⁴ 人，相应人口密度远不足 1 人/km²；人口数量在该地区与共建国家和地区永久不适宜地区中占比不足 1%。东南亚永久不适宜土地面积约为 2.46×10⁴km²，相应人口数量仍有 314.44×10⁴ 人，且具有较高的人口密度（128 人/km²）。对比而言，中东欧永久不适宜区的土地面积与相应人口则非常少，相差十分悬殊。

3.5.3　人居环境条件不适宜地区

共建国家和地区的人居环境条件不适宜区（CNSA）占地约为 1/10，相应人口占比约为 1%。全区人居环境条件不适宜区的土地面积为 520.42×10⁴km²，在共建国家和地区占地约为 10.07%；相应人口数量为 6336.01×10⁴ 人，只占全区的 1.38%。条件不适宜区人口密度约为 12 人/km²。人居环境条件不适宜区主要受气候、水文和地被限制，表现为气候、水文或地被等不适宜特征但有条件改善（图 3-10）。人居环境条件不适宜区在整个人居环境不适宜地区占比达到 47.46%，相应人口在整个人居环境不适宜地区中占到 72.67%。

首先，人居环境条件不适宜区主要是指人居环境不适宜地区受地形高耸、气候严寒、干旱，以及地被荒芜等极端条件制约以外的区域。在空间上，由气候单因子（即高寒）引起的条件不适宜区主要分布在蒙俄的蒙古国与俄罗斯远东地区。具体地，在蒙古国主要分布在南部戈壁区以北的西北部高山区、北部山地高原区、东部平原区。在俄罗斯多分布在东部西伯利亚山区永久不适宜区的周围地区及西伯利亚与蒙古国接壤地区。由干旱或荒漠单因子引起的条件不适宜区主要分布在西亚及中东的伊朗高原（尤其是扎格罗斯山脉）、南亚西北部（兴都库什山区）与中亚东部（如哈萨克丘陵）等。

就中国及其他 6 个地区而言，人居环境条件不适宜区土地面积在蒙俄与中国大致相当，分别为 199.89×10⁴km² 与 169.83×10⁴km²，分别占到 10.60% 与 17.55%，在共建国家和地区条件不适宜区中占比分别为 38.41% 与 32.63%。尽管两个地区条件不适宜区的土地面积规模大致相当，但其人口承载规模差别很大。蒙俄条件不适宜区人口数量约为 487.01×10⁴ 人，相应人口密度不到 3 人/km²；在该地区人口数量占比约为 4.87%，在共建国家和地区条件不适宜区中占比约为 7.69%。中国条件不适宜区人口规模约为 2037.89×10⁴ 人，相应人口密度约为 12 人/km²；在该地区人口数量占比约为 1.49%，在共建国家和地区条件不适宜区中占比高达 32.16%。空间上，主要集中在中国大兴安岭、黄土高原与青藏高原东部地区。

其次，人居环境条件不适宜区土地面积在中亚与西亚及中东大致相当，分别为 57.17×10⁴km² 与 56.53×10⁴km²，分别占到 13.99% 与 7.80%，在共建国家和地区条件不适宜区中占比分别为 10.99% 与 10.86%。尽管两个地区条件不适宜土地面积规模大致相当，但其人口承载规模差别很大。中亚条件不适宜区人口数量仅为 147.34×10⁴ 人，相应人口密度不及 3 人/km²；在该地区人口数量占比约为 2.57%，在共建国家和地区条件不适宜区中占比约为 2.33%。空间上，主要分布在哈萨克斯坦东北部、塔吉克斯坦与吉尔吉斯斯坦等地。西亚及中东条件不适宜区人口规模约为 1987.08×10⁴ 人，相应人口密度约为 35 人/km²；在该地区人口数量占比约为 4.90%，在共建国家和地区条件不适宜区中占比高达 31.36%。空间上，主要集中在扎格罗斯山脉与厄尔布尔士山脉等山区。

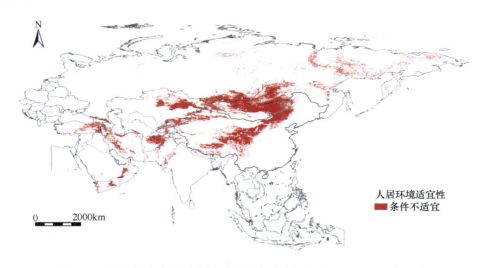

图 3-10　共建国家和地区人居环境条件不适宜地区（CNSA）空间分布

最后，南亚人居环境条件不适宜地区土地面积为 $35.05×10^4km^2$，在南亚所占比重为 6.91%，在共建国家和地区条件不适宜区中占到 6.74%。相应人口数量为 $1482.56×10^4$ 人，人口密度约为 42 人/km^2。人口数量在南亚占比仅为 0.82%，在共建国家和地区条件不适宜区人口数量中占到 23.40%。东南亚与中东欧人居环境条件不适宜区土地面积分别为 $1.00×10^4km^2$ 与 $0.95×10^4km^2$，相应土地面积在两个地区及其在共建国家和地区条件不适宜区面积中占比均不及 5‰。空间上仅分布在东南亚巴布亚岛的中央山脉及中东欧的阿尔卑斯山地。就东南亚与中东欧两地区而言，人居环境条件不适宜区土地面积大致相当，但两个地区的人口数量差异悬殊。东南亚条件不适宜区人口数量达 $191.58×10^4$ 人，但中东欧条件不适宜区人口数量仅为 $2.54×10^4$ 人，人口密度分别约为 191 人/km^2 与 3 人/km^2，差距悬殊。

3.5.4 人居环境临界适宜地区的适宜性与限制性

人居环境临界适宜地区超过 $1874×10^4km^2$，在全区占地超过 36%；相应人口超过 $4.0×10^8$ 人，占比接近 9%。临界适宜地区人口密度约为 21 人/km^2，约为全区平均水平的 1/4。其中，人居环境限制性临界地区（RCSA）与适宜性临界地区（NCSA）在人居环境临界适宜地区中相应的土地面积之比约为 44∶56，相应人口数量之比约为 31∶69。人居环境临界适宜性两种类型尽管土地面积大致相当，但前者地区相应人口数量不及后者的一半，人口主要分布在相对较好的人居环境适宜性临界地区。

具体地，蒙俄地区、西亚及中东地区与中亚地区三个地区中的人居环境临界适宜地区面积在共建国家和地区的人居环境临界适宜地区总面积中占到 85.60%，三者分别占 51.64%、20.34% 与 13.62%。在空间上，人居环境临界适宜地区在前述三个地区中集中分布在四大区域（图 3-11），分别是西西伯利亚平原以东的广大远东地区（如中西伯利亚高原以及除该区域不适宜地区以外的广大区域）、阿拉伯半岛北部地区（由北向南分别是内夫得沙漠、代赫纳沙漠，以及西侧的阿拉伯高原）、埃及南部沙漠［包括撒哈拉沙漠东部与东部沙漠（阿拉伯沙漠）］，以及中亚中北部地区（集中分布在哈萨克斯坦、乌兹别克斯坦与土库曼斯坦等国境内）。总体而言，人居环境临界适宜地区在绿色丝绸之路中部地区，主要分布在近东地区的非洲东北部地区、西亚及中东地区、中亚地区，以及远东的俄罗斯东部地区。这里介于绿色丝绸之路极高山、高原与丘陵、平原的中间地带，范围广阔。值得注意的是，人居环境临界适宜地区多分布在人居环境不适宜地区以北及其以西地区。例如，俄罗斯远东地区的人居环境临界适宜地区位于蒙古高原人居环境不适宜地区以北，中亚地区的人居环境临界适宜地区位于青藏高原人居环境不适宜地区以北。类似地，阿拉伯半岛的人居环境适宜地区同样位于其不适宜地区以北。这也印证了高海拔对应的高寒及极干极荒是决定人居环境不适宜地区的主要因素，而高纬的严寒、较高海拔、较干较荒等自然条件是形成人居环境临界适宜地区的主要因素。

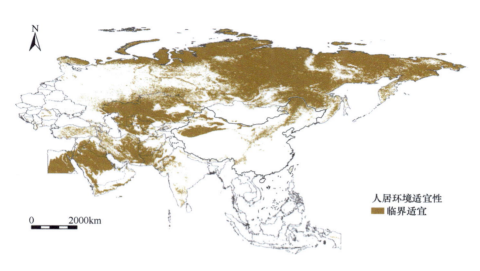

图 3-11　共建国家和地区人居环境临界适宜地区空间分布

除此之外，人居环境临界适宜地区在其他区域的分布则相对零散。西亚及中东人居环境临界适宜地区呈带状分布，分布在阿拉伯半岛西侧的阿拉伯高原以及半岛南部边缘、伊朗高原等。中国人居环境临界适宜地区主要分布在塔里木盆地（塔克拉玛干沙漠）、准噶尔盆地（古尔班通古特沙漠）、吐鲁番盆地–哈密盆地，以及大兴安岭–太行山以西等地。南亚人居环境临界适宜地区集中在阿富汗西部、巴基斯坦西部，以及印度德干高原局部地区。中国与南亚两个地区的人居环境临界适宜地区面积在共建国家和地区的人居环境临界适宜地区总面积中分别占到 8.08% 与 5.80%；然而两个区域临界适宜性类型相应的人口规模存在明显差异，中国约占 16%，而南亚则占到 44.19%。中东欧与东南亚人居环境临界适宜地区面积较少，前者主要分布在巴尔干半岛丘陵山地与喀尔巴阡山山脉人居环境不适宜地区的邻近区域，后者主要分布在印度尼西亚新几内亚岛毛克山脉人居环境不适宜地区的邻近区域，人居环境临界适宜地区相应土地面积占比不足 0.50%，相应人口规模东南亚明显多于中东欧，但前者人口占比仍不超过 5%。

3.5.5　人居环境限制性临界适宜地区

共建国家和地区的人居环境限制性临界地区（RCSA）占地约为 16%，相应人口不及 3%。全区人居环境限制性临界地区土地面积为 $819.02 \times 10^4 \text{km}^2$，在共建国家和地区占地约为 15.85%，在整个人居环境临界适宜地区占比约为 43.70%。其主要分布在北纬 60°以北的北极圈地区（俄罗斯）、阿拉伯半岛中部地区（如代赫纳沙漠），以及埃及东南部（20°N～30°N）、南亚与西亚及中东交界地区（即阿富汗与伊朗交界地区）、中亚哈萨克斯坦（北部丘陵地区）与乌兹别克斯坦，以及中国塔里木盆地与 400mm 等降水量线东西两侧等（图 3-12）。绿色丝绸之路限制性临界地区人口数量约为 1.25×10^8 人，在共建国家和地区占比约为 2.72%，在整个限制性临界地区占比约为 30.86%。人居环境限制性临界地区人口密度约为 15 人/km²，大多数地区人烟稀少。

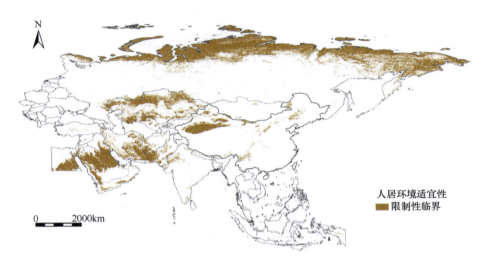

图 3-12　共建国家和地区人居环境限制性临界适宜地区（RCSA）空间分布

就中国及其他 6 个地区而言，首先，蒙俄（尤其是俄罗斯北极圈地区）地区人居环境限制性临界地区土地面积最大，为 334.52×10⁴km²，在共建国家和地区限制性临界地区中占到 40.84%，在蒙俄地区约占到 17.74%。相应人口约为 537.12×10⁴ 人，占蒙俄地区总人口的 5.38%，在共建国家和地区限制性临界地区中占到 4.30%。人口密度不足 2 人/km²，地广人稀。

其次，西亚及中东限制性临界地区土地面积居第二位，达到 226.81×10⁴km²。这一类型在西亚及中东境内人居环境适宜性 7 个类型中占比最大（31.31%），在共建国家和地区限制性临界地区中占到 27.69%。西亚及中东限制性临界地区人口数量为 3977.22×10⁴ 人，在西亚及中东地区总人口中占比为 9.82%，在共建国家和地区限制性临界地区中约占 31.82%。人口密度不足 18 人/km²。

再次，中亚限制性临界地区土地面积居第三位，约为 114.57×10⁴km²。这一类型在中亚人居环境适宜性 7 个类型中占比约为 28.04%，在共建国家和地区限制性临界地区中约占 13.99%。中亚限制性临界地区人口数量为 431.35×10⁴ 人，在中亚总人口中占比为 7.51%，在共建国家和地区限制性临界地区中约占 3.45%。人口密度约为 4 人/km²。

最后，中国与南亚限制性临界地区土地面积在 100×10⁴km² 以内，其对应土地面积与相应人口差异较大，分别为 83.25×10⁴km² 与 57.05×10⁴km²。这一类型在中国与南亚人居环境适宜性 7 个类型中占比分别为 8.60% 与 11.24%，在共建国家和地区限制性临界地区中占比分别为 10.16% 与 6.97%。中国与南亚限制性临界地区人口数量为 1432.87×10⁴ 人与 5894.77×10⁴ 人，占比分别为 1.05% 与 3.26%，在共建国家和地区限制性临界地区总人口中分别占到 11.46% 与 47.16%。南亚限制性临界地区人口数量最多。中国与南亚限制性临界地区人口密度分别约为 17 人/km² 与 103 人/km²。相比之下，东南亚与中东欧限制性临界地区土地面积分别为 $2.07 \times 10^4 km^2$ 与 $0.74 \times 10^4 km^2$，在各区及共建国家和地区限制性临界地区中占比均在 1%以下。东南亚与中东欧限制性临界地区人口数量分别为 177.65×10^4 人与 15.78×10^4 人，在各区总人口及共建国家和地区限制性临界地区总人口中占比在 1%上下。人口密度分别约为 86 人/km²与 21 人/km²。

3.5.6　人居环境适宜性临界适宜地区

共建国家和地区的人居环境适宜性临界地区（NCSA）占地约为 20%，相应人口约占到 6%。全区人居环境适宜性临界地区土地面积约为 $1055.07 \times 10^4 km^2$，在共建国家和地区占地约为 20.42%，在整个临界适宜地区占比约为 56.30%。主要分布在蒙俄远东地区（中西伯利亚高原与东西伯利亚山地等）、中亚地区（哈萨克斯坦南部），以及西亚及中东地区（如阿拉伯半岛的内夫德沙漠、埃及中部沙漠与土耳其安那托利亚高原）等地区（图 3-13）。共建国家和地区适宜性临界地区人口数量约为 2.79×10^8 人，约占共建国家和地区总人口的 6.10%，在整个临界适宜地区占比约为 69.14%。适宜性临界地区人口密度约为 27 人/km²，大多数地区人口较少。

就中国及其他 6 个地区而言，首先，蒙俄人居环境适宜性临界地区土地面积最大，为 $633.32 \times 10^4 km^2$，这一类型既在蒙俄人居环境适宜性 7 个类型中占比最大（33.59%），在共建国家和地区适宜性临界地区中占比也是最大（60.03%）。蒙俄人居环境适宜性临界地区相应人口约为 2339.93×10^4 人，占蒙俄总人口的 23.42%，在共建国家和地区适宜性临界地区中占到 8.39%。人口密度约为 4 人/km²，地广人稀。

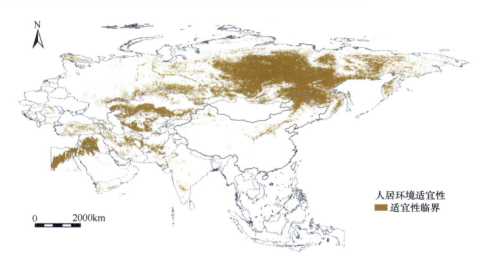

图 3-13　共建国家和地区人居环境适宜性临界适宜地区（NCSA）空间分布

其次，人居环境适宜性临界地区土地面积在西亚及中东地区与中亚地区大致相当，分别为 $154.41 \times 10^4 km^2$ 与 $140.62 \times 10^4 km^2$，分别占到 21.31%与 34.42%，其中适宜性临界类型是中亚地区五国人居环境适宜性 7 小类面积最大的一种。在共建国家和地区适宜性临界地区中占比分别为 14.64% 与 13.33%。尽管两个地区适宜性临界土地面积规模大致相当，但其人口承载规模差别很大。西亚及中东地区适宜性临界地区人口数量约为 6087.10×10^4 人，相应人口密度约为 39 人/km²；在该地区人口数量占比约为 15.02%，在共建国家和地区适宜性临界地区中占比约为 21.82%。中亚地区适宜性临界地区人口数量约为 630.59×10^4 人，相应人口密度约为 5 人/km²；在该地区人口数量占比约为 10.98%，在共建国家和地区适宜性临界地区中占比约为 2.26%。

再次，人居环境适宜性临界地区土地面积在中国与南亚地区也大致相当，分别为 68.13×10^4km² 与 51.72×10^4km²，分别占到 7.04% 与 10.19%，其中适宜性临界类型是中国人居环境适宜性 7 小类面积最小的一种。在共建国家和地区适宜性临界地区中占比分别为 6.46% 与 4.90%。尽管两个地区适宜性临界土地面积规模大致相当，但其人口承载规模差别很大。中国适宜性临界地区人口数量约为 5032.70×10^4 人，相应人口密度约为 74 人/km²；在该地区人口数量占比约为 3.69%，在共建国家和地区适宜性临界地区中占比约为 18.04%。南亚适宜性临界地区人口数量约为 1.20×10^8 人，相应人口密度约为 231 人/km²；在该地区人口数量占比约为 6.62%，在共建国家和地区适宜性临界地区中占比约为 43.01%，占比最大。

最后，人居环境适宜性临界地区土地面积在中东欧与东南亚也大致相当，分别为 5.72×10^4km² 与 1.14×10^4km²，在中东欧地区与东南亚地区，以及共建国家和地区适宜性临界地区中占比为 5.42% 和 1.08%。尽管两个地区适宜性适宜土地面积规模较小，但其人口承载规模差别很大。中东欧适宜性临界地区人口数量约为 111.29×10^4 人，相应人口密度约为 19 人/km²；在该地区人口数量与在共建国家和地区适宜性临界地区总人口中占比不及 1%。东南亚地区适宜性临界地区人口数量约为 1770.18×10^4 人，相应人口密度约为 1552 人/km²；在该地区人口数量与在共建国家和地区适宜性临界地区总人口中占比分别约为 6%。

3.5.7 人居环境适宜地区的适宜性

人居环境适宜地区约 2196×10^4km²，在全区占地约为 43%；相应人口接近 41×10^8 人，占比接近九成。对应人口密度约为 186 人/km²，远远超出共建国家和地区人口密度的平均水平（88～89 人/km²）。人居环境一般适宜地区、比较适宜地区与高度适宜地区土地面积之比约为 46：40：14，相应人口之比约为 22：46：32。比较而言，从一般适宜、比较适宜到高度适宜，土地面积总体减少，而相应人口数量总体增加，人口由一般向高度适宜地区聚集。

具体地，蒙俄地区、东南亚地区、中国、南亚地区与中东欧地区五个国家和地区中的人居环境适宜地区面积在共建国家和地区人居环境适宜地区总面积中占到 89.75%，五者分别占 27.00%、20.24%、18.14%、14.60% 与 9.77%。在空间上，人居环境适宜地区在前述地区中集中分布在四大区域（图 3-14），分别是西西伯利亚平原及其以西的广大平原地区（包括东欧平原）、东南亚广大地区、中国东部广大地区（从东北向西南分别是东北平原、华北平原及整个南方)、南亚地区(除印度沙漠以及喜马拉雅–兴都库什山脉以外)。总体而言,绿色丝绸之路共建国家和地区的人居环境适宜地区主要分布在全区的东南部与西北部,一是全区东南部的东亚–东南亚–南亚季风区;二是全区西北部的东欧平原–西西伯利亚平原地势低平区。具体而言,集中连片分布在低平地区,包括高纬的东欧平原西西伯利亚平原与低纬度的南亚/东南亚。值得注意的是,全区人居环境适宜地区受人居环境不适宜与临界适宜地区阻隔,而使得两大适宜区在空间上出现中断。这也印证了低海拔对应的温带(半)湿润地区,以及水热、地被条件是形成人居环境适宜地区的主要因素。

除此之外,人居环境适宜地区在其他区域的分布则相对零散。尽管中国人居环境适宜地区主要分布在东部季风区,但西部地区的河套平原(包括西套、后套与前套三个部分)与塔里木盆地边缘的绿洲也属于人居环境适宜地区。西亚及中东人居环境适宜地区呈带状分布,分布在两河流域(星月地带)、埃及北部(如尼罗河三角洲冲积平原与盖塔拉洼地)、小亚细亚半岛西部,以及里海沿岸地区。西亚及中东人居环境适宜地区面积在共建国家和地区人居环境适宜地区总面积中占到 6.62%。中亚人居环境适宜地区主要分布在土库曼斯坦西部(里海沿岸)与南部、乌兹别克斯坦南部与哈萨克斯坦西南部,其人居环境适宜地区面积在共建国家和地区人居环境适宜地区总面积中占到 3.63%。

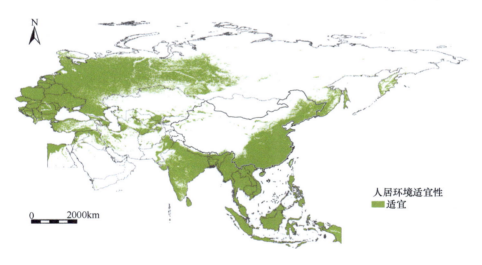

图 3-14　共建国家和地区人居环境适宜地区空间分布

3.5.8　人居环境一般适宜地区

共建国家和地区人居环境一般适宜地区(LSA)占地接近 20%,相应人口占比接近 20%。一般适宜地区是绿色丝绸之路共建国家和地区人居环境适宜主导类型。全区人居环境一般适宜地区土地面积为 $1009.74 \times 10^4 km^2$,在共建国家和地区占地约为 19.54%,在整个适宜地区占比约为 45.97%。空间上,主要分布在俄罗斯西部地区(包括乌拉尔山脉以西的俄罗斯平原与西西伯利亚平原）、中东欧大部地区、西亚及中东地区（如土耳其）与中国（400mm 等降水量线东西两侧）（图 3-15）。绿色丝绸之路共建国家和地区一般适宜地区人口数量约为 $8.96×10^8$ 人，约占全区的 19.57%，在整个适宜地区人口总量中占到 21.92%。一般适宜地区人口密度为 88～89 人/km^2，与绿色丝绸之路共建国家和地区人口密度平均情况相近，处于全区平均水平。

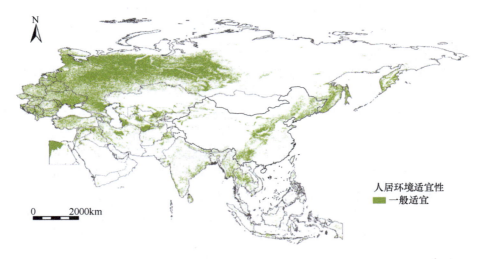

图 3-15　共建国家和地区人居环境一般适宜地区（LSA）空间分布

就中国及其他 6 个地区而言，首先，蒙俄地区人居环境一般适宜地区土地面积最大，为 $495.88×10^4$km^2。在蒙俄地区占比约为 26.30%，在共建国家和地区一般适宜地区中占比最大（49.11%）。蒙俄地区人口数量约为 $3988.86×10^4$ 人，占蒙俄地区总人口的 39.92%，在共建国家和地区一般适宜地区中占到 4.45%。人口密度约为 8 人/km^2，地广人稀。

其次，人居环境一般适宜地区土地面积在中东欧与中国也大致相当，分别为 $124.77×10^4$km^2 与 $110.13×10^4$km^2，分别占到 56.17% 与 11.38%，其中一般适宜类型是中东欧人居环境适宜性 7 小类面积最大的一种。在共建国家和地区一般适宜地区中占比分别为 12.36% 与 10.80%。尽管两个地区一般适宜土地面积规模大致相当，但其人口承载规模差别很大。中东欧一般适宜地区人口数量约为 $6697.82×10^4$ 人，相应人口密度约为 54 人/km^2；在该地区人口数量占比约为 47.71%，在共建国家和地区一般适宜地区中占比约为 7.48%。中国一般适宜地区人口数量约为 $1.92×10^8$ 人，相应人口密度约为 175 人/km^2；在该地区人口数量占比约为 14.09%，在共建国家和地区一般适宜地区中占比约为 21.43%。

最后，西亚及中东地区、东南亚地区、中亚地区与南亚地区一般适宜地区土地面积 $55×10^4$ ～ $100×10^4$km^2，分别为 $95.43×10^4$km^2、$65.84×10^4$km^2、$60.48×10^4$km^2 与 $57.21×10^4$km^2。在上述四个地区的土地占比分别为 13.17%、14.59%、14.80% 与 11.27%，在绿色丝绸之路共建国家和地区一般适宜地区中分别占到 9.45%、6.52%、5.99% 与

5.67%。西亚及中东地区、东南亚地区、中亚地区与南亚地区人口数量差异悬殊。四个地区相应人口数量分别为 $1.39×10^8$ 人、$2.07×10^8$ 人、$1598.92×10^4$ 人与 $2.35×10^8$ 人，人口密度分别为 145 人/km²、314 人/km²、26 人/km² 与 411 人/km²。西亚及中东地区、东南亚地区、中亚地区与南亚地区人口数量分别在上述各区总人口中占到 34.21%、29.33%、27.85% 与 13.03%，在共建国家和地区一般适宜地区总人口中分别占到 15.51%、23.10%、1.78% 与 26.23%。

3.5.9　人居环境比较适宜地区

共建国家和地区人居环境比较适宜地区（MSA）占地约为 17%，相应人口约占 41%。人居环境比较适宜地区是绿色丝绸之路共建国家和地区人居环境适宜的次要类型，但其人口最多。全区人居环境比较适宜地区土地面积为 $885.06×10^4km^2$，在共建国家和地区占地约为 17.13%，在整个人居环境适宜地区土地占比为 40.30%。空间上，主要分布在东南亚地区、南亚地区与中国，以及蒙俄地区及中东欧地区（图 3-16）。人居环境比较适宜地区相应人口数量约为 $18.95×10^8$ 人，占到全区的 41.39%，在整个人居环境适宜地区人口占比也是最高，约为 46.36%。人居环境比较适宜地区人口密度较大，约为 214 人/km²，约为绿色丝绸之路共建国家和地区人居密度平均值的三倍，属于人口中度密集地区。

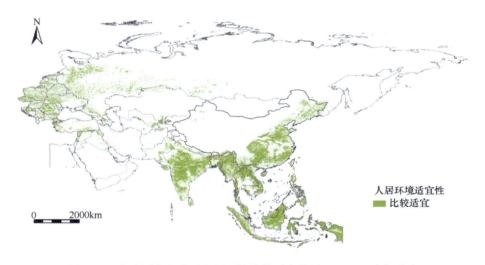

图 3-16　共建国家和地区人居环境比较适宜地区（MSA）空间分布

就中国及其他 6 个地区而言，首先，东南亚地区人居环境比较适宜地区土地面积最大，为 $295.60×10^4km^2$。这一类型既在东南亚地区境内人居环境适宜性 7 个类型中占比最大（65.52%），在共建国家和地区比较适宜地区中占比也是最大（33.40%）。东南亚地区人口数量约为 $2.29×10^8$ 人，占东南亚地区总人口的 32.41%，在共建国家和地区比较适宜地区中占到 12.08%。人口密度约为 77 人/km²。

其次，人居环境比较适宜地区土地面积在南亚地区与中国也大致相当，分别为

$200.26 \times 10^4 \mathrm{km}^2$ 与 $189.37 \times 10^4 \mathrm{km}^2$，分别占到 39.47% 与 19.57%，其中比较适宜类型是南亚地区人居环境适宜性 7 小类面积最大的一种。在共建国家和地区比较适宜地区中占比分别为 22.63% 与 21.40%。尽管两个地区比较适宜土地面积规模大致相当，但其人口承载规模差别很大。南亚地区比较适宜地区人口数量约为 9.10×10^8 人，相应人口密度约为 455 人/km^2；在该地区人口数量占比约为 50.40%，在共建国家和地区比较适宜地区中占比约为 48.02%。中国比较适宜地区人口数量约为 5.95×10^8 人，相应人口密度约为 314 人/km^2；在该地区人口数量占比约为 43.57%，在共建国家和地区比较适宜地区中占比约为 31.40%。

再次，人居环境比较适宜地区土地面积在蒙俄地区与中东欧地区也大致相当，分别为 $78.21 \times 10^4 \mathrm{km}^2$ 与 $72.19 \times 10^4 \mathrm{km}^2$，分别占到 4.15% 与 32.50%，在共建国家和地区比较适宜地区中占比分别为 8.84% 与 8.16%。尽管两个地区比较适宜土地面积规模大致相当，但其人口承载规模差别很大。蒙俄地区比较适宜地区人口数量约为 1916.96×10^4 人，相应人口密度约为 25 人/km^2；在该地区人口数量占比约为 19.19%，在共建国家和地区比较适宜地区中占比约为 1.01%。中东欧比较适宜地区人口数量约为 5313.69×10^4 人，相应人口密度约为 74 人/km^2；在该地区人口数量占比约为 37.85%，在共建国家和地区比较适宜地区中占比约为 2.80%。

最后，人居环境比较适宜地区土地面积在西亚及中东与中亚也大致相当，分别为 $33.74 \times 10^4 \mathrm{km}^2$ 与 $15.69 \times 10^4 \mathrm{km}^2$，分别占到 4.66% 与 3.84%，在共建国家和地区比较适宜地区中占比分别为 3.81% 与 1.77%。尽管两个地区比较适宜土地面积规模大致相当，但其人口承载规模差别很大。西亚及中东地区比较适宜地区人口数量约为 6219.46×10^4 人，相应人口密度约为 184 人/km^2；在该地区人口数量占比约为 15.35%，在共建国家和地区比较适宜地区中占比约为 3.28%。中亚比较适宜地区人口数量约为 2741.73×10^4 人，相应人口密度约为 175 人/km^2；在该地区人口数量占比约为 47.76%，在共建国家和地区比较适宜地区中占比约为 1.45%。

3.5.10 人居环境高度适宜地区

共建国家和地区人居环境高度适宜地区（HSA）占地约为 6%，相应人口约占 28%。全区人居环境高度适宜地区土地面积为 $301.65 \times 10^4 \mathrm{km}^2$，在共建国家和地区占地仅为 5.84%，在整个人居环境适宜地区占到 13.73%。空间上，主要分布在中国东部低平地区（如长江中下游平原）、东南亚低平地区（湄公河三角洲平原、红河平原、泰国东北部等）、南亚低平地区（恒河平原及恒河三角洲等）、尼罗河三角洲等（图 3-17）。共建国家和地区高度适宜地区人口约为 12.97×10^8 人，约占全区的 28.32%，在整个人居环境适宜地区人口占比约为 31.72%。人居环境高度适宜地区人口平均密度最大，达到 430 人/km^2，约为绿色丝绸之路共建国家和地区人口密度平均值的四倍多，属于人口高度密集地区。

就中国及其他 6 个地区而言，首先，中国人居环境高度适宜地区土地面积最大，为 $99.02 \times 10^4 \mathrm{km}^2$。这一类型在中国境内人居环境适宜性 7 个类型中占比约为 10.23%，但在共建国家和地区高度适宜地区中占比最大（32.83%）。中国高度适宜地区人口数量约为 $4.90×10^8$ 人，占中国总人口的 35.90%，在共建国家和地区高度适宜地区中占到 37.78%。人口密度约为 495 人/km^2，远高出人居环境高度适宜地区人口密度平均水平。

其次，东南亚人居环境高度适宜地区土地面积居第二位，为 $83.05×10^4km^2$，在该区占比约为 18.41%，在共建国家和地区高度适宜地区中占比约为 27.53%。东南亚高度适宜地区人口数量约为 $2.45×10^8$ 人，占到东南亚地区总人口的 34.78%，在共建国家和地区高度适宜地区中占到 18.89%。人口密度约为 295 人/km^2。

再次，南亚人居环境高度适宜地区土地面积为 $63.24×10^4km^2$，在该区占比约为 12.46%，在共建国家和地区高度适宜地区中占比约为 20.96%。南亚高度适宜地区人口数量约为 $4.63×10^8$ 人，占到南亚地区总人口的 25.64%，在共建国家和地区高度适宜地区中占到 35.70%。人口密度约为 732 人/km^2，是所有地区的人口密度最大值。

最后，蒙俄、中东欧与西亚及中东人居环境高度适宜地区土地面积分别为 $19.06×10^4km^2$、$17.63×10^4km^2$ 与 $16.17×10^4km^2$，分别在三个地区中占到 1.01%、7.94% 与 2.23%，而在共建国家和地区高度适宜地区中占比分别为 6.32%、5.85% 与 5.36%。尽管蒙俄、中东欧与西亚及中东人居环境高度适宜地区土地面积规模大致相当，但其人口数量存在明显差异。蒙俄地区、中东欧地区与西亚及中东地区相应人口数量分别为 $678.34×10^4$ 人、$1897.33×10^4$ 人与 $7068.66×10^4$ 人，在三个地区总人口中分别占到 6.79%、13.52% 与 17.45%，而在共建国家和地区高度适宜地区总人口中占比均在 6% 以下。蒙俄地区、中东欧地区与西亚及中东地区的人口密度分别约为 36 人/km^2、108 人/km^2 与 437 人/km^2。

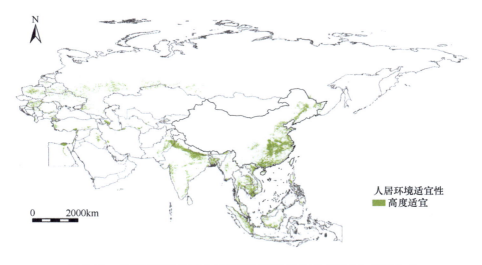

图 3-17　共建国家和地区人居环境高度适宜地区（HSA）空间分布

第4章　丝路共建地区资源环境限制性评价与限制性分类

水土资源和生态环境则是人类生存与发展主要资源环境要素,是关乎人口与发展的限制条件。第 4 章从土地资源承载力、水资源承载力和生态承载力等主要资源环境类别入手,开展资源环境承载力分类评价,以揭示水土资源和生态承载力限制性与国别差异,为资源环境承载力综合评价提供支持。

4.1　土地资源承载力与承载状态

土地资源承载力评价是资源环境承载力评价的重要组成部分,为资源环境承载力综合评价和系统集成提供数据基础和科学依据。本节基于人地平衡关系,从全域、地区、国别三个空间尺度对丝路共建地区土地资源承载力进行了系统分析,完成了丝路共建地区土地资源承载力定量评价与限制性分类评价,提出了土地资源承载力增强策略与建议。

4.1.1　整体水平

1. 丝路共建地区土地资源承载力在 49 亿人水平,85%以上集中在中蒙俄地区、东南亚地区和南亚地区

基于人地关系的土地资源承载力研究表明,以人均每天 2464 kcal 的热量需求消费标准计,1995~2018 年,丝路共建地区土地资源承载力呈波动增加态势,从 30.70 亿人增加到 49.60 亿人。近 25 年间增加了 18.90 亿人,2018 年较 1995 年增加了 61.56%(图 4-1)。

2018 年,丝路共建地区之间土地资源承载力差异悬殊,中蒙俄地区土地资源承载力占全域的 40.56%,远高于其他地区;南亚地区土地承载力占全域土地承载力的 29.76%,位居第二;东南亚地区土地资源承载力占全域的 15.47%,居第三位。中蒙俄地区、南亚地区和东南亚地区生态承载力合计占全域土地资源承载力的 85.79%;而中东欧地区、西亚及中东地区和中亚地区土地资源承载力占全域的比重合计不足 15%(图 4-2)。

2. 丝路共建地区土地资源承载密度[①]均值约为 245 人/km²,地区与国家之间土地承载密度差异显著

丝路共建地区土地资源承载密度整体处于较低水平,但呈增长态势(图 4-3)。1995 年丝路共建地区土地资源承载密度均值为 156.08 人/km²,2018 年均值为 244.54 人/km²,2018 年较 1995 年增加了 56.68%,丝路共建地区土地资源承载密度在增加。

---

① 本节土地资源承载密度表示为单位农业用地面积的土地资源承载力。

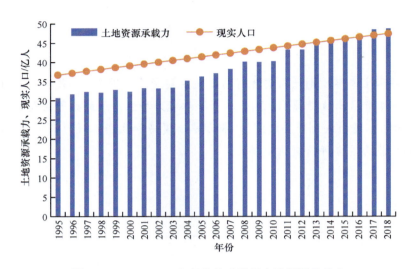

图 4-1　1995～2018 年丝路共建地区土地资源承载力

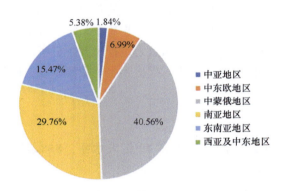

图 4-2　2018 年丝路各共建地区土地资源承载力占全域比重

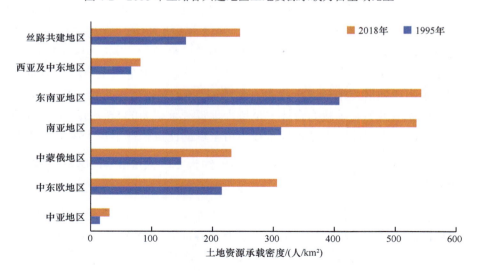

图 4-3　1995 年、2018 年丝路各共建地区土地资源承载密度分布图

丝路不同共建地区之间土地资源承载密度差异显著，水热资源配置较好的东南亚地区和南亚地区土地资源承载密度超过 500 人/km²，干旱少雨的中亚地区土地资源承载密度约 30 人/km²，高低相差约 18 倍（图 4-3）。从国家尺度来看，埃及、孟加拉国和越南土地资源承载密度超过了 1000 人/km²，蒙古国、沙特阿拉伯和也门等国土地资源承载密度不足 10 人/km²，国别之间差异悬殊。

3. 丝路共建地区土地资源承载力处于平衡盈余状态，食物的热量供给水平整体可以满足人口需求

基于热量平衡的土地资源承载状态评价表明，1995～2018 年，丝路共建地区土地资源承载指数 1.21～0.97，整体从 1.21 波动下降至 0.97，人地关系向好发展（图 4-4）。当前丝路共建地区土地资源承载力整体处于盈余状态，各类食物的有效热量供给基本可以满足人口的热量需求且略有盈余。

图 4-4　1995～2018 年丝路共建地区土地资源承载指数

4.1.2　地区尺度

1. 东南亚地区和南亚地区土地资源承载力相对较强，西亚及中东地区、中亚地区土地资源承载力相对较弱

丝路共建地区农业资源禀赋差异较大，不同地区食物生产能力和消费状态也不尽相同，因而不同地区土地资源承载能力差异显著。以丝路共建国家 2018 年土地资源承载密度 244.54 人/km² 为依据，以其 1/2 和 2 倍取整作为阈值空间，将丝路不同共建地区的耕地资源承载密度分为较强（＞500 人/km²）、中等（120～500 人/km²）、较弱（＜120 人/km²）三种类型（图 4-5）。

（1）东南亚地区和南亚地区土地资源承载力相对较强。2018年，东南亚地区和南亚地区土地资源承载密度较高，分别为542.47人/km²和534.80人/km²，约2.2倍于全域平均水平。就变化情况来看，相较于1995年，2018年东南亚地区和南亚地区土地资源承载密度均有所增加，分别增加了134.79人/km²和222.62人/km²，增量居各区域第二和第一，土地资源承载密度明显增强。

（2）中东欧地区、中蒙俄地区土地资源承载力居中。2018年，中东欧地区和中蒙俄地区土地资源承载密度居中，分别为305.44人/km²和230.55人/km²，基本与全域平均水平持平。就变化情况而言，相较于1995年，2018年中东欧地区和中蒙俄地区土地资源承载密度均有所增加，分别增加了90.49人/km²和82.34人/km²，增量居各区域第三和第四，也基本为丝路共建地区增量的平均水平，土地资源承载能力有所改善。

（3）西亚及中东地区、中亚地区土地资源承载力相对较弱。2018年，西亚及中东地区和中亚地区土地资源承载密度分别为81.22人/km²和30.88人/km²，仅为丝路共建地区平均水平的1/3和1/8左右，处于较低水平。从变化来看，相较于1995年，2018年西亚及中东地区和中亚地区土地资源承载密度仅增加均在15人/km²左右，增量不足丝路全域增量的1/5，土地资源承载能力提高程度有限。

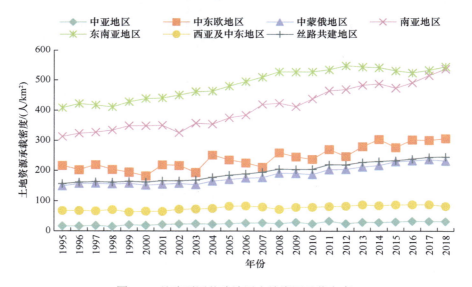

图4-5　丝路不同共建地区土地资源承载密度

2. 丝路共建地区土地资源承载状态差异显著，中东欧地区土地资源盈余，西亚及中东地区土地资源超载

基于土地资源承载指数的丝路不同共建地区土地资源承载力研究表明，中东欧地区、中蒙俄地区、中亚地区、东南亚地区土地资源盈余，南亚地区和西亚及中东地区土地资源临界超载（图4-6）。

（1）中东欧地区土地资源承载指数为0.5~0.75，热量供给大于热量的需求，土地资源处于盈余状态。中东欧地区粮食产量和各类畜产品单产居较高水平，2018 年土地资源承载指数为 0.51，土地资源处于盈余状态。1995～2018 年，中东欧土地资源承载指数为 0.51～0.84，土地资源承载力属于土地盈余类型，土地资源在盈余和富富有余状态之间转换，近年来人地关系持续向好。

（2）中蒙俄地区、中亚地区、东南亚地区土地资源承载指数介于 0.75～1.0，土地资源处于平衡有余状态。中蒙俄地区土地面积广阔，农产品丰富，2018 年土地资源承载指数为 0.80，土地资源处于平衡有余状态。1995～2018 年，中蒙俄地区土地资源承载指数为 0.78～1.12，整体呈降低态势，人地关系向好发展。中亚地区气候相对干旱，热量较高的粮食及畜产品产量相对较高，2018 年土地资源承载指数为 0.80，土地资源处于平衡有余状态。1995～2018 年，中亚地区土地资源承载指数介于 0.68～1.36 之间，波动较大，多处于平衡有余状态。东南亚地区水热条件较好，食物生产条件相对优越，2018 年土地资源承载指数为 0.86，土地资源处于平衡有余状态。1995～2018 年，土地资源承载指数为 0.85～1.15，多处于平衡有余或临界超载的平衡状态，2004 年以前多为临界超载，此后土地资源承载状态有所好转，多为平衡有余。

（3）南亚地区土地资源承载指数为 1.0～1.5，土地资源处于临界超载状态。南亚地区人口众多，2018 年土地资源承载指数为 1.25，土地资源处于临界超载状态。1995～2018 年，南亚地区土地资源承载指数为 1.25～1.64，土地资源承载力多处于临界超载状态，近年来土地资源承载指数有下降趋势，但仍以临界超载为主要特征。

（4）西亚及中东地区土地资源承载指数为 1.5～10，土地资源处于超载状态。西亚及中东地区气候相对干旱，食物生产条件较差，2018 年土地资源承载指数为 1.71，土地资源处于超载状态。1995～2018 年，西亚及中东地区土地资源承载指数为 1.32～1.71，1995～2007 年西亚及中东地区土地资源承载力多处于临界超载状态，近年来随着人口增加，人地关系趋紧。

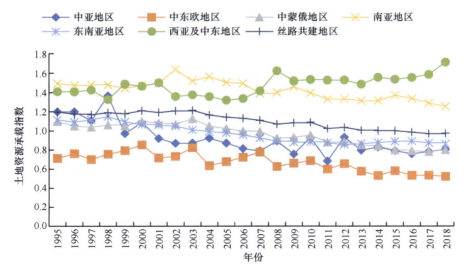

图 4-6　基于热量平衡的丝路不同共建地区土地资源承载指数

4.1.3 国家格局

1. 丝路共建地区国别土地资源承载力相对较弱，约 6 成国家低于全区平均水平

丝路共建国家农业生产各有优势，不同地区消费水平也不尽相同，因而土地资源承载力差异显著。以丝路共建国家 2018 年土地资源承载密度（244.54 人/km²）为依据，以其 1/2 和 2 倍取整作为中等阈值空间，将丝路不同共建地区的耕地资源承载密度分为较强（>500 人/km²）、中等（120～500 人/km²）、较弱（<120 人/km²）三种类型。

（1）丝路共建地区土地资源承载力较强的国家有 10 个，土地资源承载密度超过500 人/km²，远高于丝路共建地区平均水平，主要集中于南亚地区、东南亚地区。

埃及灌溉条件较好，耕地面积广阔，食物生产以高热量的谷物为主，土地资源承载能力最强，2018 年土地资源承载密度达到了 1490.72 人/km²，约 6 倍于丝路共建地区水平。孟加拉国和越南雨热同期，食物生产条件优越，土地资源承载密度也较高，均超过 1000人/km²，2018 年分别达到了 1379.16 人/km² 和 1065.09 人/km²，分别 5.6 倍和 4.4 倍于丝路共建地区水平。同期，菲律宾、缅甸两国土地资源承载密度超过 700 人/km²，尼泊尔、泰国、柬埔寨、印度、老挝等国土地资源承载密度超过或接近 600 人/km²（表 4-1）。

从变化情况看，1995～2018 年，承载力较强的 10 个国家土地资源承载密度均有提高，增量 170～740 人/km²。以孟加拉国增长量最大，为 740 人/km²，柬埔寨和老挝增量也较大，分别增长了约 450 人/km² 和 400 人/km²。缅甸和尼泊尔则分别增加了约 320 人/km²和 290 人/km²，其余国家增量 170～250 人/km²。

表 4-1　土地资源承载力较强国家土地资源承载密度统计表　　（单位：人/km²）

区域	国家	1995 年		2018 年	
		人口密度	承载密度	人口密度	承载密度
西亚及中东地区	埃及	62.24	1263.46	98.28	1490.72
南亚地区	孟加拉国	775.76	640.85	1093.56	1379.16
东南亚地区	越南	226.24	894.99	288.45	1065.09
东南亚地区	菲律宾	232.61	520.26	355.50	743.70
东南亚地区	缅甸	64.89	406.41	79.38	728.82
南亚地区	尼泊尔	146.60	362.20	190.89	654.88
东南亚地区	泰国	115.89	400.70	135.31	621.30
东南亚地区	柬埔寨	58.86	162.65	89.76	617.68
南亚地区	印度	293.23	365.31	411.48	615.73
东南亚地区	老挝	20.47	190.58	29.82	591.99

（2）丝路共建地区土地资源承载力中等的国家有 32 个，土地资源承载密度为 120～500 人/km²，略低或略高于丝路共建地区平均水平，分布较为广泛。

2018 年，以色列、塞尔维亚、巴基斯坦等 18 国土地资源承载密度为 250～500 人/km²，是丝路共建地区水平的 1～2 倍，土地资源承载力中等偏上。黎巴嫩、立陶宛、白俄罗斯、斯洛文尼亚和阿联酋等 14 国土地资源承载力为 120～250 人/km²，约为丝路共建地区的 0.5～1.0 倍，土地资源承载力中等偏下（表 4-2）。

表 4-2　土地资源承载力中等国家土地资源承载密度统计表　（单位：人/km²）

区域	国家	1995 年		2018 年	
		人口密度	承载密度	人口密度	承载密度
西亚及中东地区	以色列	238.85	437.09	379.77	492.12
中东欧地区	塞尔维亚	86.30	284.11	99.62	472.63
南亚地区	巴基斯坦	155.48	255.64	266.58	449.85
南亚地区	斯里兰卡	278.05	400.44	323.56	442.78
中东欧地区	匈牙利	111.25	315.71	104.35	422.42
中东欧地区	波兰	122.99	326.26	121.28	406.20
中东欧地区	捷克	131.33	336.35	135.23	387.18
东南亚地区	印度尼西亚	103.06	384.15	139.64	385.96
东南亚地区	文莱	51.49	158.32	74.34	362.56
中东欧地区	克罗地亚	81.65	192.83	47.19	353.26
中东欧地区	斯洛伐克	109.64	266.58	111.22	346.29
中东欧地区	罗马尼亚	96.33	218.33	81.82	334.96
西亚及中东地区	科威特	90.12	102.57	232.17	326.43
中蒙俄地区	中国	129.76	207.83	149.29	316.74
西亚及中东地区	土耳其	74.47	197.36	104.85	284.96
中东欧地区	乌克兰	84.34	175.70	73.31	282.71
中东欧地区	保加利亚	75.50	168.84	63.53	271.51
中东欧地区	摩尔多瓦	128.23	213.35	119.70	256.71
西亚及中东地区	黎巴嫩	337.64	212.50	656.40	237.92
中东欧地区	立陶宛	55.54	133.21	42.90	227.27
中东欧地区	白俄罗斯	48.54	153.82	45.53	217.60
中东欧地区	斯洛文尼亚	98.23	294.15	101.46	216.22
西亚及中东地区	阿联酋	24.48	110.40	97.63	180.11
中东欧地区	阿尔巴尼亚	108.28	142.20	100.27	179.12
中东欧地区	爱沙尼亚	31.68	134.29	29.18	173.12
中东欧地区	拉脱维亚	38.83	111.43	29.86	167.96
西亚及中东地区	卡塔尔	44.22	103.36	242.10	166.40
中蒙俄地区	俄罗斯	8.67	84.86	8.52	139.88
西亚及中东地区	阿塞拜疆	89.79	45.04	114.89	132.45
中东欧地区	波黑	74.77	63.03	64.91	130.29
西亚及中东地区	伊朗	35.21	70.53	46.87	123.92
东南亚地区	马来西亚	61.93	129.53	95.39	120.47

从变化情况来看，1995～2018 年，土地资源承载力中等的 30 个国家土地资源承载密度有所增长，其中，科威特和文莱分别增加了约 223 人/km² 和 204 人/km²，增加明显。

巴基斯坦、塞尔维亚和克罗地亚等 8 国增量 100～200 人/km²，土地资源承载能力也有较大改善。立陶宛、土耳其和阿塞拜疆等 20 国增量 50～100 人/km²，土地资源承载密度也有一定提高。马来西亚和斯洛文尼亚两国土地资源承载密度有所下降，分别减少了约 9 人/km² 和 77 人/km²，土地资源承载力减弱。

（3）丝路共建地区土地资源承载力较弱的国家有 21 个，土地资源承载密度低于 120 人/km²，远低于丝路共建地区平均水平，主要集中于西亚及中东地区。

2018 年，东帝汶、约旦、巴基斯坦等 21 个国家土地资源承载密度低于 120 人/km²，土地资源承载力较低。其中，格鲁吉亚、叙利亚和阿曼等 10 国土地资源承载密度为 50～100 人/km²，处于较低水平。蒙古国、沙特阿拉伯和也门等 6 国土地资源承载密度不足 50 人/km²，土地资源承载力位居丝路共建地区末位（表 4-3）。

表 4-3　土地资源承载力较弱国家土地资源承载密度统计表　（单位：人/km²）

区域	国家	1995 年		2018 年	
		人口密度	承载密度	人口密度	承载密度
东南亚地区	东帝汶	56.78	146.49	85.27	119.60
西亚及中东地区	约旦	51.69	61.08	111.57	118.20
西亚及中东地区	巴勒斯坦	434.99	99.91	807.80	115.10
南亚地区	马尔代夫	847.13	303.57	1718.99	112.33
中东欧地区	北马其顿	77.14	97.69	81.02	104.80
中亚地区	塔吉克斯坦	40.44	29.21	64.37	98.83
中亚地区	乌兹别克斯坦	50.94	50.03	72.34	98.81
南亚地区	不丹	13.34	91.64	19.65	94.17
西亚及中东地区	亚美尼亚	108.18	72.05	99.25	83.30
中东欧地区	黑山	44.29	30.42	45.46	68.23
西亚及中东地区	伊拉克	45.97	69.01	88.34	63.76
中亚地区	吉尔吉斯斯坦	22.84	26.93	31.53	59.66
西亚及中东地区	阿曼	7.12	30.78	15.60	52.10
西亚及中东地区	叙利亚	77.47	109.14	91.51	50.59
西亚及中东地区	格鲁吉亚	71.40	51.22	57.43	50.22
南亚地区	阿富汗	27.74	22.26	56.94	28.97
中亚地区	哈萨克斯坦	5.81	10.30	6.72	22.68
中亚地区	土库曼斯坦	8.62	11.44	11.99	13.67
西亚及中东地区	也门	28.25	9.09	53.98	8.36
西亚及中东地区	沙特阿拉伯	8.67	4.63	15.68	3.76
中蒙俄地区	蒙古国	1.47	0.82	2.03	1.80

从变化来看，1995～2018 年，土地资源承载密度较低的国家中有 14 个国家土地资源承载密度在增长，以塔吉克斯坦、约旦和乌兹别克斯坦等 5 国增量较大，为 30～

70 人/km²。同期,7 个国家土地资源承载密度在下降,其中马尔代夫下降了约 190 人/km²,叙利亚和东帝汶分别下降了约 59 人/km² 和 27 人/km² 水平,其余国家土地资源承载密度下降较少。

2. 丝路共建地区国别土地资源承载力差异显著,半数以上国家处于土地盈余或平衡状态

基于土地承载指数的国别尺度土地资源承载力评价表明,丝路共建国家土地资源承载力盈余、平衡和超载的国家分别为 17 个、18 个和 28 个,其中盈余国家多以中东欧地区和东南亚地区的国家为主,超载国家以西亚及中东国家为主(图 4-7)。

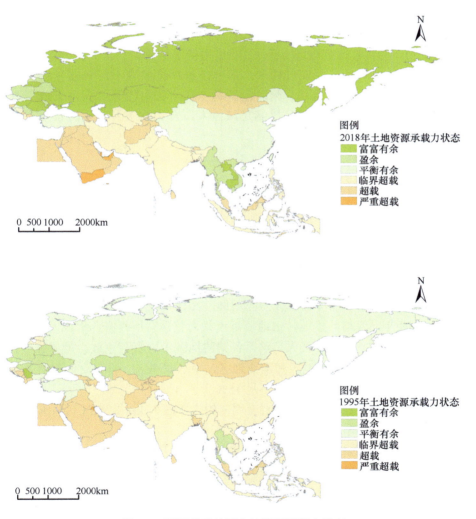

图 4-7　不同共建地区土地资源承载力状态

(1)丝路共建地区土地资源承载力盈余的国家共有 17 个,其中富富有余国家有 8

个，主要包括哈萨克斯坦、乌克兰、立陶宛等国家，土地资源承载指数为 0.37～0.50，热量供给可以满足人口需求，且有丰富食物盈余。土地资源承载力盈余国家有 9 个，主要包括泰国、白俄罗斯、保加利亚等国，土地资源承载指数为 0.50～0.75，热量供给可以满足人口需求，且有部分盈余。

（2）丝路共建地区土地资源承载力处于平衡状态的国家有 18 个，具体表现为平衡有余或临界超载。2018 年丝路共建地区土地资源承载力平衡有余的国家主要包括爱沙尼亚、土耳其和捷克等 6 国，土地资源承载指数为 0.75～1.0，人地关系平衡。2018 年丝路共建地区土地资源承载力临界超载的国家主要包括吉尔吉斯斯坦、尼泊尔、印度尼西亚、菲律宾和波黑等 12 个国家，土地承载指数为 1.0～1.5，食物供给不足以满足域内人口需求，人地关系相对紧张。

（3）丝路共建地区土地资源承载力超载的国家共有 28 个，其中处于土地超载状态的国家有 24 个，主要包括蒙古国、不丹、亚美尼亚等国家，土地资源承载指数为 1.5～10.0，食物产出难以满足域内人口需求，部分国家热量供应不足问题突出。土地严重超载状态的国家主要包括卡塔尔、阿联酋、马尔代夫和也门等 4 国，土地资源承载指数差异较大，仅依靠国内生产不足以满足域内人口食物需求，部分国家存在较大食物供需缺口。

4.1.4 基本结论与适应策略

1. 基本结论

本节从人地关系出发，基于当量平衡的土地资源承载力、土地资源承载密度与土地承载指数模型，定量评价了丝路全域、分区及国别不同尺度的土地资源承载力，定量揭示了丝路共建地区的土地资源承载力及其地域差异。

（1）丝路共建地区土地资源承载力在增加，2018 年达到 49 亿人。

1995～2018 年，丝路共建地区土地资源承载力整体有所提升，承载人口从 30.70 亿增长至 49.60 亿，增加了近 19 亿人。丝路各共建地区土地资源承载力差异显著，85%以上集中在中蒙俄地区、东南亚地区和南亚地区，中东欧地区、西亚及中东地区和中亚地区土地资源承载力占全域的比重合计不足 15%。

（2）丝路共建地区土地资源承载密度均值约为 245 人/km^2，地区间与国家间土地资源承载密度存在明显差异。

1995～2018 年，丝路共建地区土地资源承载密度从 156 人/km^2 增长到 245 人/km^2 水平，单位面积土地资源承载力在提升。由于丝路共建地区地域辽阔、资源禀赋多样，地区间土地资源承载密度差异显著、国家间生态承载密度差异悬殊。东南亚地区和南亚地区土地资源承载力相对较强，2018 年在 500 人/km^2 水平，中亚地区土地资源承载力相对较弱，约为 30 人/km^2 水平。土地资源承载密度最高的埃及与承载密度最低蒙古国相差 800 余倍，差距悬殊。

（3）基于当量平衡的丝路共建地区人地关系处于临界超载的紧平衡状态，半数以上国家处于土地盈余或平衡状态。

1995～2018 年，丝路共建地区人地关系整体向好发展，土地资源承载指数从 1.21 降至 0.97，处于临界超载的紧平衡状态。中东欧地区、中蒙俄地区、中亚地区及东南亚地区土地资源承载力多处于盈余或平衡有余状态，人地关系相对较好；南亚地区和西亚及中东地区土地资源承载力临界超载或超载，存在一定程度的食物短缺问题。2018 年，丝路共建国家土地资源承载力盈余、平衡和超载的国家分别为 17 个、18 个和 28 个，其中盈余国家多以中东欧地区和东南亚地区国家为主，超载国家以西亚及中东地区国家为主。

2. 适应策略

基于丝路共建国家土地资源承载力研究，从供给能力、消费水平到国际贸易等多个角度，提出了丝路共建地区土地资源承载力增强的对策建议，以期促进丝路共建国家和地区人口与资源环境和经济社会的协调发展。

（1）加强农业技术合作，提高土地资源生产能力。

丝路共建地区地域广阔，遍布农业资源和众多农业大国。同时，丝路共建国家也是全球主要的人口集聚区，部分地区和国家水土资源匹配性较差，农业生产自然条件约束较强，土地资源面临较大压力，人均耕地资源不足，人地关系相对紧张。而部分国家如俄罗斯、蒙古国、中亚五国等具有丰富的土地资源，但农业发展资金和技术装备等相对匮乏。因此，对于土地资源过剩、技术装备缺乏的国家，可以与土地资源缺乏而资金技术充沛的国家进行优势互补，大力发展境外农业合作，从而实现双赢。

（2）引导膳食消费转型，缓解土地资源承载压力。

丝路共建地区整体膳食营养质量逐渐改善，膳食热量水平已逐渐高于全球水平。同时，部分国家热量水平远高于全球水平，特别是高于推荐的合理热量摄入水平，而部分国家则面临着膳食热量不足的现实问题。考虑到膳食消费水平会从需求端对土地资源产生压力，因此建议丝路共建国家着力加强营养健康领域合作，围绕减轻土地资源承载压力这一议题，面向土地资源承载力和资源环境可持续利用目标，协同制定有针对性的膳食营养政策，推动膳食消费健康化。同时，各个国家应结合资源环境，因地制宜拓展食物观，丰富食物供给途径。

（3）优化食物贸易网络，提高食物综合供给水平。

食物贸易作为维护全球食物安全重要手段，已经成为缺粮地区增加食物供给的重要选项之一。丝路有 24 个共建国家土地资源超载，这类国家存在较为明显的食物供需缺口，仅仅依靠自身生产难以满足域内人口食物需求，土地资源面临较大压力，可通过食物进口等方式实现食物供给水平改善。与此同时，丝路 35 个土地资源承载力盈余或平衡的共建国家，也可以优化食物贸易网络，通过食物贸易的形式，提高食物综合供给水平，实现食物资源的优化配置。

4.2　水资源承载力与承载状态

水资源承载力评价是资源环境承载力评价的重要组成部分，为资源环境承载力综合评价和系统集成提供数据基础和科学依据。本节基于人水平衡关系，从全域尺度到地区尺度，再到国别尺度，对丝路共建地区水资源承载力进行全面系统分析，完成了丝路共建地区水资源承载力定量评价与限制性分类评价，探讨了共建地区水环境面临的重要问题，提出了相应的水资源承载力提升策略与建议。

4.2.1　整体水平

1. 丝路全域水资源承载力在 64.76 亿人水平，约 1/2 承载人口集中在中蒙俄地区

对丝路共建地区现状条件下水资源承载力进行计算，结果表明，丝路全域水资源可承载人口为 64.76 亿人，是 2018 年实际人口的 1.4 倍，水资源整体上处于盈余状态。6 个分区水资源承载力从高到低依次为中蒙俄地区（31.15 亿人）、东南亚地区（15.35 亿人）、南亚地区（14.47 亿人）、中东欧地区（2.44 亿人）、西亚及中东地区（0.92 亿人）和中亚地区（0.44 亿人）。西亚及中东地区、中亚地区水资源承载状态为严重超载，南亚地区处于临界超载状态，中东欧地区处于盈余状态，中蒙俄地区和东南亚地区处于富富有余状态。

整体上看，共建地区中，有 34 个共建国家处于不同程度的超载，其中有 23 个共建国家水资源严重超载，超载和临界超载的共建国家分别有 4 个和 7 个。水资源超载的国家主要分布在西亚及中东地区和中亚地区，水资源处于富富有余/盈余状态的共建国家主要分布在东南亚地区和中东欧地区；水资源超载最为严重的共建国家为埃及、也门、叙利亚、伊朗、巴基斯坦等；水资源承载最为盈余的共建国家为马尔代夫、不丹、老挝等国。

2. 丝路全域平均水资源承载密度为 127.33 人/ km², 东南亚地区和南亚地区水资源承载密度高，西亚及中东地区、中亚地区水资源承载密度低

丝路全域水资源承载密度计算结果表明，现状条件下丝路全域平均水资源承载密度为 127.33 人/ km²，丝路全域人口密度约为 93.25 人/ km²。6 个分区水资源承载密度由高到低依次为东南亚地区（340.87 人/ km²）、南亚地区（281.73 人/ km²）、中东欧地区（111.61 人/ km²）、中蒙俄地区（111.05 人/ km²）、西亚及中东地区（12.09 人/ km²）、中亚地区（10.87 人/ km²）。东南亚地区和南亚地区水资源承载密度远高于全域平均水平，西亚及中东地区和中亚地区远低于全域平均水平。南亚地区和东南亚地区实际人口密度较高，2018 年人口密度分别为 363.49 人/ km² 和 147.20 人/ km²。南亚地区、西亚及中东地区、中亚地区实际人口密度超过水资源承载密度，水资源安全风险高（表 4-4）。

表 4-4　丝路共建地区分区水资源承载密度　　　（单位：人/ km²）

地区	水资源承载密度	2018 年人口密度
东南亚地区	340.87	147.20
南亚地区	281.73	363.49
西亚及中东地区	12.09	63.30
中东欧地区	111.61	81.90
中蒙俄地区	111.05	56.21
中亚地区	10.87	17.50
丝路共建地区	127.33	93.25

4.2.2　地区尺度

丝路共建国家水资源承载密度 1.06～21026.78 人/ km²，丝路全域平均水资源承载密度为 127.33 人/ km²。共建国家中，高于全域平均水资源承载密度的国家有 29 个，最高的马尔代夫达到 21026.78 人/ km²，其次为新加坡和孟加拉国，水资源承载密度分别为 1642.16 人/ km² 和 1368.02 人/ km²；低于全域平均水资源承载密度的国家有 36 个，最低的土库曼斯坦仅为 1.06 人/ km²

以水资源承载密度对丝路共建国家进行排序，对排序靠前的 50% 的国家和排序靠后的 50% 的国家分别计算平均水资源承载密度。注意：①丝路有 65 个共建国家，前后 50% 的国家数均取 33；②平均水资源承载密度指区域总水资源承载人口除以区域面积，与水资源承载密度均值不同。确定出前 50% 的国家平均水资源承载密度为 270.39 人/km²；后 50% 的国家平均水资源承载密度为 46.41 人/km²。据此，将水资源承载密度小于 46.41 人/km² 为低等水平，46.41～270.39 人/km² 为中等水平，大于 270.39 人/km² 为高等水平，丝路各共建国家根据水资源承载密度相对高低，可以分为较强、中等、较弱三类地区。丝路全域平均水资源承载密度 127.33 人/ km²，可以判断出丝路全域水资源承载能力处于中等水平。

1. 水资源承载能力较强的共建国家有 21 个，主要分布在东南亚地区、南亚地区和中东欧地区，平均水资源承载密度为 390 人/ km²

丝路共建地区水资源承载能力较强的共建国家有 21 个，主要分布在东南亚地区、南亚地区和中东欧地区，其中东南亚地区国家 9 个、南亚地区国家 6 个，中东欧地区国家 5 个、西亚及中东地区国家 1 个（表 4-5）。水资源承载密度 279.23～21026.78 人/ km²，平均水资源承载密度为 390.87 人/ km²，高于丝路共建地区平均水平。承载能力较强的国家总面积为 758.80 万 km²，占丝路全域总面积的 14.9%。这些国家水资源承载力为 29.66 亿人，实际人口 21.66 亿人。

丝路 65 个共建国家中，马尔代夫、新加坡和孟加拉国水资源承载密度超过 1000 人/km²。马尔代夫水资源承载密度最高，达到 21026.78 人/km²，水资源承载状态已经达到富富有余状态。新加坡水资源承载密度其次，为 1642.16 人/km²。由于新加坡水资源量短缺，水资源承载力仅为 121.85 万人，2018 年实际人口 575.8 万人，水资源承载状态已经达到严重超载状态。新加坡主要水资源问题是自有水资源不足，依靠自身水资源难以支撑全国经济和社会发展需求。尽管新加坡水资源管理极其高效，水处理技术发达，资金投入充分，但现状平均年用水需求有 182 万 m³。按规划，到 2060 年，本地可供利用水资源和淡化海水可达到供水需求的 80%，仍存在 20%缺口。特别是遇到旱季和雨水较少年份，可收集利用的雨水资源减少，造成供水不足。

表 4-5　丝路共建地区水资源承载能力较强国家

国家	所在地区	承载力/万人	承载状态	承载密度/（人/km²）
马尔代夫	南亚地区	630.80	富富有余	21026.78
新加坡	东南亚地区	121.85	严重超载	1642.16
孟加拉国	南亚地区	20309.59	盈余	1368.02
尼泊尔	南亚地区	12967.40	富富有余	881.06
柬埔寨	东南亚地区	14815.79	富富有余	818.37
波黑	中东欧地区	3692.31	富富有余	721.01
文莱	东南亚地区	400.81	富富有余	694.65
不丹	南亚地区	2313.54	富富有余	577.27
克罗地亚	中东欧地区	3025.04	富富有余	535.03
马来西亚	东南亚地区	15233.10	富富有余	460.49
黑山	中东欧地区	622.31	富富有余	450.62
老挝	东南亚地区	9950.36	富富有余	420.20
菲律宾	东南亚地区	12315.72	平衡有余	410.52
巴林	西亚及中东地区	29.69	严重超载	380.67
缅甸	东南亚地区	24368.98	富富有余	360.17
斯里兰卡	南亚地区	2326.36	平衡有余	354.57
印度	南亚地区	103037.91	临界超载	313.45
越南	东南亚地区	10166.58	平衡有余	307.05
印度尼西亚	东南亚地区	58225.29	富富有余	304.70
斯洛伐克	中东欧地区	1468.93	富富有余	299.60
斯洛文尼亚	中东欧地区	566.01	富富有余	279.23

孟加拉国水资源承载密度为 1368.02 人/km²，水资源承载力为 2.03 亿人，2018 年实际人口 1.61 亿人，水资源承载状态处于盈余状态。孟加拉国作为世界上人口密度最高的国家之一，水资源量虽然多，但是有 60%的人口面临着不安全的饮用水的威胁，水污染严重。孟加拉国大部分地区属于热带季风气候，水资源在时空上的分布极为不均。孟加拉国三条主要河流的源头都是发源于其他国家，其境内仅占这些河流流域面积的 7%，在水资源获取和控制上没有主动权，因此，国际河流问题对孟加拉国也有很大影响。另外，海水倒灌与地下水水质恶化也会加剧水资源安全风险。

水资源承载能力较强的国家中，印度水资源承载人口最多，达到 10.30 亿人，2018

年印度实际人口为 13.53 亿人，水资源承载状态处于临界超载状态。印度人口约占世界人口的 16%，而人均水资源量仅为 1396m³，且主要分布在人口较少的北部和喜马拉雅山区地区。由于水资源时空分布不均，水资源供需不协调。目前许多地区水资源不能满足用水需求，尤其是印度半岛内陆地区。为了满足国家粮食安全，灌溉面积不断扩大，加剧了水资源短缺。另外，未经处理的工业废水和生活污水排放、化肥和农药的施用，导致印度几乎所有河流都受到污染。水资源承载人口较多的国家还有印度尼西亚、缅甸、孟加拉国等。

巴林是唯一一个水资源承载能力较强的西亚及中东地区国家，水资源可承载人口为 29.69 万人，2018 年实际人口 156.9 万人，水资源承载状态为严重超载状态。巴林是亚洲第三小的国家，仅次于马尔代夫和新加坡。巴林是一个干旱国家，降水稀少且时空分布不均。巴林的三个主要水源是地下水、海水淡化和废水处理。传统水资源难以满足当地人口与社会经济发展需求，废水回用和海水淡化是巴林社会经济发展的必然选择。

2. 水资源承载能力中等的共建国家有 24 个，主要分布在中东欧地区和西亚及中东地区，水资源承载密度平均为 115 人/ km²

丝路共建地区水资源承载能力中等的国家有 24 个，主要分布在中东欧地区和西亚及中东地区，其中中东欧地区国家 11 个、西亚及中东地区国家 8 个、中蒙俄地区和东南亚地区国家各 2 个，中亚国家 1 个（表 4-6）。水资源承载密度 49.65～263.50 人/ km²，平均水资源承载密度为 114.71 人/ km²。承载能力中等的国家总面积为 2932.76 万 km²，占丝路全域总面积的 57.7%。水资源承载力中等的国家水资源承载力为 3364 亿人，实际人口 18.79 亿人。

表 4-6　丝路共建地区水资源承载能力中等国家

国家	所在地区	承载力/万人	承载状态	承载密度/（人/ km²）
黎巴嫩	西亚及中东地区	275.36	严重超载	263.50
阿尔巴尼亚	中东欧地区	719.43	富富有余	250.24
格鲁吉亚	西亚及中东地区	1513.02	富富有余	217.08
捷克	中东欧地区	1710.96	盈余	216.93
中国	中蒙俄地区	182730.74	盈余	190.34
以色列	西亚及中东地区	389.68	严重超载	176.56
拉脱维亚	中东欧地区	1124.73	富富有余	174.12
泰国	东南亚地区	7704.04	平衡有余	150.14
罗马尼亚	中东欧地区	2470.66	盈余	103.64
科威特	西亚及中东地区	181.32	严重超载	101.75
东帝汶	东南亚地区	148.78	平衡有余	100.06
波兰	中东欧地区	2994.14	临界超载	95.75
巴勒斯坦	西亚及中东地区	46.26	严重超载	76.84
卡塔尔	西亚及中东地区	86.91	严重超载	74.85
俄罗斯	中蒙俄地区	126191.86	富富有余	73.80
北马其顿	中东欧地区	187.33	临界超载	72.86

国家	所在地区	承载力/万人	承载状态	承载密度/（人/km²）
塞尔维亚	中东欧地区	622.31	临界超载	70.43
白俄罗斯	中东欧地区	1213.99	盈余	58.48
摩尔多瓦	中东欧地区	196.81	严重超载	58.14
亚美尼亚	西亚及中东地区	166.89	超载	56.12
塔吉克斯坦	中亚地区	784.14	临界超载	55.01
土耳其	西亚及中东地区	4152.53	超载	52.87
匈牙利	中东欧地区	477.32	严重超载	51.31
立陶宛	中东欧地区	324.20	平衡有余	49.65

丝路 65 个共建国家中，国土面积最大的两个国家俄罗斯和中国水资源承载能力均处在中等水平，可承载人口是丝路共建国家中最多的。俄罗斯水资源承载力 12.62 亿人，2018 年实际人口 1.46 亿人，水资源承载力处于富富有余状态；中国水资源承载力为 18.27 亿人，2018 年实际人口 14.28 亿人，水资源承载状态处于盈余状态。

水资源承载能力中等的国家中，有 7 个国家水资源严重超载，分别为黎巴嫩、以色列、科威特、卡塔尔、巴勒斯坦、摩尔多瓦和匈牙利，其中 5 个国家位于西亚及中东地区；有 2 个国家水资源承载状态为超载状态，分别为西亚及中东地区的亚美尼亚和土耳其；4 个国家为临界超载状态，分别为中东欧地区的波兰、塞尔维亚、北马其顿和中亚的塔吉克斯坦。

水资源严重超载的黎巴嫩可承载人口为 275.36 万人，2018 年实际人口 685.94 万人。黎巴嫩水资源面临许多挑战，其结合了自然、体制和地缘政治等各方面因素，而不健全的水资源管理体制与能力则进一步加剧了这些挑战的风险。黎巴嫩的降水主要集中在冬季的 3 个月，而干燥的夏季对于降水的需求却最高。但由于黎巴嫩几乎没有大型水坝或其他水资源储存设施，导致大部分水未经使用就流入大海。有关预测显示，由于人口增长和城市扩张，未来黎巴嫩的用水量可能会大大增加，这将进一步使水资源紧张。尽管进行了大量投资，但黎巴嫩的公共供水仍然经常中断，并且全国各地的供水网络覆盖率也存在较大差距。此外，由于供水网络维护不善、年久失修，约 48%的水通过管道渗漏流失。黎巴嫩大约 92%的污水未经处理就排入河流和海洋。

以色列水资源可承载人口为 389.68 万人，2018 年实际人口 838.15 万人，水资源承载状态为严重超载状态。以色列降水偏少，产水模数较低，而且时空分布不均，用水紧张是常态。很大一部分水资源来自戈兰高地和黎巴嫩，水源有一定争议风险；即便是当地的水资源，也还存在与巴勒斯坦的水权划分问题。另外，加利利湖的水位近年因为连续干旱降低到警戒水位以下，几乎丧失供水能力。常规水资源肯定难以满足当地生存和发展的需要。但废水回用和海水淡化已经提供了超过一半的供水，未来海水淡化和废水再生回用可以提供经济社会发展所需要的淡水。

科威特水资源可承载人口为 181.32 万人，2018 年实际人口 413.73 万人，水资源承载状态为严重超载状态。由于没有常年有水的河流和湖泊，地下水是科威特唯一的天然水资源。海水淡化是科威特饮用和生活用水的主要淡水来源，提供了 92%生活用水和工业用水，占总供水量的 60%。由于使用地下水不收取任何费用，这导致地下水开采以及城市用水和农业用水的滥用。

卡塔尔水资源可承载人口为 86.91 万人，2018 年实际人口 278.17 万人，水资源承载状态为严重超载状态。卡塔尔属热带沙漠气候，终年炎热干燥，年降水量仅 75mm 左右，再加上没有地表天然水源，地下水资源也十分匮乏。虽然三面临海，但气候干燥，境内无常年性河流，淡水资源极度匮乏，用水完全依赖海水淡化。

巴勒斯坦水资源可承载人口为 46.26 万人，2018 年实际人口 486.30 万人，水资源承载状态为严重超载状态。巴勒斯坦的所有地表水和地下水资源都与以色列或其他国家共享。地表水稀少，包括约旦河和许多洼地。约旦河是西岸唯一的全年地表水源，目前由以色列控制和使用。巴勒斯坦淡水供应的主要来源是地下水。巴勒斯坦有 4 个地下水含水层流域，它们部分或全部位于西岸和加沙地带。因此，常规水资源不足以满足当地生存和发展的需要，而且不能维持未来的水安全，水安全与政治稳定与和平进程息息相关。

摩尔多瓦水资源可承载人口为 196.81 万人，2018 年实际人口 405.19 万人，水资源承载状态为严重超载状态。摩尔多瓦年降水偏少，产水模数较低，且各个年份的降水量很不均匀，有的年份可以达到年平均降水量，有的年份降水量只有平均年降水量的一半。地下水污染问题也是摩尔多瓦的主要水资源问题，摩尔多瓦饮用水水源受到一定程度的污染，硫化氢、氨、氟化物和硼等含量超标。

匈牙利水资源可承载人口为 477.32 万人，2018 年实际人口 970.75 万人，水资源承载状态为严重超载状态。匈牙利 95% 的地表水都来自邻国，因此地表水水质受邻国流入水质的影响较大。

3. 水资源承载能力较弱的国家有 20 个，主要分布在西亚及中东地区和中亚地区，水资源承载密度平均为 10 人/ km²

丝路共建地区水资源承载能力较弱的国家有 20 个，主要分布在西亚及中东地区和中亚地区，其中西亚及中东地区国家 10 个、中亚地区国家 4 个、中东欧地区国家 3 个、南亚地区国家 2 个，中蒙俄地区国家 1 个（表 4-7）。水资源承载密度 1.06～42.21 人/ km²，平均水资源承载密度为 10.46 人/ km²，远低于丝路共建地区平均水平。承载能力较弱的国家总面积为 1397.78 万 km²，占丝路全域总面积的 27.4%。水资源承载力较弱的国家水资源承载力为 1.46 亿人，实际人口 7.00 亿人。

丝路 65 个共建国家中，水资源承载密度低于 10 人/km² 的国家有 9 个，分别为土库曼斯坦、沙特阿拉伯、阿曼、也门、埃及、伊朗、叙利亚、哈萨克斯坦和伊拉克。蒙古国是水资源承载人口最多的国家，水资源承载力为 2563.39 万人，2018 年实际人口仅为 317.02 万人。

水资源承载能力较弱的 20 个国家中，有 15 个国家水资源严重超载；1 个国家超载，为乌克兰；有 2 个国家临界超载，分别为爱沙尼亚和哈萨克斯坦；中亚地区的吉尔吉斯斯坦平衡有余状态；蒙古国为富富有余状态。

表 4-7　丝路共建地区水资源承载能力较弱国家

国家	所在地区	承载力/万人	承载状态	承载密度/（人/km²）
乌克兰	中东欧地区	2547.29	超载	42.21
吉尔吉斯斯坦	中亚地区	698.44	平衡有余	34.93
阿联酋	西亚及中东地区	310.77	严重超载	31.50
乌兹别克斯坦	中亚地区	1394.71	严重超载	31.17
保加利亚	中东欧地区	343.49	严重超载	30.95
阿富汗	南亚地区	1689.67	严重超载	25.88
爱沙尼亚	中东欧地区	111.55	临界超载	24.66
巴基斯坦	南亚地区	1472.41	严重超载	18.50
阿塞拜疆	西亚及中东地区	159.15	严重超载	18.38
蒙古国	中蒙俄地区	2563.39	富富有余	16.39
约旦	西亚及中东地区	141.96	严重超载	15.99
伊拉克	西亚及中东地区	335.45	严重超载	7.65
哈萨克斯坦	中亚地区	1423.41	临界超载	5.22
叙利亚	西亚及中东地区	92.32	严重超载	4.99
伊朗	西亚及中东地区	559.34	严重超载	3.21
埃及	西亚及中东地区	286.35	严重超载	2.86
也门	西亚及中东地区	119.02	严重超载	2.25
阿曼	西亚及中东地区	51.40	严重超载	1.66
沙特阿拉伯	西亚及中东地区	275.44	严重超载	1.28
土库曼斯坦	中亚地区	51.89	严重超载	1.06

10 个西亚及中东地区国家中，水资源承载状态均为严重超载。阿联酋地处干旱地带，降水量有限，地表水可以忽略不计，主要依靠地下水和非常规水源生产生活。阿塞拜疆水污染问题加剧，水资源短缺越来越严重。约旦大部分的水资源都与邻国共享，且这些跨境河流大部分来自邻国，由于上游国家筑坝、引水和过度开采地表及地下水资源，约旦能获得的水资源份额常常低于其公平份额。伊拉克受气候变化等因素的影响，不仅降水量减少，底格里斯河和幼发拉底河流入伊拉克的水量也是大幅减少，部分地区正在遭受水资源短缺的困境。由于叙利亚跨境河流争端的历史和政治原因，叙利亚未能充分开发利用境内水资源，水资源短缺严重。伊朗年降水量约为全球平均水平的 1/3，水资源过度开发、灌溉用水效率低和水污染等原因，造成伊朗水危机。也门是世界水资源严重缺乏的国家之一，由于管理政策的原因而进一步恶化。阿曼水资源也极为短缺，地下水超采导致的海水入侵，从而污染地下水水质；沙特阿拉伯地表水资源极度匮乏，主要依靠地下水开采和海水淡化。埃及的水资源极度贫乏，年降水量几乎可以忽略不计，其用水基本依赖于尼罗河水资源，以及沙漠地下水供给。然而，工业废水的排放造成尼罗河沿岸的污染情况较为突出。此外，由于缺乏污水处理厂，来自贫民窟和开罗许多其他地区的污水被排放到河中未经处理，其他诸如倾倒家庭垃圾、死亡动物尸体等事件时有发生。在浅层含水层，尤其是尼罗河三角洲地区，经常受到严重污染。埃及目前仍存在比较严重的过度浇水和低效的灌溉技术使用情况，水资源使用效率低下。埃及还存在水利基础设施缺乏和管理不善、尼罗河国际河流水争端等问题。针对西亚及中东地区的水资

源短缺和超载问题，常规水资源无疑难以满足当地生存和发展的需要，因此，该地区应大力发展海水淡化技术，充分开发利用非常规水源。

　　水资源承载能力处于较弱水平的国家中，土库曼斯坦和乌兹别克斯坦是严重超载的两个中亚国家。土库曼斯坦水资源承载密度最低，仅为 1.06 人/km²。土库曼斯坦水资源承载力为 51.89 万人，2018 年实际人口 585.1 万人。土库曼斯坦是整个中亚水资源最为匮乏的国家，土库曼斯坦的水资源来源于帕米尔高原的阿姆河，由于阿姆河水资源补给区域位于境外的塔吉克斯坦地区，土库曼斯坦本国几乎不产流，因而水资源极度匮乏。乌兹别克斯坦全年干旱少雨，平原降水少、山区降水多，水资源不可持续发展风险高，用水效率仍然很低，严重制约了承载能力。

　　另外，中东欧地区的保加利亚、南亚地区的阿富汗和巴基斯坦水资源承载状态也为严重超载。保加利亚的淡水资源主要由入境水资源构成，近年来出现水资源紧张的状况，主要原因是，一是频发的干旱，二是配水系统老化渗漏、工农业用水浪费、水体污染等。供水系统输水损失约占总供水量的 60%，灌溉系统输水损失更大。另外，保加利亚水质状况总的来说呈下降状态。水质下降主要由工业污水和城市污水造成，工业污水直接排入城市污水系统，城市污水处理技术过时。地下水质良好。阿富汗由于缺乏足够的资金和技术支撑，基础设施严重不足，属于典型的工程型缺水。巴基斯坦南部属热带气候，其余属亚热带气候，降水比较稀少，在人口增长、城市化、工业发展，以及气候变化的背景下，水资源压力愈演愈烈。巴基斯坦作为一个缺水性国家，大部分地区是平原地区，时常出现洪水灾害，而且降水大多集中在雨季，难以被利用。同时地下水超采是目前许多地区普遍存在的问题，它会使含盐地下水侵入淡水地区。此外，农田的渗流还会向地下水中添加溶解的化肥、杀虫剂和杀虫剂。这将进一步加剧地下水污染，恶化地下水质量。另外，气候变化加剧了极端天气灾害事件。

4.2.3　基本结论与适应策略

1. 基本结论

　　丝路全域平均水资源处于盈余状态，但水资源时空分布不均、用水效率低、农业耗水大，水资源短缺问题普遍存在。另外，丝路共建国家干旱和洪涝灾害频发，跨境水资源安全问题同样严峻。

　　（1）水资源时空分布极不均衡。

　　丝路共建地区水资源时空分布不均，南亚地区和东南亚地区水资源丰富，干旱半干旱地区的中亚、西亚及中东水资源极其匮乏。中蒙俄地区、南亚地区、西亚及中东地区和中亚地区均存在水资源分布不均的问题。水资源在时间上分布也极为不均，很多南亚地区的国家如孟加拉国、巴基斯坦等，降水季节变化较大，雨季降水丰富，旱季降水稀少。

　　（2）多数地区存在水资源短缺问题，水资源存在不同程度超载。

　　西亚及中东地区、中亚地区水资源普遍较低，水资源短缺严重。南亚地区虽水资源总量处于丝路共建地区的中等水平，但南亚地区国家平均人口密度较高，使得人均水资源量较为不足，低于世界平均水平和丝路共建地区平均水平。丝路共建地区以农业用水为主，在经济发展状况和技术条件的限制下，较为落后的灌溉设施使得农业用水利用率低，进一步加剧了这些地区的水资源短缺问题。共建国家中，有超过一半的国家水资源处于不同程度的超载，约有1/3国家水资源严重超载。西亚及中东地区和中亚地区资源性缺水突出，水资源超载严重；南亚地区人口密度高、灌溉农业密集、用水效率低，水资源已处于临界超载状态。

2. 适应策略

丝路共建国家经济发展不均衡，总体发展水平偏低，人口密度相对较高，平均水资源偏低，水资源问题突出。基于丝路共建国家水资源承载力研究，面向丝路共建地区水资源问题，提出如下建议：

（1）制定国家、流域和区域水资源开发利用和保护规划，重视水资源安全问题。

丝路共建国家经济发展水平和用水结构差异较大，跨境流域覆盖人口众多，水资源安全问题突出。因此，应根据不同国家、不同流域和不同区域制定水资源开发利用和保护规划。加强国际间的合作，尤其涉及跨境河流的国家，应加强次区域的对话与协商，落实合作开发与互利共享机制。

（2）修建水利工程设施，提高水资源调蓄能力。

丝路共建地区中，很多南亚地区国家如孟加拉国、巴基斯坦等，降水季节变化较大，水资源在时间上分布极为不均，雨季降水丰富，旱季降水稀少，雨季大量洪水资源因无法调蓄而浪费。修建水利工程可以用于供水、防洪和发电，也可应对气候变化背景下的干旱与洪涝灾害。

（3）建立水资源补充体系，开发利用非常规水源。

丝路共建地区水资源承载能力较弱的国家主要分布在西亚及中东地区、中亚地区，这些国家多数以资源性缺水为主，应积极开发利用非常规水源，主要包括雨水收集、海水淡化、中水回用等。

（4）倡导绿色发展理念，提高水资源利用效率。

丝路共建地区中，中亚地区和南亚地区水资源利用效率较低。修建水资源开发利用设施，保障用水安全。重视节水宣传，增强节水意识。发展节水工程与技术，提高水资源利用效率。主要途径包括对老旧供水设施进行改造、加快建设和完善灌溉设施和系统、发展节水灌溉、发展工业废水净化处理与再利用技术等。

4.3 生态承载力与承载状态

本节在生态资源供给能力与消耗水平研究的基础上，从全域、地区、国别三个空间尺度对丝路共建地区生态承载力进行了系统分析，完成了丝路共建地区生态承载力定量评价与限制性分类，为丝路共建地区资源环境承载能力综合评价与警示性分级提供了量化基础。

4.3.1　整体水平

1. 丝路共建地区生态承载力在 118.68 亿人水平，85%以上集中在中蒙俄地区、东南亚地区和南亚地区

2018 年，丝路共建地区生态资源供给能力约为 14.84PgC（PgC=10^{15}gC），以人均生态资源消耗约 1.25MgC（MgC=10^6gC）计，丝路共建地区生态承载力为 118.68 亿人。2018 年，丝路共建地区常住人口 47.46 亿人，尚有 71.22 亿人的生态承载空间（图 4-8）。2000～2018 年，由于居民消费水平的提升，丝路共建地区生态承载力从 137.17 亿人波动下降到 118.68 亿人，减少 18.49 亿人（降幅约为 13.48%）；与此同时，人口数量从 39.25 亿人持续增加到 47.46 亿人，增加 8.21 亿人（增幅约为 20.92%）（图 4-8）。丝路共建地区生态承载力波动下降且人口数量持续增加，使得生态承载力空间快速减少——从 2000 年的 97.92 亿人下降到 2018 年的 71.22 亿人，减少 26.70 亿人，降幅高达 27.27%。

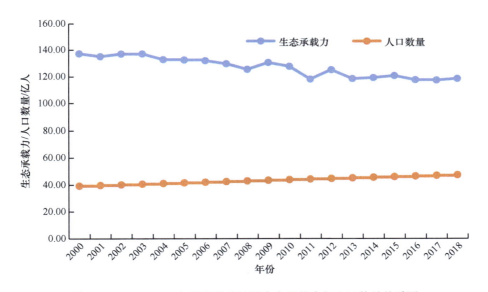

图 4-8　2000～2018 年丝路共建地区生态承载力与人口数量关系图

2018 年，丝路共建地区之间生态承载力差异悬殊，中蒙俄地区生态承载力占全域生态承载力的 42.65%，远高于其他地区；东南亚地区和南亚地区生态承载力分别占全域生态承载力的 23.60%和 20.85%。中蒙俄地区、东南亚地区和南亚地区生态承载力合计占全域生态承载力的 87.10%；而中东欧地区、西亚及中东地区和中亚地区生态承载力占全域的比重均不超过 10%（图 4-9）。

111

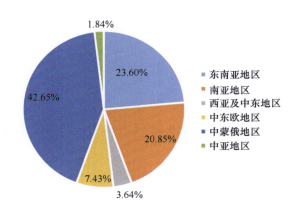

图 4-9   2018 年丝路共建地区生态承载力占全域生态承载力的比重图

2. 丝路共建地区生态承载密度均值约为 229.66 人/km²，地区与国家之间生态承载密度差异显著

生态承载密度用于表征单位面积的生态承载能力。2018 年丝路共建地区生态承载密度均值约为 229.66 人/km²。丝路共建地区之间生态承载密度差异悬殊，以森林生态系统为主的东南亚地区和南亚地区生态承载密度超过 500 人/km²，而以荒漠或荒漠草原生态系统为主的西亚及中东地区和中亚地区生态承载密度不足 10 人/km²，高低相差 50 倍以上（图 4-10）。

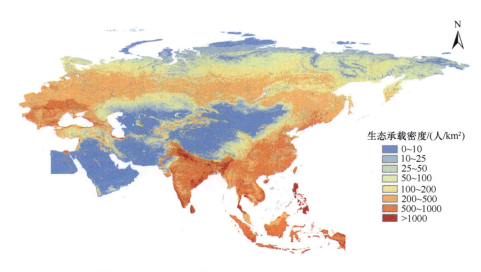

图 4-10   2018 年丝路共建地区生态承载密度空间分布图

从国家尺度来看，生态承载密度最高的国家是菲律宾，约为 1311.42 人/km²；最低的国家是卡塔尔，约为 0.51 人/km²，二者高低相差超过 2500 倍。其中，有 39 个国家生态承载密度高于全域平均水平，主要分布在东南亚地区、南亚地区和中东欧地区；有 26 个国家生态承载密度低于全域平均水平，主要分布在西亚及中东地区和中亚地区（图 4-10）。

3. 丝路共建地区生态承载力处于富富有余状态，但未来生态承载压力持续增加

2018 年丝路共建地区生态承载指数约为 0.40，根据生态承载状态分级标准，西藏生态承载力处于富富有余状态。2000～2018 年，丝路共建地区生态承载指数处于波动增加态势，生态承载指数从 0.29 增加到 0.40，增幅约为 37.93%（图 4-11）。

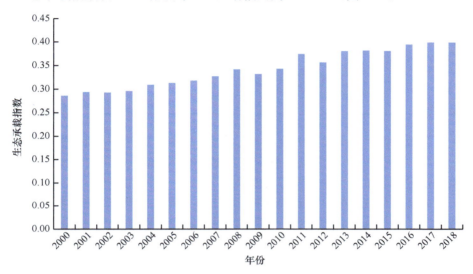

图 4-11　2000～2018 年丝路共建地区生态承载指数变化图

结合丝路共建地区未来人口与经济发展预测数据来看，到 2060 年丝路共建地区人口较 2016 年将增加 3.30 亿～18.30 亿人，经济总量将增加 3.0～6.4 倍；以发展中国家为主的丝路共建地区经济增长将带动居民消耗水平提高，进而导致丝路共建地区生态承载力延续波动下降态势。由此可见，未来丝路共建地区人口数量增长和生态承载力下降必然会导致生态承载指数快速增加，丝路共建地区生态承载力将从盈余状态过渡到平衡状态，甚至超载状态。

4.3.2　地区尺度

1. 东南亚地区、南亚地区和中东欧地区生态承载力相对较强，中亚地区和西亚及中东地区生态承载力相对较弱

丝路共建地区生态承载力差异显著，以全域生态承载密度均值 229.66 人/km² 为参考标准，可将全域 6 个地区相对区分出生态承载力较强、中等和较弱等三种类型（表 4-8）：

（1）东南亚地区、南亚地区和中东欧地区三个地区生态承载力较强，生态承载密度在 403～622 人/km²，高于丝路全域平均水平。其中，东南亚地区生态承载力可达 28.01 亿人，占全域 23.61%；生态承载密度高达 622.30 人/km²，是全域平均水平的 2.71 倍，是丝路共建地区生态承载力最强的地区。南亚地区生态承载力可达 24.74 亿人，占全域

20.85%；生态承载密度在 481.56 人/km^2，全域平均水平的 2.10 倍，是丝路共建地区生态承载力次强的地区。中东欧地区生态承载力可达 8.81 亿人，占全域 7.43%；生态承载密度在 402.89 人/km^2，是全域平均水平的 1.75 倍，在丝路共建地区中位列第三。

表 4-8　2018 年丝路共建地区生态承载力与生态承载密度对比

地区	生态承载力/亿人	生态承载密度/（人/km^2）	生态承载力分级[①]
东南亚地区	28.01	622.30	较强
南亚地区	24.74	481.56	较强
西亚及中东地区	4.32	56.98	较弱
中东欧地区	8.81	402.89	较强
中蒙俄地区	50.61	179.08	中等
中亚地区	2.18	54.43	较弱

（2）中蒙俄地区生态承载力中等，接近全域平均水平。中蒙俄地区生态承载力约为 50.61 亿人，占全域 42.65%；生态承载密度在 179.08 人/km^2，略低于全域平均水平，属于丝路共建地区生态承载力中等偏下的地区。

（3）西亚及中东地区和中亚地区两个地区生态承载力较弱，二者生态承载密度十分接近，均为 54～57 人/km^2，低于全域平均水平。其中，西亚及中东地区生态承载力为 4.32 亿人，占全域的 3.64%；生态承载密度在 56.98 人/km^2，不到全域平均水平的 1/4，是丝路共建地区生态承载力次弱的地区。中亚地区生态承载力为 2.18 亿人，占全域的 1.84%；生态承载密度为 54.43 人/km^2，不到全域平均水平的 1/4，是丝路共建地区生态承载力最弱的地区。

2000～2018 年，东南亚地区、南亚地区、西亚及中东地区、中蒙俄地区和中亚地区生态承载力呈波动下降态势（图 4-12）。东南亚地区生态承载力从 39.41 亿人下降到 28.01

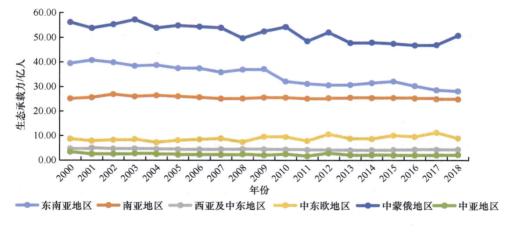

图 4-12　2000～2018 年丝路共建地区生态承载力变化图

① 生态承载力分级：以全域生态承载密度均值 229.66 人/km^2 为参考标准，上下浮动 50%，可将丝路 6 个共建地区和 65 个共建国家相对区分出生态承载力较强（>344.49 人/km^2）、中等（114.83～344.49 人/km^2）和较弱（<114.83 人/km^2）等三种类型。

亿人，降幅约为 28.93%；南亚地区生态承载力从 25.06 亿人下降到 24.74 亿人，降幅约为 1.28%；西亚及中东地区生态承载力从 4.65 亿人下降到 4.32 亿人，降幅约为 7.10%；中蒙俄地区生态承载力从 56.10 亿人下降到 50.61 亿人，降幅约为 9.79%；中亚地区生态承载力从 3.34 亿人下降到 2.18 亿人，降幅约为 34.73%；中亚地区生态承载力上限量下降幅度最大，南亚地区生态承载力上限量下降幅度最小。2000~2018 年，中东欧地区生态承载力处于宽幅波动态势，生态承载力在 7.14 亿~11.14 亿人波动，生态承载力多年均值为 8.76 亿人（图 4-12）。

2. 除西亚及中东地区和南亚地区外，其他 4 个地区生态承载力处于富富有余状态

基于生态资源供给与消耗平衡关系的生态承载力评价表明，除去西亚及中东地区生态承载力超载、南亚地区生态承载力盈余外，其他 4 个地区生态承载力均处于富富有余状态，具有足够生态发展空间（图 4-13）。

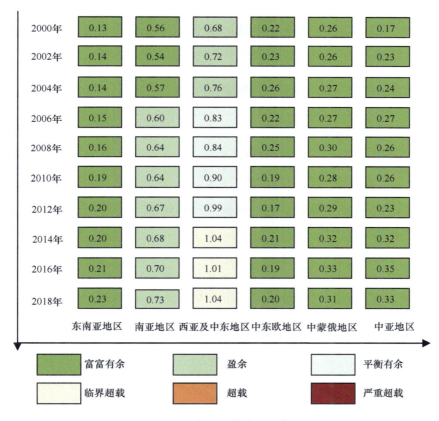

图 4-13　2000~2018 年丝路共建地区生态承载状态图

（1）东南亚地区、中东欧地区、中蒙俄地区和中亚地区生态承载指数低于 0.60，生态承载力处于富富有余状态。2000~2018 年，东南亚地区、中蒙俄地区和中亚地区生态承载指数呈现波动增加的趋势，东南亚地区生态承载指数从 0.13 增加到 0.23，增幅约为

76.92%；中蒙俄地区生态承载指数从 0.26 增加到 0.31，增幅约为 19.23%；中亚地区生态承载指数从 0.17 增加到 0.33，增幅约为 94.12%；中蒙俄地区生态承载指数增幅最小，中亚地区生态承载指数增幅最大。而中东欧地区生态承载指数先波动增加后波动下降，较 2000 年相比，2018 年生态承载指数下降约 9.09%。上述 4 个地区，2018 年生态承载指数基本不到生态承载状态从富富有余转变为盈余的临界值（0.60）的 2/3 水平，短期内生态承载力仍将处于富富有余状态。

（2）南亚地区生态承载指数从 0.56 增加到 0.73，生态承载力从富富有余状态转变为盈余状态。南亚地区人口基数较大且仍然保持较高的人口增长率，近 20 年内，人口增加导致南亚地区生态承载指数增加 0.17，增幅约为 30.36%，生态承载力从富富有余状态转变为盈余状态。南亚地区是丝路共建地区中经济发展水平相对落后的地区，随着"一带一路"倡议的实施，南亚地区经济发展水平提升将导致生态资源消费水平不断大幅提升，进而使得南亚地区生态承载力下降，未来需要重点关注南亚地区生态承载力下降带来的超载风险。

（3）西亚及中东地区生态承载指数从 0.68 增加到 1.04，生态承载力从盈余状态逐步转变为临界超载状态。一方面，西亚及中东地区以荒漠生态系统为主，是丝路共建地区生态承载力最弱的地区；另一方面，西亚及中东地区部分经济发达国家（如阿联酋、沙特阿拉伯等）对周边国家人口具有一定集聚作用。这就导致西亚及中东地区生态资源供给与需求之间的不匹配现象显著，现阶段，西亚及中东地区生态承载力处于临界超载状态，即将向超载状态过渡。

4.3.3 国家格局

1. 丝路共建地区近半数国家生态承载力相对较强，生态承载力较弱国家主要分布在西亚及中东地区和中亚地区

2018 年丝路各共建国家生态承载密度 0.51～1311.42 人/km²，地域差异显著（图 4-14）：

（1）生态承载力较强的国家有 26 个，生态承载密度大多超过 400 人/km²，远高于丝路共建地区平均水平，主要集中分布在东南亚地区、南亚地区和中东欧地区。其中，菲律宾、东帝汶、斯里兰卡生态承载密度超过 1000 人/km²；文莱、马尔代夫、克罗地亚、越南、孟加拉国、印度尼西亚、泰国、印度、保加利亚、乌克兰生态承载密度虽不足 1000 人/km²，但也超过 500 人/km²。上述 26 个国家约占丝路共建地区土地面积的 17.89%，但生态承载力占全域的 48.01%，同时承载了全域 48.28% 的人口（表 4-9）。

（2）生态承载力中等的国家有 19 个，生态承载密度大多为 150～350 人/km²，接近丝路共建地区平均水平，主要分布在中东欧地区和中蒙俄地区。上述 19 个国家约占丝路共建地区土地面积的 57.31%，但生态承载力占全域的 48.21%，同时承载了全域 42.21% 的人口（表 4-10）。

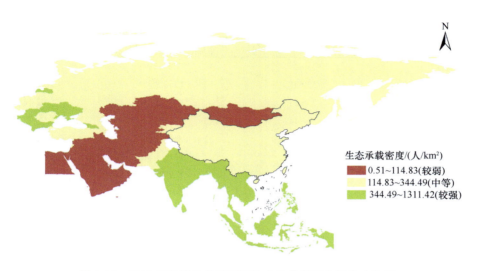

图 4-14　2018 年丝路各共建国家生态承载密度空间分布格局

表 4-9　2018 年丝路共建地区生态承载密度较强国家基本信息表

国家名称	生态承载密度/（人/km²）	人口密度/（人/km²）	生态承载力/万人
菲律宾	1311.42	355.50	39342.58
东帝汶	1200.16	85.27	1784.64
斯里兰卡	1038.10	323.56	6810.98
文莱	879.53	74.34	507.49
马尔代夫	837.95	1718.99	25.14
克罗地亚	804.93	73.51	4551.09
越南	677.27	288.56	22424.95
孟加拉国	675.19	1087.00	10023.86
印度尼西亚	654.23	140.07	125018.78
泰国	643.93	135.31	33041.38
印度	635.69	411.48	208967.48
保加利亚	563.30	63.53	6252.02
乌克兰	537.22	73.31	32423.85
斯洛伐克	490.22	111.22	2403.55
格鲁吉亚	482.08	57.43	3360.09
柬埔寨	442.44	89.76	8009.94
黑山	433.45	45.46	598.60
尼泊尔	430.61	190.89	6337.77
拉脱维亚	428.66	29.86	2768.88
缅甸	426.10	79.38	28829.39
北马其顿	416.56	81.02	1070.98
波黑	413.76	64.91	2118.89
老挝	411.02	29.82	9732.86
斯洛文尼亚	397.82	102.51	806.37
阿尔巴尼亚	392.26	100.27	1127.75
马来西亚	345.45	95.31	11427.60

表 4-10　2018 年丝路共建地区生态承载密度中等国家基本信息表

国家名称	生态承载密度/（人/km²）	人口密度/（人/km²）	生态承载力/万人
新加坡	339.20	7759.43	25.17
捷克	339.05	135.23	2674.07
巴勒斯坦	336.23	807.80	202.41
匈牙利	334.44	104.35	3111.29
塞尔维亚	326.03	99.62	2880.80
波兰	315.99	121.28	9880.57
摩尔多瓦	305.80	119.70	1035.13
罗马尼亚	301.86	81.82	7196.04
黎巴嫩	296.47	656.40	309.82
亚美尼亚	266.23	99.25	791.75
阿塞拜疆	251.98	114.89	2182.12
白俄罗斯	246.23	45.53	5111.70
中国	233.72	148.71	224366.59
土耳其	220.15	104.85	17289.50
立陶宛	197.56	42.90	1290.06
爱沙尼亚	186.21	29.25	842.23
俄罗斯联邦	164.00	8.52	280402.66
巴基斯坦	151.26	266.58	12041.55
不丹	144.22	18.82	578.01

（3）生态承载力较弱的国家有 20 个，生态承载密度大多低于 100 人/km²，远低于丝路共建地区平均水平，主要分布在西亚及中东地区和中亚地区。其中，蒙古国、阿曼、巴林、沙特阿拉伯、科威特、阿联酋、卡塔尔生态承载密度不足 10 人/km²，阿联酋、卡塔尔生态承载密度更是不足 1 人/km²。上述 19 个国家约占丝路共建地区土地面积的 24.80%，但生态承载力占全域的 3.78%，同时承载了全域 9.51% 的人口（表 4-11）。

2018 年丝路共建国家生态承载力空间分布格局较 2000 年未发生显著变化[图 4-15（a）、图 4-15（b）]。2018 年，丝路共建国家中，有 4 个国家生态承载力占全域比重超过 10%，

表 4-11　2018 年丝路共建地区生态承载密度较弱国家基本信息表

国家名称	生态承载密度/（人/km²）	人口密度/（人/km²）	生态承载力/万人
吉尔吉斯斯坦	114.79	31.53	2295.20
叙利亚	101.79	91.51	1884.87
以色列	90.87	379.77	200.54
塔吉克斯坦	68.84	63.84	981.25
乌兹别克斯坦	59.00	72.59	2639.60
伊拉克	57.82	87.68	2534.33
哈萨克斯坦	54.67	6.72	14896.07
伊朗	51.84	46.87	9046.74
阿富汗	40.33	56.94	2632.78

国家名称	生态承载密度/（人/km²）	人口密度/（人/km²）	生态承载力/万人
也门	31.43	53.98	1659.46
埃及	31.02	98.28	3106.73
土库曼斯坦	19.96	11.99	974.04
约旦	15.72	112.25	139.56
蒙古国	8.68	2.03	1357.08
阿曼	2.92	15.60	90.40
巴林	2.81	2012.05	0.22
沙特阿拉伯	1.88	15.68	403.74
科威特	1.31	232.17	2.34
阿联酋	0.95	97.63	9.37
卡塔尔	0.51	239.59	0.59

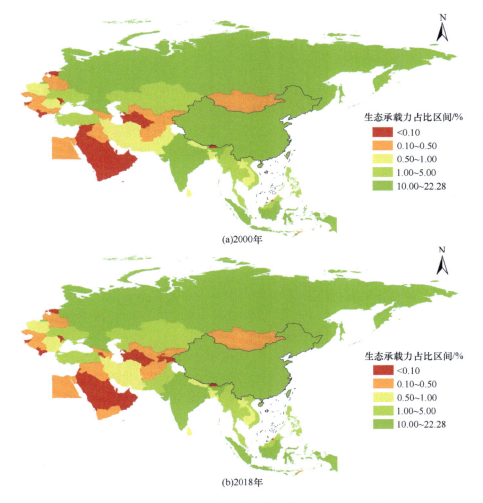

图 4-15 2000 年、2018 年丝路各共建国家生态承载力空间分布格局

分别是俄罗斯、中国、印度和印度尼西亚，生态承载力合计占全域比重的 70.16%，是全域生态承载力主要分布国家。有 9 个国家生态承载力占比 1%～5%，分别是菲律宾、泰国、缅甸、乌克兰、越南、土耳其、哈萨克斯坦、马来西亚、巴基斯坦，生态承载力合计占全域比重的 17.93%。有 9 个国家生态承载力占比 0.5%～1%，分别是孟加拉国、老挝、波兰、伊朗、柬埔寨、罗马尼亚、保加利亚、斯里兰卡、尼泊尔，生态承载力合计占全域比重的 6.45%。有 20 个国家生态承载力占比 0.1%～0.5%，分别是白俄罗斯、克罗地亚、拉脱维亚、匈牙利、格鲁吉亚、塞尔维亚、埃及、阿富汗、乌兹别克斯坦、捷克、斯洛伐克、伊拉克、吉尔吉斯斯坦、波黑、阿塞拜疆、东帝汶、也门、蒙古国、立陶宛、叙利亚，生态承载力合计占全域的 4.50%。有 23 个国家生态承载力占比不足 0.1%，分别是北马其顿、摩尔多瓦、阿尔巴尼亚、塔吉克斯坦、爱沙尼亚、土库曼斯坦、斯洛文尼亚、亚美尼亚、黑山、不丹、文莱、沙特阿拉伯、黎巴嫩、巴勒斯坦、以色列、约旦、阿曼、马尔代夫、新加坡、阿联酋、科威特、卡塔尔、巴林，生态承载力合计仅占全域的 0.96%。

2. 丝路共建国家生态承载力以盈余为主要特征，有 20 个国家生态承载力处于严重超载状态，值得特别关注

2018 年丝路 65 个共建国家中，有 43 个国家生态承载力处于富富有余或盈余状态，占丝路共建地区土地面积的 82.82%，但生态承载力占全域的 95.96%，同时承载了全域 82.80%的人口，丝路共建国家以生态盈余为主要特征（包括富富有余和盈余状态）。然而，也有 20 个国家生态承载力处于超载或严重超载状态，主要集中在西亚及中东地区、中亚地区和南亚地区，值得特别关注（表 4-12）。

（1）生态承载力盈余的国家有 43 个，生态承载指数大多在 0.60 以下，生态承载力富富有余。其中，有 40 个国家生态承载指数远在 0.60 以下，生态承载力始终处于富富有余状态；有 3 个国家生态承载指数为 0.60～0.80，生态承载力处于盈余状态；丝路共建国家生态承载力以盈余为主要特征，仍具有一定的生态发展空间［图 4-16（a）、图 4-16（b）、图 4-16（c）］。

（2）生态承载力平衡的国家有 2 个，均处于平衡有余状态。其中，伊朗是从盈余状态转变为平衡有余状态，而塔吉克斯坦是从富富有余状态转变为平衡有余状态［图 4-16（a）、图 4-16（b）、图 4-16（c）］。

（3）生态承载力超载的国家有 20 个，生态承载指数多超过 1.40，生态承载力处于严重超载状态。有 18 个国家生态承载力处于严重超载状态，其中，有 11 个国家生态承载力始终处于严重超载状态，阿富汗、马尔代夫、伊拉克是从盈余状态转变为严重超载状态，孟加拉国是从临界超载状态转变为严重超载状态，而黎巴嫩、也门从超载状态转变为严重超载状态。有两个国家生态承载力处于超载状态，其中，乌兹别克斯坦是从富富有余状态转变为超载状态，叙利亚受战争等因素的影响在多种生态承载状态中切换［图 4-16（a）、图 4-16（b）、图 4-16（c）］。

表 4-12 2018 年丝路各共建国家生态承载状态分类统计表

生态承载状态		国家名称
盈余	富富有余	亚美尼亚、阿尔巴尼亚、不丹、文莱、保加利亚、缅甸、斯里兰卡、阿塞拜疆、白俄罗斯、爱沙尼亚、格鲁吉亚、波黑、匈牙利、克罗地亚、印度尼西亚、哈萨克斯坦、吉尔吉斯斯坦、柬埔寨、拉脱维亚、老挝、立陶宛、马来西亚、蒙古国、摩尔多瓦、尼泊尔、北马其顿、捷克、菲律宾、波兰、东帝汶、罗马尼亚、俄罗斯、斯洛文尼亚、斯洛伐克、泰国、土耳其、乌克兰、越南、塞尔维亚、黑山
	盈余	印度、土库曼斯坦、中国
平衡	平衡有余	伊朗、塔吉克斯坦
	临界超载	—
超载	超载	叙利亚、乌兹别克斯坦
	严重超载	阿富汗、巴林、孟加拉国、埃及、伊拉克、以色列、约旦、科威特、黎巴嫩、马尔代夫、巴基斯坦、卡塔尔、沙特阿拉伯、新加坡、阿曼、阿联酋、也门、巴勒斯坦

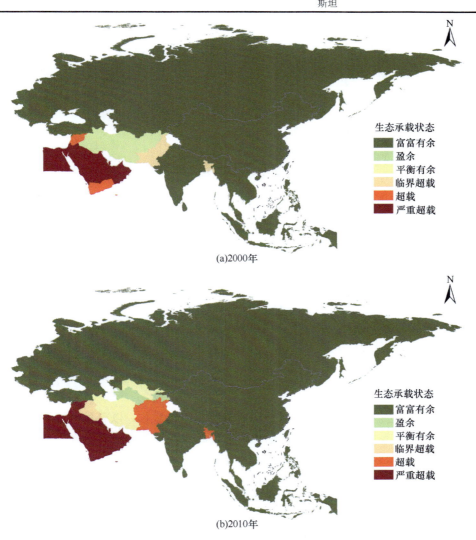

(a)2000年

(b)2010年

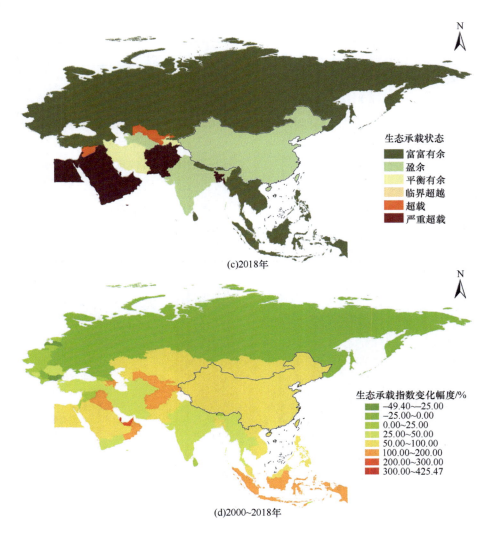

图 4-16　2000 年、2010 年、2018 年丝路各共建国家生态承载状态空间分布以及 2000～2018 年生态承载指数变化幅度图

4.3.4　基本结论与适应策略

1. 基本结论

丝路共建地区生态承载力研究结合遥感数据与统计数据、以公里格网为基础、以分县为基本单元，在系统分析丝路共建地区生态资源供给与生态资源消耗的基础上，定量评估了丝路共建地区不同空间尺度的生态承载力和生态承载状态。基本结论如下：

（1）丝路共建地区生态承载力总量丰富，可达 118 亿人，尚存在较大生态承载空间，生态承载力处于富富有余状态。丝路共建地区生态承载力总量丰富，在常态生态资源供给能力和现实生态资源消费水平下，2018 年，丝路共建地区生态承载力可达 118.68 亿人。2018 年，丝路共建地区人口数量 47.46 亿人，尚有 71.22 亿人的生态承载空间。丝路全域生态承载指数约为 0.40，根据生态承载状态分级标准，全域生态承载力处于富富有余状态。结合丝路共建地区未来人口与经济预测数据以及近 20 年生态承载指数变化态势来看，未来丝路共建地区仍然存在一定的生态超载风险。

（2）丝路共建地区生态承载密度均值约为 229.66 人/km²，但地区间与国家间生态承载密度存在明显差异。2018 年，丝路共建地区生态承载密度均值约为 229.66 人/km²。由于丝路共建地区地域辽阔、自然环境与生态系统类型复杂多样，地区间生态承载密度差异显著、国家间生态承载密度差异悬殊。以森林生态系统为主的东南亚地区和南亚地区生态承载密度超过 500 人/km²，而以荒漠或荒漠草原生态系统为主的西亚及中东地区和中亚地区生态承载密度不足 10 人/km²，相差超过 50 倍；生态承载密度最高的菲律宾（1311.42 人/km²）与最低的卡塔尔（0.51 人/km²）之间高低相差超过 2500 倍。

（3）丝路共建地区生态承载力与人口空间分布不匹配，生态承载力表现出"总体盈余、局部超载"的状态。2018 年，丝路全域生态承载力虽然处于富富有余状态；但有 20 个国家生态承载力处于超载状态，其中，有 18 个国家生态承载力处于严重超载状态，主要分布在西亚及中东地区、中亚地区和南亚地区；而在 43 个生态承载力处于盈余状态的国家中，有 40 个国家生态承载力处于富富有余状态，主要分布在东南亚地区和中东欧地区。由此可见，丝路共建区域生态承载力呈"总体盈余、局部超载"的现象且国家之间生态承载状态存在两极分化现象，这表明绿色丝绸之路共建区域生态承载力与现有人口空间分布严重不匹配。

2. 适应策略

针对丝路共建地区生态承载力存在的问题，从国际贸易自由化和生产消费模式调整两个角度提出共建地区生态承载力协调发展策略。

（1）建立包容开放的生态资源贸易网络，解决生态资源供需不匹配带来的局部区域和部分国家生态承载力超载的问题。国际贸易通过促进生态资源在全球范围内流动与配置，来解决区域间人口、经济与资源不匹配的问题。针对生态资源供给与需求之间不匹配导致的丝路共建区域生态承载力呈"总体盈余、局部超载"的问题，通过构建包容开放的生态资源贸易网络能够使得生态超载国家通过进口生态资源兼顾了生态保护与居民福祉、生态盈余国家通过出口生态资源将资源优势转化为经济优势。现阶段，国家之间贸易摩擦不断，贸易壁垒严重与贸易关税高，是导致生态资源匮乏且经济落后国家无法通过进口生态资源来完全解决生态资源供需矛盾的主要原因之一。因此，"一带一路"倡议需要增强国际贸易网络的包容开放性（打破贸易壁垒、降低贸易关税等），制定向生态资源匮乏且经济落后国家倾斜的贸易优惠政策，降低其进口生态资源的经济成本，使得更多国家可以通过进口生态资源来实现生态系统可实现发展。

（2）以构建的国际贸易网络为纽带，促进共建国家在技术、资金、教育等领域的合作交流，降低共建国家生态资源需求强度，从根本上提升生态系统可持续发展水平。从全球尺度来看，国际贸易并没有降低人类需求给生态系统带来的压力，只是使生态系统压力在空间上发生转移，降低生态系统压力根本上还要从降低生态资源需求入手。绿色丝绸之路共建国家大多为发展中国家，生态资源在带动经济发展中起着重要作用。通过产业升级等途径加速发展中国家资源代谢转型进程，才能降低共建国家经济发展对生态资源依赖程度，进而降低社会系统对生态资源的需求水平。因此，"一带一路"倡议构建的国际贸易网络不能仅停留在促进共建国家生态资源流通层面。更重要的是，要通过技术转移和产业园区建设促进技术流动，通过扩大海外金融合作和海外融资促进资金流动，通过培训研讨会、留学交流等促进教育文化合作。这些措施将促进共建国家生态资源生产和消费方式的调整和转变，进而促进共建国家资源代谢转型进程，最终在不威胁居民福祉的前提下，降低社会系统生态资源需求水平，从根本上推动共建国家生态系统可持续发展进程。

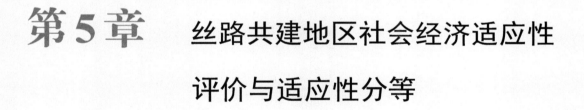

第5章 丝路共建地区社会经济适应性评价与适应性分等

社会经济是以人为核心，包括社会、经济、教育、科学技术及生态环境等领域，涉及人类活动的各个方面和生存环境的诸多复杂因素的巨系统。人口发展与空间布局既要与资源环境承载力相适应，也要与社会经济发展相协调，这体现了社会经济发展对资源环境限制性的进一步适应，包括强化和调整。

第 5 章从社会经济基础状况分析入手，构建了社会经济适应性评价模型，基于社会经济适应指数完成绿色丝绸之路共建地区和国家社会经济适应性评价与适应性分等，定量揭示了不同地区和国家社会经济适应性的空间差异，为完成社会经济对丝路共建地区资源环境承载力的适应性评价提供数据支撑，为实现丝路共建地区和国家资源环境承载力评价的综合集成与业务化应用提供技术支持。

5.1　人类发展水平评价

研究首先分析了丝路共建地区和国家与人类发展水平相关的基础指标的变化特征和空间分布格局，在此基础上，按照联合国开发计划署（UNDP）的基于人类发展指数的人类发展水平计算方法，定量评价了丝路共建地区和国家的人类发展水平。

5.1.1　人类发展基础

研究采用中学入学率、预期寿命、床位数、人均 GDP 4 项基础指标，从全域、地区到国别 3 个不同尺度，定量分析了丝路共建地区和国家人类发展的基础状况及其时空变化。

1. 中学入学率

（1）全域水平：中学入学率稳步走高，近年增速放缓。

2019 年，丝路共建地区平均中学入学率为 80.85%，相比于 2000 年 68.74%的水平增加了 12.11 个百分点，提升显著，2000~2018 年间，丝路共建地区平均中学入学率均高于全球均值。从增长速度看，丝路共建地区中学入学率的增长率整体波动较大，但多数年份均呈现显著正增长，2002 年、2008 年和 2004 年是三个高峰区，近期的 2019 年增长率也达到了 2.41%（图 5-1）。

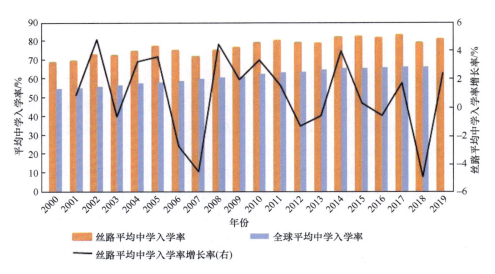

图 5-1　2000～2019 年丝路共建地区和全球中学入学率变化情况

（2）地区差异：绝大部分地区中学入学率上升，中国提高明显。

除东南亚地区和南亚地区外，其他五个地区 2018 年的中学入学率均超过 80%，其中，中国最高，达 96.2% 从变化情况看，除中东欧地区和中亚地区外，其他地区均呈现不同程度的增长态势，其中，中国的中学入学率增加最为显著，从 2000 年的 62.1% 提升到 2018 年的 96.2%，西亚及中东地区、东南亚地区和南亚地区的中学入学率也出现了明显上升，在 2018 年分别达到了 87.48%、73.10% 和 77.25%，而中东欧地区、中亚地区和蒙俄地区的中学入学率在 2010～2018 年间增长缓慢（图 5-2）。

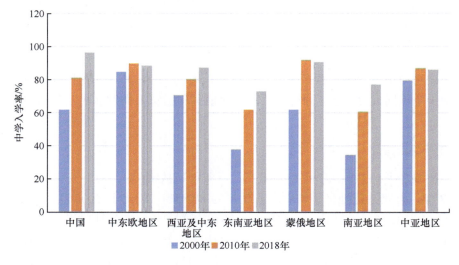

图 5-2　2000 年、2010 年和 2018 年丝路共建地区中学入学率

（3）国别尺度：中国、中东欧地区国家的中学入学率普遍较高，而西亚及中东地区、蒙俄地区国家整体较差。

从国别尺度看丝路共建地区中学入学率，国家平均的中学入学率为 78.96%（空白区域无数据），中学入学率低于 50% 的国家有 3 个，占比 4.69%，主要分布于中亚地区和西亚及中东地区，其中，中学入学率最低的国家是巴基斯坦，为 35.42%；中学入学率 50%～70% 的国家有 9 个，占比 14.06%，主要分布在南亚地区和东南亚地区；70%～90% 的国家有 21 个，占比 32.81%，主要分布于西亚与欧洲；中学入学率超过 90% 的国家有 19 个，占比 29.69%，主要分布在中国、北亚和欧洲（图 5-3）。

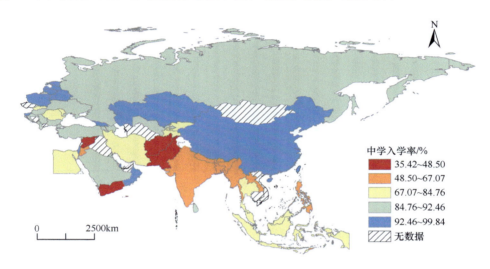

图 5-3　基于国家尺度的中学入学率空间分布格局

2. 床位数

（1）全域水平：丝路全域每千人床位数波动下降。

2017 年全球平均的每千人床位数为 2.89 个/千人，丝路共建地区的每千人床位数为 3.47 个/千人，远高于全球平均水平。2000～2017 年间，丝路共建地区的每千人床位数并没有随着人口增加而得到显著提升，反而呈现出波动下降的态势，每千人床位数从 2000 年的 4.54 个/千人到 2017 年的 3.47 个/千人，下降了 24%，表明卫生条件的改善与人口的增长难以匹配。从变化率看，2000 年到 2003 年的变化率上涨迅猛，2003 年每千人床位数的增长率达到峰值为 12.56%，而此后多数年份的每千人床位数变化率为负值。2015～2017 年每千人床位数又开始稳步上升，增长率变化不断走高，说明近年来丝路全域卫生医疗条件改善明显（图 5-4）。

（2）地区尺度：大部分地区的每千人床位数有所下降，仅中国增加明显。

从丝路共建地区看，七大地区的医疗卫生水平存在较大差距，平均而言，2000～2017 年间蒙俄地区、中东欧地区、西亚及中东地区的每千人床位数最高，卫生医疗水平领先，而东南亚地区、西亚及中东地区、南亚地区的医疗卫生水平则显著处于劣势。

多数地区的每千人床位数量下降明显，其中，蒙俄地区的每千人床位数从 2000 年的 11.40 个/千人下降到 2017 年的 8.03 个/千人，下降了 29.6 个百分点。此外，中东欧地区、中亚地区、西亚及中东地区等地区的每千人床位数也呈明显的下降态势。而中国的每千人床位数量则增加迅速，从 2000 年的 1.68 个/千人增长到 2017 年的 4.31 个/千人，翻了将近 3 倍。相关研究表明，超过 70%的边境地区人口净增，主要分布在印度、巴西和尼日利亚等发展中国家。可见，随着中国人口的增长，医疗卫生条件随之不断改善，在丝路地区的表现突出（图 5-5）。

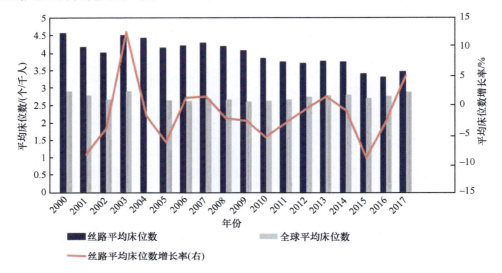

图 5-4　2000～2017 年丝路和全球每千人床位数变化情况

图 5-5　2000 年、2010 年和 2017 年丝路分地区每千人床位数

（3）国别尺度：蒙俄、中东欧国家每千人床位数量超前，南亚、东南亚国家落后。

从国别尺度来看，丝路共建地区国家平均的每千人床位数量是 3.47 个/千人，区域之间的医疗水平差异较大，整体呈现出北高南低的分布特征。其中，俄罗斯、蒙古国，以及中东欧很多国家的每千人床位数量明显超前，多处在 6.06 以上。中国的每千人床位数处在中等水平。而南亚地区、东南亚地区多数国家的每千人床位数量明显较少，多在 1.20 以下，卫生医疗水平亟须提升（图 5-6）。

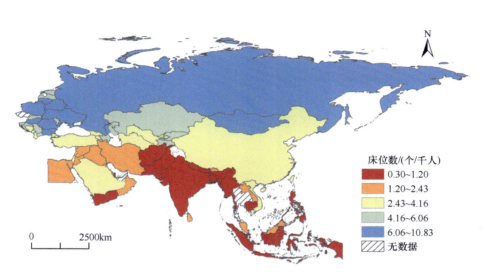

图 5-6　基于国家尺度的每千人床位数空间分布格局

3. 预期寿命

（1）全域水平：丝路全域预期寿命稳步走高，近年来趋势变缓。

从平均水平看，2000～2020 年间，丝路共建地区预期寿命稳步走高，从 2000 年的 69.22 岁上升到 2020 年的 74.27 岁，增加了超过五岁。且与世界平均水平相比，20 年间丝路全域的预期寿命均高于世界均值。其中，2020 年的预期寿命略低于 2019 年（74.42 岁），说明医疗卫生条件达到一定的平台期。从增长率看，丝路共建地区预期寿命的变化率波动下降，从 2008 年的超过 50%下降到 2020 年的–19.63%，但在除 2020 年之外的其他年份，预期寿命的增长率仍然保持正值（图 5-7）。

图 5-7　2000～2020 年丝路共建地区和全球预期寿命变化情况

（2）地区差异：7 大地区预期寿命的差距不大，中国相对较高。

从 7 大地区看，预期寿命的差异性不大，三个年份基本都在 60～80 岁，2020 年的预期寿命都位于 70～80 岁，相比较而言，中国、中东欧地区、西亚及中东地区等地区的预期寿命最高。从变化情况看，2000～2020 年间，7 大地区的预期寿命均呈上涨态势，东南亚地区、蒙俄地区、南亚地区等地区的涨幅较为明显，与预期寿命较高地区的差距在缩小（图 5-8）。

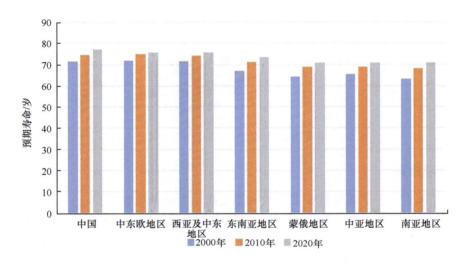

图 5-8　2000 年、2010 年和 2020 年丝路分地区预期寿命

（3）国家尺度：预期寿命的区域差异性明显，高值国家主要分布在中东欧地区和西亚及中东地区。

从国家尺度看，2020 年丝路共建地区国家平均的预期寿命为 72.75 岁，高于均值的国家主要分布在中国、中东欧地区和西亚及中东地区，其中，预期寿命在 79.00～83.74 岁的高值区域面积狭小，集中分布在中东欧地区和西亚及中东地区。其中，中国的预期寿命相对较高，说明营养、医疗水平得到了显著改善。而预期寿命中低值的国家主要位于蒙俄地区、南亚地区和东南亚地区，预期寿命多在 72.87 岁以下（图 5-9）。

4. 人均 GDP

（1）全域水平：丝路全域人均 GDP 波动上升，2020 年略高于世界均值。

从丝路全域看，2000～2020 年间，人均 GDP 从 4468.60 美元上涨到 12451.78 美元，上涨了将近两倍，2020 年已经明显高于全球均值，说明丝路全域的经济发展水平有了显著的提升。从增长率看，大多数年份的人均 GDP 增长率均大于 0，且在 2008 年的增长率达到峰值为 18.21%。总体而言，2000～2008 年间的人均 GDP 增长明显较高，但金融危机的影响下 2009 年增长率出现断崖式下跌，此后年份人均 GDP 的波动性走高，但在 2020 年人均 GDP 仍然达到了 20 年来的历史最高值（图 5-10）。

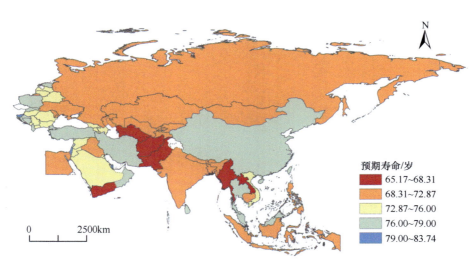

图 5-9　基于国家尺度的预期寿命空间分布格局

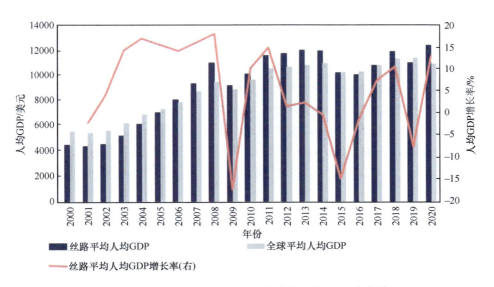

图 5-10　2000~2020 年共建地区和全球人均 GDP 变化情况

（2）地区差异：丝路共建地区人均 GDP 差距较大，但 20 年间均有所增长。

从地区差异看，7 大地区人均 GDP 的差距明显，在 2000 年西亚及中东地区的人均 GDP 水平最高，达到 8740.61 美元，且远高于第二、第三名的东南亚地区和中东欧地区，此时中国的人均 GDP 仅位于第五名，不足 1000 美元。而到了 2021 年，中国人均 GDP 奋起直追，位列第四名，且与西亚及中东地区、中东欧地区、东南亚地区的差距明显缩小。而反观中亚地区和南亚地区，20 年间人均 GDP 水平增长缓慢，经济发展水平有待进一步增强（图 5-11）。

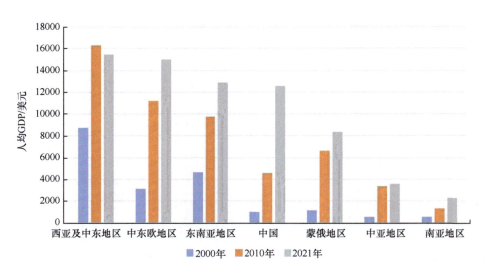

图 5-11   2000 年、2010 年和 2021 年丝路分地区人均 GDP

（3）国家尺度：人均 GDP 较高的国家主要分布于西亚和中东欧，而南亚、中亚地区多数国家的人均 GDP 落后。

从国家尺度看，整体而言，2020 年丝路共建地区人均 GDP 的均值为 12451.78 美元，经济发展水平的差异性很大。具体来看，人均 GDP 处在 27442.95 美元以上的国家数量仅有 4 个，仅位于西亚及中东地区和东南亚地区，其中人均 GDP 最高的国家是新加坡，达到了 60729.45 美元。而人均 GDP 处在 16075.97～27442.95 美元范围的国家数量为 9 个，集中分布在中东欧地区和西亚及中东地区。中国、俄罗斯、哈萨克斯坦等亚洲大陆国家的人均 GDP 处在 8536.43～16075.97 美元的中等水平。而南亚地区、西亚及中东地区的多数国家的人均 GDP 多在 3301.22 美元以下，经济发展水平亟须提高（图 5-12）。

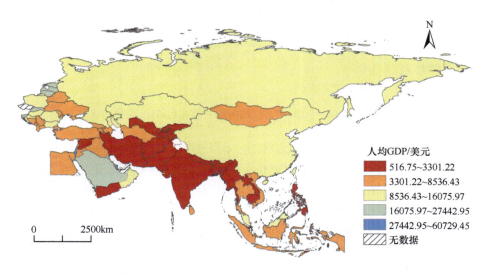

图 5-12   基于国家尺度的人均 GDP 空间分布格局

5.1.2 人类发展水平

基于丝路共建区域人类发展基础分析，利用基于人类发展指数的人类发展水平计算模型，从全域、地区到国家 3 个不同尺度，定量评价了丝路共建地区的人类发展水平及其区域差异。

1. 全域水平：领先于全球平均水平，近十年变化趋缓趋于平缓

2021 年全球人类发展指数均值为 0.73，丝路共建地区均值为 0.76，领先全球 0.04。从近 30 年的变化特征看，1990～2011 年，全球及丝路共建地区的人类发展水平均快速提高，20 年间，人类发展指数从约 0.6 攀升到约 0.7 的水平，且丝路共建地区的提升速度高于全球，近 10 年来，丝路共建地区及全球的人类发展水平变化趋于平缓，且丝路共建地区高于全球，丝路共建地区全球的人类发展指数处于 0.73～0.77 水平，全球处于 0.71～0.73 水平（图 5-13）。

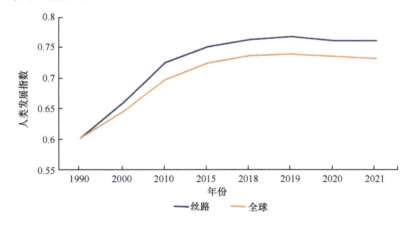

图 5-13 1990～2021 年丝路共建地区和全球人类发展指数

2. 地区差异：中东欧的人类发展水平超前，南亚亟须提升

从地区差异看，2021 年中东欧整体的人类发展水平位居首位，归一化人类发展指数[①]达到 0.84；西亚及中东地区经济水平较为领先，人类发展水平处在第二位，归一化人类发展指数达到了 0.78。中国、蒙俄地区、中亚地区的人类发展处在中等水平，归一化人类发展指数分为 0.77、0.74 和 0.73。南亚地区的人类发展水平较低，归一化人类发展指数仅为 0.62（表 5-1）。

从分项指数看，中东欧地区除去人均收入水平落后于西亚外，预期寿命和受教育年限均位列第一，人类发展较为均衡；西亚的人均收入位列第一，归一化人类发展指数等指标也相对较高；中国的预期寿命位列首位，但平均受教育年限和人均收入水平相对较

---

① 人类发展指数（HDI）是联合国为衡量各国社会和经济发展水平而编制的一项统计数据。它由四个主要兴趣领域组成：平均受教育年限预期受教育年限，预期寿命出生时和国民生产总值人均收入。归一化人类发展指数是以国家为数据单位，对人类发展指数进行 MIN-MAX 归一化处理使数据处为 0～1。

表 5-1　2021 年丝路共建地区分地区人类发展指数及其子指标

地区	归一化人类发展指数	排名	预期寿命	排名	平均受教育年限	排名	人均收入(2017 PPP $)	排名
中东欧地区	0.84	1	75.06	2	12.18	1	26857.51	2
西亚及中东地区	0.78	2	74.26	3	10.13	3	29424.40	1
中国	0.77	3	78.21	1	7.6	6	17504.40	4
蒙俄地区	0.74	4	70.98	5	9.42	4	10588.23	6
中亚地区	0.73	5	70.21	6	11.64	2	10798.87	5
东南亚地区	0.72	6	72.02	4	8.21	5	20922.92	3
南亚地区	0.62	7	69.19	7	6.1	7	6343.29	7

低；蒙俄地区人均收入相对不足；中亚地区的平均受教育年限相对较高，东南亚地区则明显相对落后；南亚地区的三个分项指数均位于末尾，其中人均收入水平远远落后于其他地区，仅有中东欧地区的 23.6%。

3. 国家尺度：绝大部分国家人类发展水平较低，亚欧大陆北部，以及西亚及中东地区和东南亚地区的部分沿海国家较高

基于国别的人类发展指数研究表明，共有 37 个国家的人类发展水平高于全域均值（0.76），占比 58.7%，主要分布在亚欧大陆北部，以及西亚及中东地区和东南亚地区的部分沿海区域。

具体来看，东南亚地区的新加坡、西亚及中东地区的以色列、中东欧地区的斯洛文尼亚等 13 个国家的人类发展水平处于领先位置，在 0.85~0.94 范围内，其中新加坡的人类发展指数最高，超过了 0.94，在经济、教育、医疗方面均具有优势；西亚及中东地区的巴林、中东欧的匈牙利、克罗地亚等 14 个国家的人类发展水平处在 0.78~0.85，多处在欧亚大陆中部和北部，人们生活福利较好；而中亚地区的阿富汗和西亚及中东地区的也门人类发展水平位居末位，人类发展指数仅为 0.48 和 0.46，国家之间极度不平衡（图 5-14）。

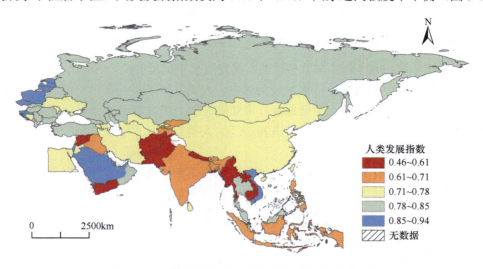

图 5-14　基于国家尺度的人类发展指数空间分布格局

5.2　城市化水平评价

研究首先分析了丝路城市化发展的基础指标变化特征和空间分布格局，在此基础上，基于城市化指数模型，定量评价了全域、地区及国家的城市化发展水平。

5.2.1　城市化基础

研究用夜间灯光指数、城市人口比重、建设用地占比 3 项基础指标，从全域、地区到国家 3 个不同尺度，分析了丝路共建地区人口城市化和土地城市化的基本状况及其时空变化。

1. 夜间灯光指数

（1）全域水平：夜间灯光指数略领先于全球水平，近十年增速明显。

2018 年丝路共建地区夜间灯光指数约为 3.25，略高于全球均值。2009 年之前，丝路全域的夜间灯光指数低于全球均值，2010 年后，丝路全域的夜间灯光指数开始高于全球均值，其中在 2017 年丝路全域的夜间灯光指数达到全球的 1.15 倍。2000～2018 年，丝路共建地区夜间灯光指数呈波动上升趋势，特别是 2014 年以来，丝路共建地区夜间灯光增速明显加快，2014 年的增长率达到 85.56%，人类活动的活跃程度明显提升。从夜间灯光指数看，在 2009 年之前，丝路全域的夜间灯光指数要低于全球均值，2010 年后，丝路全域的夜间灯光指数开始高于全球均值，其中在 2017 年丝路全域的夜间灯光指数达到全球的 1.15 倍（图 5-15）。

图 5-15　2000～2018 年丝路共建地区和全球年均夜间灯光指数及年际变化

（2）地区差异：七大地区夜间灯光指数差距明显，南亚地区、东南亚地区、中国提升显著。

从地区差异看，2018 年南亚地区的夜间灯光指数位居首位，其次是西亚及中东地区

和中东欧地区分别位列第二和第三位，均处在 6 以上，东南亚地区和中国分别接近 6 和
5，中亚地区和蒙俄地区则处在低位。从 2000～2018 年的变化情况看，南亚地区、西亚
及中东地区、东南亚地区和中国的夜间灯光指数增长明显，增加量均在 2010 年的一倍
以上。中东欧地区和蒙俄地区变化幅度较小，且仅中东欧地区在近十年来的夜间灯光指
数呈现下降态势（图 5-16）。

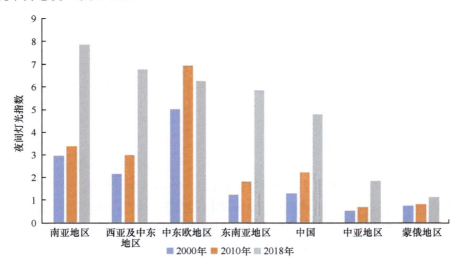

图 5-16　2000 年、2010 年和 2018 年丝路分地区的年均夜间灯光指数

（3）国家尺度：新加坡、巴林等国家较高，且增幅显著。

从国家尺度看，2018 年丝路共建地区国家平均的夜间灯光指数为 9.85，高值主要分
布在西亚及中东地区、中东欧地区等地区。其中，新加坡、巴林的夜间灯光指数位居前
列，指数位于 55 以上；而俄罗斯、哈萨克斯坦、蒙古国的夜间灯光指数则处在末尾，
指数不足 1.2。整体而言，丝路国家之间的差异性显著。

与 2000 年相比，2018 年丝路全域 58 个国家的夜间灯光指数均提升，中高值区在空
间上的分布也呈扩大态势，从 2000 年主要集中在中东欧地区扩展到 2018 年的中东欧地
区、西亚及中东地区和南亚地区等地区。其中，阿富汗、柬埔寨、老挝等国家的夜间灯
光指数增长较快，由低于 0.1 迅速提升到高于 2.0。而斯洛伐克、斯洛文尼亚、匈牙利等
国家的夜间灯光指数变化甚微（图 5-17）。

2. 城市人口比重

（1）全域水平：人口城市化水平高于全球，但差距有缩小趋势。

从城市人口比重看，2021 年丝路共建地区人口城市化率为 60.17%，高于全球均值
（56.58%）。2000～2021 年，丝路共建地区的人口城市化率从 53.80% 增长到 60.17%，城
市化水平稳步提升。从增长速度看，丝路全域城市人口比重的增长速度不及全球，两个
城市人口比重的差距有缩小趋势（图 5-18）。

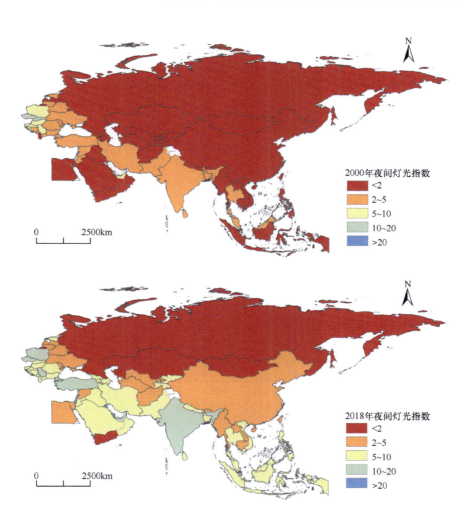

图 5-17　2000 年和 2018 年共建地区国家夜间灯光指数分布图

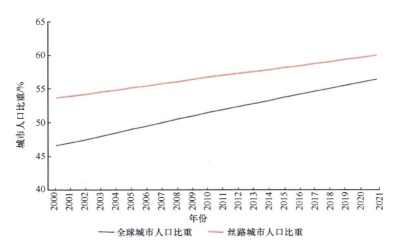

图 5-18　2000～2021 年丝路共建地区和全球的城市人口比重

（2）地区差异：西亚及中东地区、蒙俄地区的人口城市化率领先，中国增速超前。

2021 年西亚及中东地区的人口城市化率最高，达到了 75.71%；其次，蒙俄的人口城市化率也达到了 71.86%；中东欧地区和中国的水平接近，分别为 63.07%和 62.51%；南亚地区最低，仅为 31.57%。从增长速度看，2000～2021 年间，中国人口城市化率的增长速度最为突出，从 2000 年的 38.88%增加到 2021 年的 62.51%，是 2000 年的 1.61 倍，可见在过去的 20 年间，中国的城镇化取得了亮眼的成绩（图 5-19）。

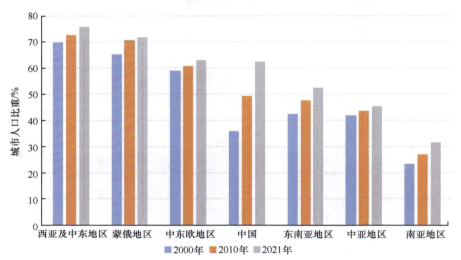

图 5-19　2000 年、2010 年和 2021 年丝路分地区的城市人口比重

（3）国家尺度：新加坡、卡塔尔和科威特的城市人口比重超前，而尼泊尔、巴勒斯坦处在末位。

从国家尺度看，丝路共建地区国家平均的城市人口比重为 52.14%，高于全域均值的国家个数为 35。其中低于 30%的国家有 10 个，占比 15.62%，主要分布在南亚地区，如尼泊尔、巴勒斯坦的城市人口比重则位于末位，分别仅为 13.40%和 18.38%；30%～50%的国家有 11 个，占比 17.19%，主要分布在中国和东南亚地区；50%～70%的国家有 30 个，占比 46.88%，主要分布在中亚地区、西亚及中东地区和中东欧地区；高于 70%的国家有 13 个，占比 20.31%，主要分布蒙俄地区和西亚及中东地区，其中新加坡、卡塔尔和科威特的城市人口比重超前，分别达到了 100%、99%和 96.31%（图 5-20）。

3. 建设用地占比

（1）全域水平：远高于全球均值，且差距呈扩大趋势。

2020 年，丝路共建地区的建设用地占总面积的比例约为全球均值的 4.7 倍，土地城市化优势明显。从变化看，丝路共建地区的建设用地占比由 2000 年的 0.26%增加至 2020 年的 0.61%，翻了将近 1.5 倍，其中，2015～2020 年的增幅最为显著。对比全球平均水平，建设用地占比从 2000 年的 0.07%上升到 2020 年的 0.13%，均显著低于丝路共建地区的平均水平，且差距呈现出明显的扩大趋势（图 5-21）。

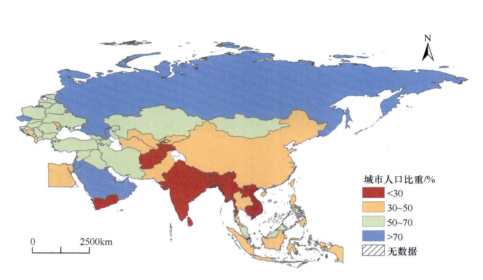

图 5-20　基于国家尺度的城市人口比重空间分布格局

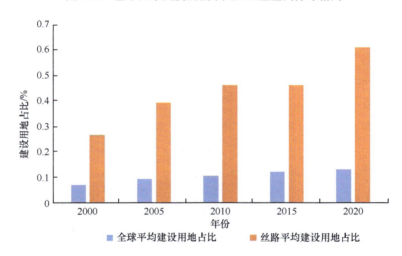

图 5-21　2000～2020 年丝路共建地区和全球的建设用地占比

（2）地区差异：建设用地占比差异较大，人均量更甚。

从建设用地占比看，中东欧地区的建设用地占比最高，达到 2.85%，其次是中国为 1.5%，而中亚地区和蒙俄地区的建设用地占比位居末尾，分别是 0.26% 和 0.16%，东南亚地区、南亚地区和西亚及中东地区的土地城市化水平处在中位，分别为 0.77%、0.75% 和 0.58%。从变化情况看，中东欧地区在 2000～2020 年间，建设用地占比增加了 1.25 个百分点，南亚地区和西亚及中东地区也增加较多，分别提升了 0.52 和 0.29 个百分点，蒙俄地区增长甚微（图 5-22）。

（3）国家尺度：建设用地占比"南高北低"，新加坡和巴林为显著高值区。

从国家尺度看，丝路共建地区南部国家的建设用地占比明显高于北部区域。丝路共建地区国家平均的建设用地占比为 2.8%，高于均值的国家个数为 13。其中，建设用地占比 0%～0.5%的国家有 17 个，占比 26.56%，广泛分布在蒙俄地区、中亚地区和西亚及中东地区等地区；0.5%～1%的国家有 17 个，主要分布在南亚地区、东南亚地区；1%～5%的国家有 27 个，占比 42.18%，主要分布在中国和中东欧地区；大于 5%的国家有 4 个，占比 6.25%，主要分布在东南亚地区、西亚及中东地区和中东欧地区，其中新加坡和巴林的建设用地占比位居前两位，分别为 48.88%和 36.92%（图 5-23）。

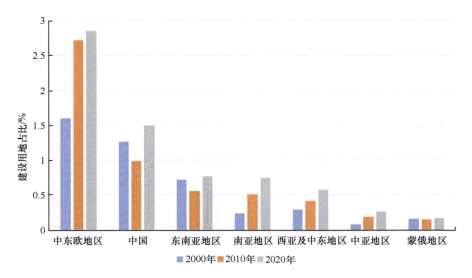

图 5-22　2000 年、2010 年和 2020 年丝路分地区的建设用地比重

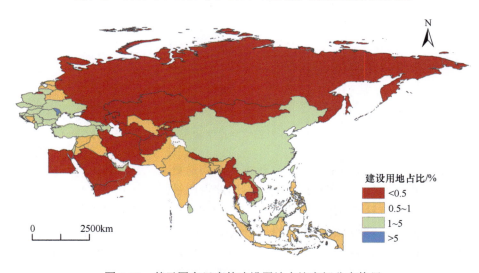

图 5-23　基于国家尺度的建设用地占比空间分布格局

5.2.2　城市化水平

基于城市化发展水平基础分析，利用基于城市化指数的城市化发展水平计算模型，

从全域、地区到国家 3 个不同尺度，定量评估了丝路共建地区城市化发展水平及其区域差异。

1. 全域水平：城市化发展水平整体偏低，高值主要分布在新亚欧大陆桥经济走廊、中国–中亚–西亚经济走廊和孟中印缅经济走廊

从全域水平看，丝路全域城市化指数平均值为 0.15，整体的城市化情况比较落后（表 5-2）。城市化指数 0～0.1 的面积占比达到 75.12%，人口占比仅为 0.83%，广泛分布在亚欧大陆；0.1～0.4 的面积占比为 6.52%，人口占比为 11.16%，主要分布在亚洲东部和南部；0.4～0.6 的面积占比为 3.39%，人口占比为 11.55%，主要分布在中东欧地区和亚洲南部；0.6～1 的面积占比为 14.97%，人口占比为 76.47%，广泛分布在新亚欧大陆桥经济走廊、中国–中亚–西亚经济走廊和孟中印缅经济走廊（图 5-24）。

表 5-2　丝路的城市化发展水平子指标

城市化指数	人口城市化指数	土地城市化指数
0.15	0.19	0.005

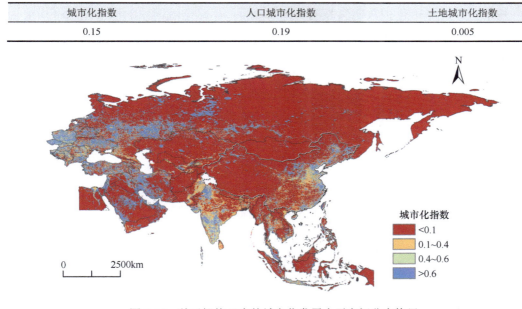

图 5-24　基于栅格尺度的城市化发展水平空间分布格局

2. 地区差异：城市化发展水平与人口城市化基本保持一致，中东欧地区最高，中亚地区、蒙俄地区落后

从地区差异看，丝路 7 大地区的城市化水平如下表 5-3 所示：中东欧地区的城市化指数最高，达到了 0.47，人口城市化和土地城市化指数均位居首位，且远高于其他地区；其次，西亚及中东地区的城市化指数位列第二为 0.27，但其土地城市化水平较低，排名第五，主要受到沙漠环境的影响，限制了城市的建设；南亚地区、中国和东南亚地区的城市化水平分别排第三、第四和第五名，城市化指数为 0.22、0.16 和 0.15，其中中国的土地城市化发展较快，位居第二名；中亚地区和蒙俄地区受自然条件和生态环境限制，城市化水平最低，仅为 0.09 左右。

表 5-3　丝路分地区的城市化水平及其子指标

地区	城市化指数	位次	人口城市化指数	位次	土地城市化指数	位次
中东欧地区	0.47	1	0.62	1	0.0280	1
西亚及中东地区	0.27	2	0.35	2	0.0047	5
南亚地区	0.22	3	0.29	3	0.0066	4
中国	0.16	4	0.25	4	0.0125	2
东南亚地区	0.15	5	0.2	5	0.0068	3
中亚地区	0.09	6	0.12	6	0.0022	6
蒙俄地区	0.09	7	0.11	7	0.0015	7

3. 国家尺度：新加坡和巴林的城市化水平最高，阿富汗和蒙古国最低

基于国家的城市化指数研究表明（图 5-25），丝路全域国家的城市化水平均值为 0.32，约 56%的国家城市化低于全域均值。32 个国家的城市化指数高于 0.3，位于第一、二梯队，占比 50%，主要分布在中东欧地区和西亚及中东地区，其中新加坡、巴林的城市化指数最高，超过 0.7；21 个国家的城市化指数处于 0.1～0.3，位于第三梯队，占比 32.81%，主要分布于中国、南亚地区、东南亚地区和西亚及中东地区；而包括俄罗斯在内的 7 个国家的城市化指数低于 0.1，主要分布在蒙俄地区和中亚地区。

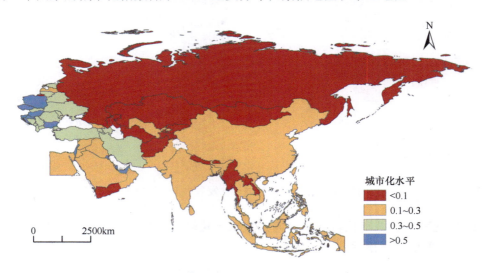

图 5-25　基于国家尺度的城市化水平空间分布格局

5.3　交通通达水平评价

研究首先分析了丝路共建地区交通通达水平的基础指标的变化特征和空间分布格

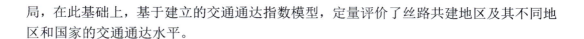
局，在此基础上，基于建立的交通通达指数模型，定量评价了丝路共建地区及其不同地区和国家的交通通达水平。

5.3.1　交通通达基础

研究采用通过交通密度和交通便捷度 2 项基础指标，从全域、地区到国家 3 个不同尺度，分析了丝路交通通达水平的基本状况及其时空变化。

1. 交通密度

（1）全域水平：全域的交通密度稳步上升，近年来增速略低于全球均值。

1996 年以来，丝路全域人均铁路公里数呈现出稳步上升的态势，从 1996 年的18438.56km/万人达到 2017 年的 42748.71km/万人。与世界平均水平相比，1996 年丝路全域平均的人均铁路公里数略高于世界均值（17394.81km/万人），随后，世界人均铁路公里数平均水平增长速度加快，2005 年后世界人均铁路公里数均值都大于丝路全域，其中在 2013 年世界均值与丝路全域的差值达到最大，为 7224.58km/万人，2017 年二者的差距有所下降，为 4540.32km/万人（图 5-26）。

图 5-26　1996～2017 年丝路和全球平均的人均铁路公里数

（2）地区差异：中东欧地区和南亚地区的交通密度最高，蒙俄居末。

从地区差异看，中东欧地区的交通密度位居首位，交通密度达到了 0.093，远高于丝路全域均值（0.037），其次是南亚地区，而蒙俄最低。对比 7 个地区的各类交通运输方式，公路密度明显好于其他交通密度，其中，中东欧地区和南亚地区的公路密度位居前列，相比而言，铁路和水路交通有待进一步完善、提高；中国、东南亚地区、中亚地区三个区域居于中游，其中中亚地区的公路密度显著高于铁路和水路交通，东南亚地区由于地形破碎，且四面环海，海运相比于陆运处在主导地位，而海运无法通过交通密度衡量，因此从交通密度看处在相对劣势地位；蒙俄地区地域广袤，人口稀少，地区交通密度位居末位（图5-27）。

（3）国家尺度：巴林、黎巴嫩、卡塔尔的交通密度位居前列，蒙古国、东帝汶相对滞后。

国别交通密度指数分析表明（图 5-28），丝路共建国家交通密度指数的区域差异性较大。就分布而言，交通密度较高的国家主要集中在西亚及中东地区和中东欧地区土地

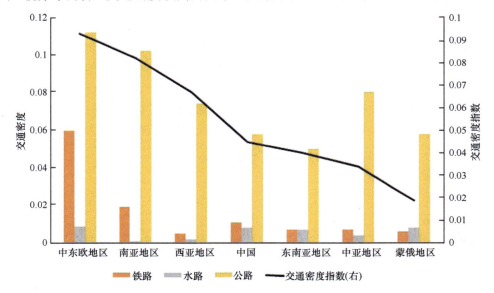

图 5-27　分地区的各类交通密度和交通密度指数

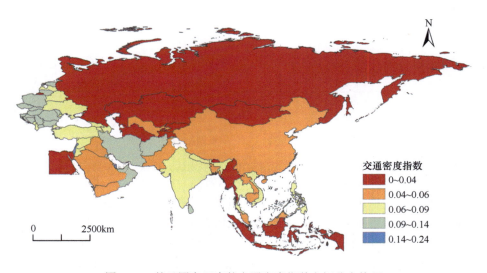

图 5-28　基于国家尺度的交通密度指数空间分布格局

面积较小的国家，如西亚及中东地区的巴林、黎巴嫩和卡塔尔的交通密度最高，分别达到了 0.24、0.18 和 0.17。类似的是，中东欧地区西部国家的捷克、摩尔多瓦、立陶宛等国家的交通密度指数均高于 0.09。而范围广大的亚洲中部和北部国家（俄罗斯、哈萨克斯坦、蒙古国）的交通密度指数整体偏低。此外，由于报告暂未考虑海运交通，东南亚地区国家的部分海运路线未纳入评价体系，因此从密度看交通水平欠佳。

2. 交通便捷度

（1）全域水平：丝路全域交通便捷度与世界均值差距较大。

人均航空运输客运量是航空客运量与人口总数的比值，可以反映航空运输在区域的便捷水平。从数据看，1980～2020 年，丝路全域的人均航空运输客运量总体呈上升趋势（图 5-29），从 1980 年的 2.13%上升至 2020 年的 37.75%，但是与世界平均水平相比仍然具有较大差距，世界均值从 1980 年的 14.63%增长到 2020 年的 58.70%。2021 年在新冠疫情的冲击下，航空运输受到抑制，丝路全域和世界均值均出现断崖式下跌，交通便捷水平明显受阻。

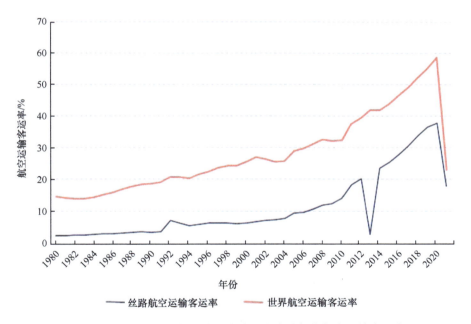

图 5-29　1980～2020 年丝路共建地区和全球年均航空运输客运率

（2）地区差异：各地区交通便捷程度差距不大，公路的便捷程度优于其他交通方式。

7 个地区交通便捷度差距不及交通密度明显，比较而言，仅中东欧地区的交通便捷度指数位列第一达到了 0.956，其次是中国、东南亚地区、西亚及中东地区和中亚地区，分别达到了 0.935、0.935、0.926 和 0.925，蒙俄地区最低，仅为 0.878（图 5-30）。

对比 7 个地区的各类交通运输方式，不同地区的优势交通存在显著差异。各地区公路的交通便捷水平较高，而到港口和铁路便捷度的差异性较为明显，其中东南亚地区和

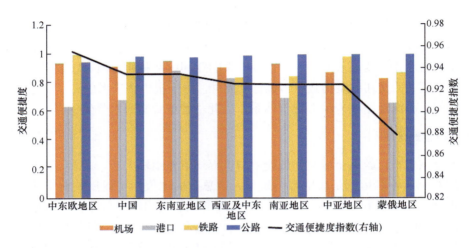

图 5-30   丝路分地区的各类交通便捷度和交通便捷度指数

西亚及中东地区的各类交通便捷情况均为均衡。其中，从港口便捷度看，东南亚地区到港口的便捷水平最高，而蒙俄地区明显欠佳，中亚地区港口发展最为薄弱；从铁路便捷度看，中东欧地区的铁路便捷水平明显高于其他地区；从机场便捷度看，中东欧地区、中国和南亚地区相对较优。

（3）国家尺度：新加坡、文莱的交通便捷度最优，阿曼、阿富汗明显较差。

基于国家尺度的交通便捷度研究表明，平均交通便捷度指数为 0.91，超 7 成国家的交通便捷度指数高于全域平均水平（图 5-31）。从空间格局看，丝路全域交通便捷度总体"西南显著优于东北"，高水平（>0.95）的国家主要分布在南亚地区、东南亚地区、西亚及中东地区和中东欧地区；而蒙俄地区和中亚地区由于地广人稀，交通便捷度指数较低。其中，阿曼、阿富汗的交通便捷度指数位居末尾，约为 0.68，分别位于西亚及中东地区和中亚地区，交通便捷水平落后。

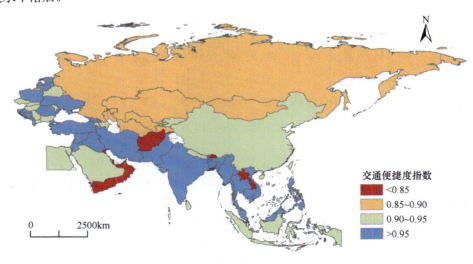

图 5-31   基于国家尺度的交通便捷指数空间分布格局

5.3.2　交通通达水平

基于交通密度和交通便捷度的基础指标分析，利用交通通达度计算模型，本节从全域、地区到国家 3 个不同尺度，分析了丝路共建地区交通通达水平及其区域差异。

1. 全域水平：交通通达水平呈多层次、集聚型分布态势，网格化结构明显

从全域水平看，丝路共建地区区域平均的交通通达指数为 0.51，具有显著的区域差异性，形成了多层次、集聚型的交通网络体系。其中，东亚地区、南亚地区和欧洲的交通通达水平较高，网络化结构明显，交通通达度较高区域连绵成片。北亚地区和中亚地区的交通通达高水平区域以重要城市为主体，呈点状集聚的空间形态。有学者利用栅格数据"一带一路"共建地区全球交通可达性指数（GTAI）模型，得出 GTAI 值呈纺锤形分布，约 60% 的区域属于中间交通可达区域，映射为非显著性的结论（表 5-4）。

表 5-4　丝路交通通达指数分级及其对应的面积和比例

交通通达指数分级	0～0.38	0.38～0.47	0.47～0.54	0.54～1
面积/百万 km²	4.15	33.17	39.05	14.29
比例/%	4.57	36.59	43.07	15.76

交通通达指数高于 0.54 的区域主要分布在欧洲地区、俄罗斯西部、印度、中国东部（特别是京津冀地区、长江三角洲和珠江三角洲），该区域的面积占比为 15.76%；交通通达指数低于 0.38 的区域主要集中在俄罗斯东部和北部、阿富汗、西亚南部、老挝和不丹等国家和地区，这些区域的面积占比不足 5%。交通通达指数处在 0.38～0.54 的区域面积辽阔，广泛分布于欧亚大陆的俄罗斯、哈萨克斯坦、蒙古国、中国西部，非洲北部的埃及，南亚群岛的马来西亚、印度尼西亚等，占总面积的比例将近 80%（图 5-32）。

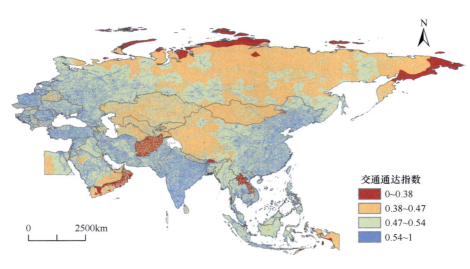

图 5-32　基于栅格尺度共建地区交通通达指数分级图

2. 地域差异:交通通达水平差距不大,中东欧地区相对较优

根据各地区交通通达指数测算,丝路七大共建地区平均交通通达指数 0.46~0.54,地区间交通通达水平差距不大。除中东欧相对较优外,东南亚地区、西亚及中东地区、南亚地区和中国 4 个地区水平居中,中亚地区和蒙俄地区交通发展较为落后(表 5-5)。

表 5-5　丝路分地区的交通通达指数及其子指标

地区	交通通达指数	位次	交通密度	位次	交通便捷度	位次
中东欧地区	0.54	1	0.093	1	0.956	1
南亚地区	0.52	2	0.082	2	0.925	5
西亚及中东地区	0.51	3	0.067	3	0.926	4
中国	0.5	4	0.045	4	0.935	2
东南亚地区	0.5	5	0.04	5	0.935	2
中亚地区	0.47	6	0.034	6	0.925	5
蒙俄地区	0.46	7	0.019	7	0.878	7

从交通便捷指数和交通密度指数来看,中东欧地区的两个子指标均位居首位,分别达到了 0.093 和 0.956,西亚及中东地区和中亚地区两个地区的交通便捷指数和交通密度指数也较为相当。而南亚地区的交通通达指数位列第二,但是其交通便捷度指数明显欠佳,处在第五名,蒙俄地区地广人稀,其交通便捷指数和交通密度指数均处低位,交通通达水平相对落后。

3. 国家尺度:黎巴嫩、以色列、文莱的交通通达水平位居前列

基于国别的交通通达水平研究表明,丝路共建国家的平均交通通达指数为 0.51,共有 39 个国家的交通通达指数高于均值。具体而言,交通通达指数小于 0.38 的国家个数仅有 3 个,由低到高分别为东帝汶、不丹和老挝。交通通达指数为 0.38~0.47 的有包括阿富汗、巴勒斯坦、蒙古国、俄罗斯等在内的 11 个国家,主要位于蒙俄地区、中亚地区和西亚及中东地区。交通通达指数 0.47~0.54 的国家个数为 36,占比超过 1/2,包括吉尔吉斯斯坦、印度尼西亚、白俄罗斯、中国、沙特阿拉伯等,遍布中东欧地区、东南亚地区、西亚及中东地区、南亚地区、中国、中亚地区和蒙俄地区七大地区和国家,广泛分布在"一带一路"共建地区。交通通达指数超过 0.54 的国家个数共计 14 个,主要包括欧洲地区、西亚及中东地区和南亚地区的部分国家,其中新加坡、文莱地处南亚地区,面积较小,航空和水运发达,另外,位于西亚及中东地区的以色列和黎巴嫩为交通通达指数最高值分布的国家(图 5-33)。

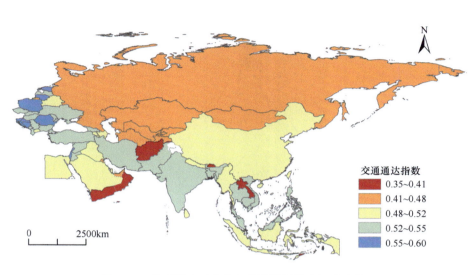

图 5-33　基于国家尺度的交通通达指数空间分布格局

5.4　社会经济适应性综合评价

在人类发展水平、交通通达水平和城市化发展水平评价的基础上，基于社会经济适应水平适应性评价模型，以栅格为基本单元，从全域、分区域到国家尺度，综合完成了丝路全域社会经济适应综合评价。

5.4.1　整体水平

从社会经济适应的三个维度指标看，丝路全域人类发展指数最高，显著优于交通通达指数和城市化发展指数，区域居民的生活福祉较好。而城市化发展水平相对滞后，根据前文分析，主要受到土地城市化水平的制约（图 5-34）。

基于栅格尺度的社会经济适应指数，结合共建国家的一级和二级行政边界，研究画出了丝路共建地区社会经济分界线。从地理特征看，该分界线同时恰当地划分了丝路全域的内陆和近海区域。从空间分布看，处于社会经济适应相对较高水平的沿海地区主要分布在俄罗斯西部地区、中欧地区和东欧地区、西亚及中东地区和中东地区、东南亚地区、南亚地区和中国东部地区。这些区域人居环境自然适宜性较强，拥有较好的社会经济适应基础，居民更有可能接受教育，获得医疗服务，赚取高薪并且享有较高的可达性和现代化水平。处于社会经济适应相对较低水平的内陆地区主要分布在俄罗斯西部地区、中亚地区、蒙古国和中国西部地区。这些区域人居环境多处于不适宜或临界适宜地区，社会经济适应基础较差，城市化进程缓慢，交通较为不便，居民生活水平普遍偏低。尽管近海和内陆地区的面积相似（约 2500 万 km²），但其人口和平均社会经

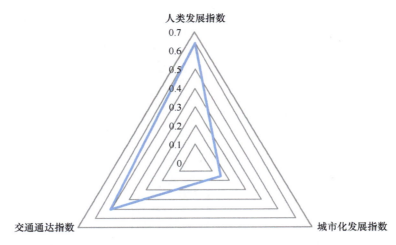

图 5-34　丝路共建地区社会经济适应性分项指数雷达图

济适应水平却有很大差异。从统计结果来看,丝路共建区域 95.14% 的人口生活在社会
经济分界线外围的近海地区,人口密度为 164.75 人/km²,而生活在内陆地区的人口只
有 4.86%。此外,沿海部分的平均社会经济适应综合指数约为内陆部分的 7 倍(图 5-35)。

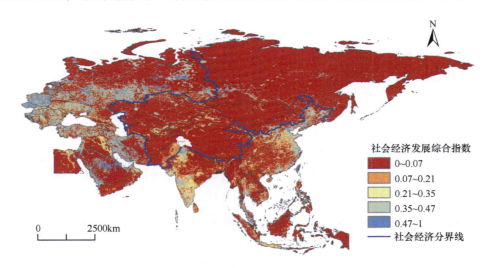

图 5-35　基于栅格尺度的共建地区社会经济适应水平分布

5.4.2　地域差异

　　丝路共建地区发展极不均衡,游珍等(2020)研究表明,共建地区社会经济群体存
在空间异质性,可大致划分为沿海(A 部分占 50.54%)和内陆(B 部分占 49.46%),且
超过 95% 的人口位于近海地区。中东欧地区和西亚及中东地区的社会经济适应指数较
高,且显著优于其他地区,而中亚地区的社会经济适应指数最低。

从各地区社会经济适应的维度指数看,中东欧地区的城市化发展水平和交通通达水平均位居首位,人类发展水平位居第二位,社会经济适应水平相对比较均衡。南亚地区的城市化水平和交通通达水平较高,均位居前三名,但人类发展指数垫底,亟须提升社会福利。对比分析社会经济适应水平较低的 4 个地区发现,蒙俄地区的人类发展水平最高,位居首位,但交通通达水平和城市化发展均不高;东南亚地区的人类发展水平显著处于劣势,中国的交通通达水平有待进一步提升,中亚地区的社会经济适应水平有待全面提升(表 5-6)。

表 5-6 丝路分地区的社会经济适应指数及其分项指标

地区	社会经济适应指数	位次	人类发展指数	位次	交通通达指数	位次	城市化发展指数	位次
中东欧地区	0.56	1	0.70	2	0.54	1	0.47	1
西亚及中东地区	0.44	2	0.63	4	0.51	3	0.27	2
南亚地区	0.36	3	0.41	7	0.52	2	0.22	3
蒙俄地区	0.32	4	0.71	1	0.5	4	0.09	6
东南亚地区	0.34	5	0.51	6	0.5	4	0.15	5
中国	0.35	6	0.57	5	0.46	6	0.16	4
中亚地区	0.30	7	0.65	3	0.47	5	0.09	6

5.4.3 国家尺度

为了更好地认识丝路共建地区国家之间社会经济适应水平的差异,本节对 64 个国家(马尔代夫除外)的社会经济适应指数、人类发展指数、城市化指数,以及交通通达指数进行了均值归一化。归一化处理后的四个指数均值分别是:归一化社会经济适应指数均值为 0.55,归一化人类发展指数均值为 0.61,归一化城市化指数均值为 0.43,归一化交通通达指数均值为 0.63。

根据归一化的社会经济适应指数特征,我们采用聚类分析法,并结合专家意见,将丝路 64 个国家按其社会经济适应指数高低和聚集程度,分为低水平(0~0.35)、中水平(0.35~0.70)和高水平(0.70~1)等三类等级,并进一步分析讨论了各国家的社会经济适应的适应性和限制性因素。其中,H 代表人类发展水平、U 代表城市化水平、T 代表交通通达水平(表 5-7)。

基于国家尺度的社会经济适应研究表明,丝路共建地区约 1/3 的国家社会经济适应水平处于高水平,但土地面积和人口总量仅占 5%左右,主要分布在中东欧地区;40%的国家社会经济适应水平处于中水平,土地面积占比接近 40%,人口总量占比接近 75%,主要分布在中国、南亚地区、西亚及中东地区和东南亚地区的部分地区;28%的国家社会经济适应水平处于低水平,土地面积占比约 55%,人口总量占比约 20%,主要分布在蒙俄地区、中亚地区和东南亚地区的部分地区。全区 80%的人口分布在社会经济中高水平地区，人口分布与社会经济适应基本协调（图 5-36）。

表 5-7　丝路国家社会经济适应性分等与限制型分类

分类		H	T	U	S	国家		土地		人口		
						数量/个	占比/%	面积/万 km²	占比/%	数量/万人	占比/%	密度/（人/km²）
高水平	T 限制型（ⅠT）	1.34	0.79	1.89	1.47	4	6.25	33.56	0.65	2437.67	0.52	128.60
	HT 限制型（ⅠHT）	0.84	0.31	2.22	1.30	1	1.56	0.60	0.01	450.95	0.10	749.08
	均衡型（Ⅰ）	1.38	1.28	1.76	1.53	16	25.00	197.84	3.83	21621.11	4.61	773.16
	小计	1.19	0.79	1.95	1.43	21	32.81	232.00	4.49	24509.73	5.23	550.28
中水平	H 限制型（ⅡH）	0.87	1.16	1.15	1.11	1	1.56	3.39	0.07	341.43	0.07	100.87
	T 限制型（ⅡT）	1.03	0.95	1.05	1.09	1	1.56	2.97	0.06	303.83	0.06	102.16
	U 限制型（ⅡU）	1.13	1.18	0.80	1.02	7	10.94	118.39	2.29	14407.87	3.07	123.76
	HU 限制型（ⅡHU）	0.55	1.16	0.67	0.77	6	9.38	468.63	9.07	171882.33	36.68	388.46
	TU 限制型（ⅡTU）	1.26	0.76	0.81	1.00	3	4.69	254.58	4.93	4690.06	1.00	47.76
	HTU 限制型（ⅡHTU）	0.90	0.97	0.47	0.73	1	1.56	960.00	18.58	142082.06	30.32	148.00
	均衡型（Ⅱ）	1.19	1.22	1.19	1.24	6	9.38	242.27	4.69	13402.38	2.86	72.10
	小计	0.99	1.06	0.88	1.00	25	39.06	2050.23	39.67	347109.96	74.07	140.44
低水平	HU 限制型（ⅢHU）	0.29	1.09	0.27	0.39	3	4.69	112.43	2.18	26887.61	5.74	191.62
	TU 限制型（ⅢTU）	1.17	0.68	0.16	0.41	3	4.69	2138.73	41.39	16346.44	3.49	5.71
	HTU 限制型（ⅢHTU）	0.53	0.56	0.24	0.40	12	18.75	634.41	12.28	53788.19	11.48	60.99
	小计	0.66	0.78	0.22	0.40	18	28.13	2885.57	55.84	97022.24	20.70	86.11

注：表中 H、U、T 和 S 分别为均值归一化后的人类发展指数、城市化指数、交通通达指数和社会经济适应综合指数。

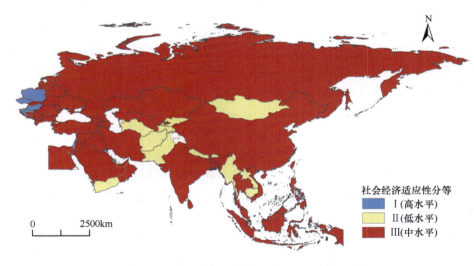

图 5-36　基于国家尺度的社会经济适应性分等

1. 社会经济适应高水平区域

社会经济适应高水平区域的国家共有 21 个，占地共计 232.00 万 km²，占比 4.49%；相应人口 24509.73 万人，占比 5.23%，人口密度为 550.28 人/km²。根据限制因素不同，社会经济适应高水平的县域共包括两种类型：T 限制型（交通通达水平限制）、HT 限制型（人类发展水平和交通通达水平双重限制）、均衡型（三个维度指数都高于全区平均水平）。

其中，白俄罗斯、阿联酋、科威特和卡塔尔的社会经济适应综合水平受到交通通达水平的限制。除白俄罗斯外，其他国家均处在西亚及中东地区，四个国家平均的交通通达指数为全域均值的 0.78，相对而言，阿联酋的交通通达水平最差，指数仅为全域均值的 0.60。四个国家土地总面积为 33.56 万/km²，人口密度较低仅为 128.60 人/km²。

巴勒斯坦的社会经济适应综合水平受到人类发展水平和交通通达水平的双重限制，人类发展指数和交通通达指数分别为全域均值的 0.84 和 0.31，可见交通是最大的限制因素。该国的土地面积仅为 0.60 万/km²，但人口密度达到了 749.08 人/km²。

塞尔维亚、土耳其、罗马尼亚、立陶宛等 16 个国家的社会经济适应综合水平发展较为均衡，三个方面的指数均高于全域均值，其中城市化发展水平最高，达到了全域均值的 1.76 倍。16 个国家主要分布在中东欧地区，这些国家的国土面积狭小，面积总和仅为 197.84 万/km²，占丝路共建地区全域面积的 3.83%，但是人口密度达到了 773.16 人/km²，该区域人口聚集，城市化发展历史悠久，居民的生活质量较高，社会经济适应水平超前（图 5-37）。

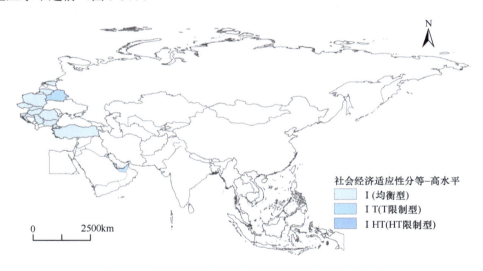

图 5-37 基于国家尺度的社会经济适应性分等–高水平

2. 社会经济适应中水平区域

社会经济适应中水平区域的国家共有 25 个，占地共计 2050.23 万 km²，占比 39.67%；相应人口 347109.96 万人，占 74.07%，人口密度为 140.44 人/km²。根据限制因素不同，社会经济适应高水平的县域共包括八种类型：H 限制型（人类发展水平限制型）、T 限制型（交通通达水平限制型）、U 限制型（城市化水平限制型）、HU 限制型（人类发展水平和城市化水平双重限制型）、TU 限制型（交通通达水平和城市化水平双重限制型）、

HTU 限制型（人类发展水平、交通通达水平和城市化水平三重限制型）和均衡型（三个维度指数均高于全区平均水平）。

摩尔多瓦的社会经济适应综合水平受到人类发展水平的限制，人类发展指数仅为全域均值的 0.87。该国家地处中东欧地区，人口较低仅为 100.87 人/km²。亚美尼亚的社会经济适应综合水平受到交通通达水平的限制，交通通达指数为全域均值的 0.95。该国家地处西亚及中东地区，人口密度仅为 102.16 人/km²。

斯里兰卡、格鲁吉亚、约旦等 7 个国家的社会经济适应综合水平受到城市化发展水平的限制，城市化发展指数为全域均值的 0.80。这些国家多处在中东欧地区、西亚及中东地区和东南亚地区，土地和人口占全域的比例分别为 2.29% 和 3.07%。人口密度较低为 123.76 人/km²。

孟加拉国、叙利亚、菲律宾、越南、伊拉克和印度 6 个国家的社会经济适应综合水平受到人类发展水平和城市化发展水平的双重限制，两个指数分别为全域均值的 0.55 和 0.67。6 个国家主要分布在南亚和西亚及中东地区，土地面积总和占全域均值的 9.06%，但人口占比达到了 36.68%，可见人口高度集中于此。但是高人口密度却面临着城市化落后和生活福祉低下的现状，所以，提高该区域人类发展水平和城市化水平是必要的。

阿曼、沙特阿拉伯、阿塞拜疆三国的社会经济适应水平受到交通通达水平和城市化发展水平的双重限制，两个指数分别为全域均值的 0.76 和 0.81。该区域土地面积占全域总面积的 4.93%，但人口仅占 1.00%，人口较为稀少，人口密度仅为 47.76 人/km²。

中国的社会经济适应水平受到人类发展水平、交通通达水平和城市化发展水平的三重限制，三个指数分别为全域均值的 0.90，0.97 和 0.47。可见，中国的人类发展和交通通达水平与全域平均水平的差异不大，但城市化发展仍然较为滞后，严重限制了社会经济的整体提升。全国面积占比达到全域的 18.58%，人口占比超过 30%，平均的人口密度为 148.00 人/km²。

伊朗、阿尔巴尼亚、黑山、文莱、乌克兰和北马其顿 6 国的社会经济适应水平发展较为均衡，不受三个方面发展情况的限制。该类别的国家主要分布在中东欧地区和西亚及中东地区。6 个国家的土地面积和人口占比分别为 4.69% 和 2.86%，人口密度较低仅为 72.10 人/km²（图 5-38）。

3. 社会经济适应低水平区域

社会经济适应低水平区域的国家共有 18 个，占地共计 2885.57 万 km²，占比 55.84%；相应人口 97022.24 万人，占比 20.70%，人口密度为 86.11 人/km²。根据限制因素不同，社会经济适应高水平的县域共包括三种类型：HU 限制型（人类发展水平和城市化水平双重限制型）、TU 限制型（交通通达水平和城市化水平双重限制型），以及 HTU 限制型（人类发展水平、交通通达水平和城市化水平三重限制型）。

尼泊尔、柬埔寨和巴基斯坦三国的社会经济适应水平受到人类发展水平和城市化发展水平的限制，两个指数分别为全域均值的 0.29 和 0.27。

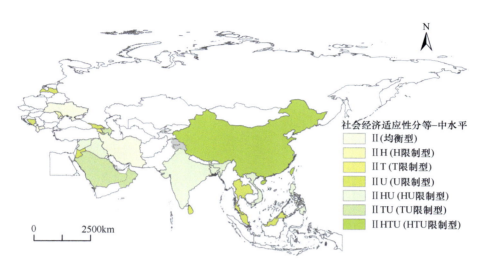

图 5-38　基于国家尺度的社会经济适应性分等–中水平

　　蒙古国、哈萨克斯坦和俄罗斯三国的社会经济适应水平受到交通通达水平和城市化发展水平的限制，两个指数分别为全域均值的 0.68 和 0.16。这三个国家主要位于蒙俄地区和中亚地区，土地面积占比达到 41.39%，但是人口占比仅为 3.49%，人口密度仅为5.71 人/km²，由于自然环境较为恶劣，地广人稀，城市化发展明显不足，交通基础设施建设也存在短缺的问题，因此限制了社会经济的发展。

　　阿富汗、老挝、也门等 12 个国家的社会经济适应水平受到人类发展、交通通达和城市化发展的三重限制，三个指数分别为全域均值的 0.53、0.56 和 0.24，这些国家主要分布在西亚及中东地区、中亚地区和东南亚地区。土地面积和人口数量分别占全域的12.28% 和 11.48%，人口密度较低为 60.99 人/km²。该类国家的社会经济亟待全面加强城市化建设、构建现代化交通网络体系，并大力提高人们的生活质量（图 5-39）。

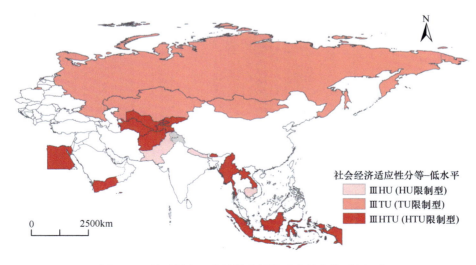

图 5-39　基于国家尺度的社会经济适应性分等–低水平

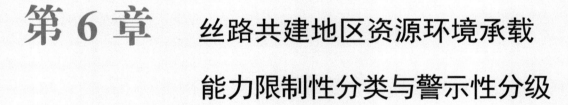

第 6 章 　丝路共建地区资源环境承载

能力限制性分类与警示性分级

　　资源环境承载力作为生态学、地理学、环境科学等学科的研究热点和理论前沿，不仅是一个事关资源环境"最大负荷"的具有人类极限意义的科学命题，而且是一个极具实践价值的人口与资源环境协调发展的政策议题，更是一个涉及人与自然关系、关乎人类命运共同体的终极哲学问题。进入 21 世纪，资源环境承载能力作为描述发展限制的常用概念越来越受到重视，资源环境承载力研究，从理论到实践，已成为区域可持续发展的科学基础和重要判据。

　　一般认为，资源环境承载能力是从分类到综合的资源承载力和环境承载力（容量）的统称。从研究对象看，资源环境承载能力既包括水土资源承载力，也包括生态环境承载力；既包括资源环境承载力分类评价，也包括资源环境承载力综合评价。丝路共建地区资源环境承载能力研究是在完成水土资源承载力和生态环境承载力分类评价的基础上，基于人居环境适宜性、资源环境限制性和社会经济适应性，完成资源环境承载能力综合集成评价。

　　第 6 章，丝路共建地区资源环境承载能力综合评价，以水土资源和生态环境承载力分类评价为基础，结合人居环境适宜性评价与社会经济适应性评价，由分类到综合，研究提出了"人居环境适宜性分区—资源环境限制性分类—社会经济适应性分等—承载能力警示性分级"的资源环境承载能力综合评价思路与技术集成路线，建立了具有平衡态意义的资源环境承载能力综合评价的三维四面体模型；以公里格网为基础，以国别为基本研究单元，系统评估了丝路共建地区资源环境承载能力与承载状态，定量揭示了丝路全域、各地区、各国家的资源环境承载能力及其地域差异；在此基础上，研究提出了促进丝路全域及其不同地区人口分布与资源环境承载能力相协调的适应策略与对策建议。

6.1　资源环境承载能力定量评价与限制性分类

　　本节在水土资源承载力和生态环境承载力分类评价与限制性分类的基础上，从分类到综合，定量评估了丝路共建地区资源环境承载能力，从全域、地区、到国别，对丝路共建地区资源环境承载力进行了系统分析，完成了丝路共建地区资源环境承载力定量评价与限制性分类，为丝路共建地区资源环境承载能力综合评价与警示性分级提供了量化基础。

6.1.1　整体水平

1. 丝路共建地区资源环境承载能力在 69.87 亿人水平，70%集中在中国、南亚地区和东南亚地区

丝路共建地区资源环境承载能力研究表明（表 6-1），丝路共建地区资源环境承载能力在 69.87 亿人水平。其中，生态承载力达到 118.68 亿人，具有较大的生态发展空间；基于热量平衡的土地资源承载力为 48.69 亿人，基于现实供水条件的水资源承载力为 64.77 亿人，土地生产力相对不足和水资源开发利用率较低是丝路共建地区资源环境承载能力的主要限制因素。

表 6-1　丝路共建地区资源环境承载力分区统计表

分区	资源环境承载能力		土地资源承载力	水资源承载力	生态承载力
	/亿人	/%	/亿人	/亿人	/亿人
中国	18.33	26.22	16.72	18.27	22.44
南亚地区	17.82	25.51	14.47	14.47	24.74
东南亚地区	14.40	20.61	7.53	15.35	28.01
蒙俄地区	11.02	15.76	3.03	12.88	28.18
中东欧地区	4.68	6.71	3.42	2.44	8.81
西亚及中东地区	2.61	3.74	2.62	0.92	4.32
中亚地区	1.01	1.45	0.9	0.44	2.18
总计	69.87	100	48.69	64.77	118.68

丝路共建地区 70%的资源环境承载能力集中在占地 37%的中国、南亚地区和东南亚地区，中国、南亚地区和东南亚地区三地区资源环境承载能力分别为 18.33 亿人、17.82 亿人和 14.40 亿人，合计占全区的 72.34%，是丝路共建地区资源环境承载能力的主要潜力地区。

2. 丝路共建地区资源环境承载密度均值在 135.23 人/km²，大江大河中下游平原地区普遍高于高原、山地区

丝路共建地区资源环境承载能力研究表明，丝路共建地区资源环境承载密度均值在 135.23 人/km²，近 1.5 倍于现实人口密度 88.62 人/km²。其中，生态承载密度均值是 229.66 人/km²，远高于现实人口密度；土地资源承载密度[①]均值是 94.21 人/km²，水资源承载密度均值是 125.32 人/km²；与现实人口相比，水土资源和生态环境承载力基本不构成地域限制性。

丝路共建地区资源环境承载密度平均低至 25.35 人/km²，高到 346.93 人/km²，相差 10 多倍，大江大河中下游平原地区普遍高于高原、山地区。水热条件良好的南亚地区、东南亚地区等地区资源环境承载能力较强，资源环境承载密度平均在 346.93 人/km² 和

---

① 本章土地资源承载密度表示为单位区域土地面积的土地资源承载力。

319.98 人/km²；而地处天山地区、伊朗高原、大高加索山脉和安纳托利亚高原，海拔高于 4000m 的中亚地区、蒙俄地区等地区资源环境承载密度不超过 40 人/km²，地域差异显著。

6.1.2 地区尺度

1. 南亚地区、东南亚地区资源环境承载能力较强，资源环境承载密度平均在 300 人/km² 以上，三倍于全区平均水平

（1）南亚地区，资源环境承载能力为 17.82 亿人，占全区总量的 25.51%，承载密度均值为 346.93 人/km²，是全区平均水平的 2.57 倍，资源环境承载能力较强（表 6-2）。南亚地区地处喜马拉雅山脉中、西段以南，地势平坦，土地面积 514 万 km²，人口 17.49 亿。境内河网密布，灌渠众多，水资源承载空间绝对充裕，承载密度均值高达 281.73 人/km²；境内约 14.17% 区域覆被类型为林地，18.06% 区域覆被类型为草地，生态供给相对较弱，生态承载密度均值 481.56 人/km²；境内耕地占比达 51%，受耕地规模较大的影响，其耕地生产力总值较高，土地承载密度均值为 281.61 人/km²。但相对于高度集聚的人口，南亚地区资源环境承载空间相对紧张，土地资源承载力表现出一定的限制性。

（2）东南亚地区，资源环境承载能力为 14.41 亿人，占全区总量的 20.61%，承载密度均值为 319.98 人/km²，是全区平均水平的 2.37 倍，资源环境承载能力最强（表 6-2）。东南亚地区位于亚洲东南部，属于热带雨林气候，土地面积 450 万 km²，人口 6.34 亿。境内南北向山系间自西向东发育了伊洛瓦底江、萨尔温江、湄公河、湄南河与红河等干流，水资源丰富。森林是其主要土地利用类型，超 2/3 区域为森林占据，生态供给充裕。东南亚地区农田占比相对较少，土地资源相对较弱，土地承载密度均值为 167.26 人/km²。相对于高度集聚的人口，东南亚地区资源环境承载空间相对紧张，水土资源和生态环境承载力均表现出一定的限制性。

2. 中东欧地区、中国资源环境承载能力中等，资源环境承载密度在 100～250 人/km²，接近全区平均水平

（1）中东欧地区，资源环境承载能力为 6.48 亿人，占全区总量的 6.71%，资源环境承载密度均值为 214.10 人/km²，1.58 倍于全区平均水平，资源环境承载能力中等偏上（表 6-2）。中东欧地区地处中东欧大平原上，地势平坦，境内自然资源较为丰富，土地面积 219 万 km²，人口 1.78 亿耕地、林地与草地是主要土地利用类型，土地资源承载能力较强，生态承载空间充裕。受气候影响，区域平均降水量约为 750mm，水资源量较少，水资源承载力相对较弱；但相对较小的人口规模，水土资源与生态环境承载力并未构成限制性条件。

（2）中国，资源环境承载能力为 18.33 亿人，占全区总量的 26.22%，资源环境承载密度均值为 190.90 人/km²，1.4 倍于全区平均水平，资源环境承载能力中等（表 6-2）。中国地处亚洲东部，太平洋西岸，以山地和高原为主，土地面积 960 万 km²，人口 13.75 亿。

中国境内河流、湖泊众多，水资源较为丰富，水资源承载密度为190.34人/km²，草地是主要土地利用类型，其次是林地和耕地，生态和土地承载密度分别为233.72人/km²和174.12人/km²；中国的水土资源与生态环境承载空间尚可，人口发展尚未受到资源环境限制。

3. 蒙俄地区、西亚及中东地区和中亚地区资源环境承载能力较低，资源环境承载密度不到60/km²，远低于全区平均水平

（1）蒙俄地区，资源环境承载能力为11.02亿人，占全区总量的15.76%，资源环境承载密度均值为59.02人/km²，不到全区平均水平的50%，资源环境承载能力较弱（表6-2）。蒙俄地区土地面积1866万km²，人口1.47亿。地形以平原和高原为主，可耕地较少，大部分地区被草原、荒漠覆盖，北部和西部多山脉，南部为戈壁沙漠，耕地资源总量较大，人均耕地面积占有量也较高，耕地生产力均值亦较高，土地承载密度达到16.26人/km²；水资源量较多，俄罗斯水资源量为4.31万亿km³，水资源可利用量与水资源量空间格局基本一致，水资源承载密度为68.99人/km²；蒙俄地区林地资源较为丰富，主要以落叶针叶林为主，生产力较强，生态承载力达到150.98人/km²。区域地广人稀，水土资源与生态环境承载空间尚可，人口发展尚未受到资源环境限制。

表6-2 七大区资源承载密度统计表 （单位：人/km²）

七大区	资源环境承载密度	分项承载密度			现实人口密度
		土地资源	水资源	生态	
南亚地区	346.93	281.61	281.73	481.56	353.07
东南亚地区	319.98	167.26	340.87	622.30	145.56
中东欧地区	214.10	156.48	111.61	402.89	81.39
中国	190.90	174.12	190.34	233.72	148.71
蒙俄地区	59.02	16.26	68.99	150.98	7.98
西亚及中东地区	34.48	34.53	12.09	56.98	59.34
中亚地区	25.35	22.41	10.87	54.43	18.00

（2）西亚及中东地区，资源环境承载能力为2.61亿人，占全区总量的3.74%，资源环境承载密度均值为34.48人/km²，是全区平均水平的1/4，资源环境承载能力较弱（表6-2）。西亚及中东地处亚、非、欧三大洲的交界地带，土地面积757万km²，人口4.27亿。地形大部分是高原，高原的边缘有较高的山岭耸立，平原面积狭小，裸地占比达到2/3。耕地资源较为缺乏，耕地面积仅为0.56亿hm²，且耕地生产力较低，土地承载密度仅为34.53人/km²；气候干燥，主要有热带沙漠气候、地中海气候、温带大陆性气候，受气候影响降水较少，径流量亦较少，水资源较为缺乏，水资源承载密度仅为12.09人/km²；西亚及中东地区林地面积为27万km²，以林地/灌木/草地镶嵌为主，草地面积为57.76万km²，以稀疏植被为主，林地与草地生产力较低，生态承载密度仅为56.98人/km²；水土资源和生态环境承载空间绝对有限，水土资源与生态承载力表现出较强的限制性。

（3）中亚地区，资源环境承载能力为1.01亿人，占全区总量的1.45%，资源环境承

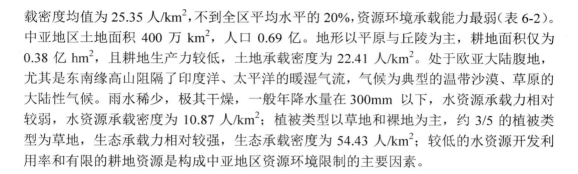

载密度均值为 25.35 人/km²，不到全区平均水平的 20%，资源环境承载能力最弱（表 6-2）。中亚地区土地面积 400 万 km²，人口 0.69 亿。地形以平原与丘陵为主，耕地面积仅为 0.38 亿 hm²，且耕地生产力较低，土地承载密度为 22.41 人/km²。处于欧亚大陆腹地，尤其是东南缘高山阻隔了印度洋、太平洋的暖湿气流，气候是典型的温带沙漠、草原的大陆性气候。雨水稀少，极其干燥，一般年降水量在 300mm 以下，水资源承载力相对较弱，水资源承载密度为 10.87 人/km²；植被类型以草地和裸地为主，约 3/5 的植被类型为草地，生态承载力相对较强，生态承载密度为 54.43 人/km²；较低的水资源开发利用率和有限的耕地资源是构成中亚地区资源环境限制的主要因素。

6.1.3　国别差异

基于丝路共建地区国别水平的资源环境承载能力评价表明（图 6-1，图 6-2），各国资源环境承载密度均值高达 1000 人/km² 以上，低至 10 人/km² 以下，高低相差 100 倍；各国资源环境承载密度均值多在 50~500 人/km²，共建地区密度均值为 135.43 人/km²。其中，40 个国家高于全球平均水平，最高马尔代夫可达 10688.17 人/km²；25 个国家低于全区平均水平，最低沙特阿拉伯不到 5 人/km²；从地域分异看，大江大河中下游平原地区资源环境承载能力普遍好于高原、山地区，资源环境承载能力国别差异显著。

据此，以丝路共建地区 65 个国家资源环境承载密度均值 135.43 人/km² 为参考指标，考虑到 3/5 国家高于全区平均水平、2/5 国家低于全区平均水平，确定资源环境承载密度均值在 100~250 人/km² 为中等水平，将丝路 65 个共建国家按照资源环境承载密度相对高低，划分为资源环境承载能力较强（>300 人/km²）、中等（100~250 人/km²）和较弱（<100 人/km²）三类，分别以 H、M 和 L 表示。从国别总体情况看，丝路共建国家资源环境承载能力总体处于中等偏上水平，基本可以反映出丝路共建地区资源环境承载能力仍处在平衡有余的临界状态（图 6-1，图 6-2）。

1. 资源环境承载能力较强的国家有 20 个，约 2/3 的国家受到土地资源承载力影响

丝路共建地区资源环境承载能力较强的 20 个国家（表 6-3，图 6-3），资源环境承载密度均值超过 250 人/km²，甚至超过 1000 人/km²，两倍甚至 5 倍于全区平均水平；资源环境承载能力较强的国家占地 868.79 万 km²，占比 16.81%；相应人口 22.69 亿人，占比 47.83%；主要分布在东南亚地区，大多受到土地利用效率低下的影响。根据资源环境限制性，除去基本未受水土资源和生态环境承载力限制的柬埔寨、克罗地亚、缅甸、斯洛伐克、泰国、越南 6 国家，其他 14 个国家可以区分为如下 5 种主要限制类型：

（1）H_W，水资源限制：位于中东欧地区的乌克兰，大部分地区属东欧平原，东北为中俄罗斯高地的一部分，东南有亚速海近岸丘陵和顿涅茨岭，农业资源丰富，农业用地 4150 万 hm²，占国土面积的 70%，土质肥沃，黑土面积占世界黑土总量的 27%，土地资源承载力较高。境内水利资源充足，有大小河流 2.3 万条，湖泊 2 万多个，但是乌克兰人对水资源粗狂式的用水习惯，以及极端气候影响，使水资源成为资源环境主要限制性因素。

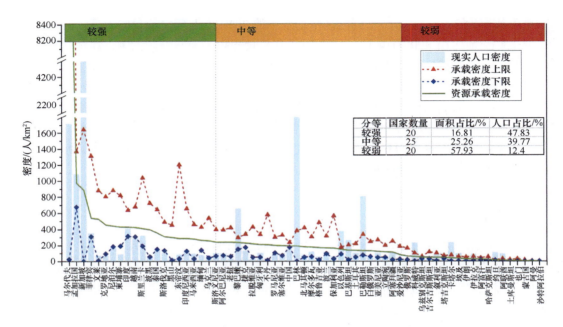

图 6-1 基于国别尺度的资源环境承载能力分级

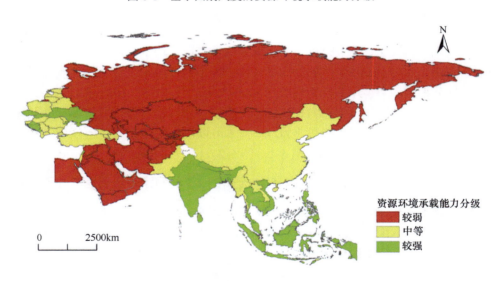

图 6-2 基于国别尺度的资源环境承载能力分级图

（2）H_L，土地资源限制：包括波黑、东帝汶、菲律宾、黑山、马来西亚、尼泊尔、斯里兰卡、文莱、印度尼西亚。其中，菲律宾、马来西亚、文莱、印度尼西亚均位于东南亚地区，此类国家耕地面积较高，农作物能种三季，但是水利设施和灌溉条件较差，土地利用效率低，土地资源限制性明显。波黑南部在亚得里亚海上有一个 20km 长的出海口，地形以山地为主，平均海拔 693m，迪纳拉山脉的大部分自西北向东南纵贯全境，

表 6-3　丝路共建地区资源环境承载能力较强国家限制性分析　　（单位：人/km²）

限制型	区域	资源环境承载密度	分项承载密度			现实人口密度
			生态	水资源	土地资源	
H_W	乌克兰	343.63	394.93	59.85	576.11	74.81
H_L	波黑	397.01	413.76	721.01	56.25	64.91
	东帝汶	285.33	1200.16	100.06	30.56	85.27
	菲律宾	539.63	1311.42	410.52	308.39	355.50
	黑山	298.92	433.45	450.62	12.69	45.46
	马来西亚	279.05	345.45	460.49	31.21	95.31
	尼泊尔	442.12	430.61	881.06	183.37	190.89
	斯里兰卡	408.86	1038.10	354.57	189.75	323.56
	文莱	527.53	879.53	694.65	8.42	74.34
	印度尼西亚	285.17	654.23	304.70	125.83	140.07
H_{LW}	印度	428.50	635.69	313.45	336.37	411.48
H_{LE}	马尔代夫	10688.17	837.95	21026.78	23.96	1718.99
	孟加拉国	972.88	675.19	1368.02	854.87	1087.00
H_{LEW}	新加坡	888.92	339.20	1642.16	0.00	7759.43
H_{NONE}	柬埔寨	428.95	442.44	818.37	189.90	89.76
	克罗地亚	456.32	804.93	535.03	92.72	73.51
	缅甸	262.69	426.10	360.17	138.84	79.38
	斯洛伐克	307.74	490.22	299.60	133.42	111.22
	泰国	353.93	643.93	150.14	267.71	135.31
	越南	422.83	677.27	307.05	390.53	288.56

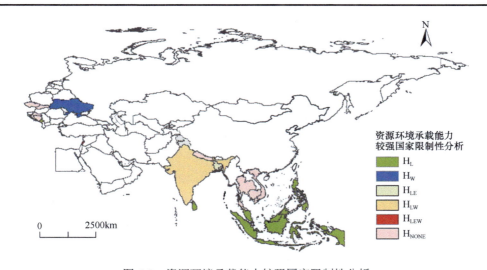

图 6-3　资源环境承载能力较强国家限制性分析

耕地资源限制性明显。东帝汶是位于东南亚努沙登加拉群岛最东端的岛国，境内多山，沿海有平原和谷地，大部地区属热带雨林气候，年平均降水量 1200～1500mm，水资源丰富，森林面积占 40.8%，生态供给较高；境内耕地资源较少，粮食绝大部分依赖进口，土地资源承载力限制性明显。黑山位于欧洲南部巴尔干半岛的中北部，是亚得里亚海东岸上的一个多山国家，森林覆盖率 45%，生态供给较强，年平均降水量较高，水资源丰富，境内地貌主要为喀斯特地貌，荒山野岭寸草不生，耕地资源匮乏，土地资源限制性显著。南亚的尼泊尔地区，北部为喜马拉雅地区，海拔在 4877～8844m，地势北高南低，境内大部分属丘陵地带，海拔 1000m 以上的土地占总面积近一半，耕地资源匮乏，土地资源限制性显著。位于南亚地区的斯里兰卡，中南部是高原，北部和沿海地区为平原，其中北部沿海平原宽阔，南部和西部沿海平原相对狭窄，耕地面积少，土地资源承载力限制性明显。

（3）H_{LW}，水土资源限制：位于南亚地区的印度，是南亚地区最大的国家，从喜马拉雅山向南，一直伸入印度洋，北部是山岳地区，中部是印度河——恒河平原，南部是德干高原及其东西两侧的海岸平原，平原约占总面积的 40%，高原占 33%，山地占 25%，但这些山地、高原大部分海拔不超过 1000m，低矮平缓的地形在农业种植方面占有绝对优势但作为世界第二人口大国，相对于高度集聚的人口，印度土地资源承载力限制性明显；同时，印度国家农业、工业、生活等方面用水总量高，开发利用率已达到 71%，水资源亦呈现一定程度的限制性。

（4）H_{LE}，土地资源与生态环境限制：包括南亚地区的马尔代夫和孟加拉国。马尔代夫为印度洋上的群岛国家，位于赤道附近，具有明显的热带气候特征，年降水量较多为 2143mm，且径流量丰富，水资源承载力较强，但土地贫瘠，耕地资源匮乏，生态供给量低，土地资源与生态环境限制性较为明显。孟加拉国位于南亚次大陆东北部的恒河、贾木纳河和梅格纳河下游三角洲平原上，由于降水集中，加之地势低下，因此雨季常造成大面积洪涝灾害，严重影响农业生产，且森林覆盖率较低，生态供给较弱，相对于密集的人口，土地资源与生态环境限制性明显。

（5）H_{LEW}，水土资源和生态环境限制：新加坡位于马来半岛南端、马六甲海峡出入口，地势低平，平均海拔 15m，自然资源较为匮乏，约有 23% 的国土属于森林或自然保护区，生态与土地资源限制性较为明显，此国家面积较小但人口密集，水资源虽然承载密度较高，但仍然受到水资源承载力的限制。

2. 资源环境承载能力中等的国家有 25 个，半数受到水土资源承载力限制

丝路共建地区资源环境承载能力中等的 25 个国家（表 6-4，图 6-4），资源环境承载密度 250～300 人/km²，略高于全区平均水平；占地 1305.21 万 km²，占比 25.26%；相应人口 18.88 亿人，占比 39.77%；主要分布在中东欧地区，大多受到水土地资源利用率低下的影响。根据资源环境限制性，除去基本未受水土资源和生态环境承载力限制的白俄罗斯、捷克、拉脱维亚、老挝、立陶宛、罗马尼亚、中国 7 国家外，其他 18 个国家可以区分为如下 4 种主要限制类型：

（1）M_W，水资源限制：包括保加利亚、波兰、摩尔多瓦、塞尔维亚、土耳其、匈牙利 6 个国家。保加利亚位于欧洲巴尔干半岛东南部，境内低地、丘陵、山地各约占 1/3，

表6-4　丝路共建地区资源环境承载能力中等国家限制性分析　　　　（单位：人/km²）

限制型	区域	资源环境承载密度	分项承载密度			现实人口密度
			生态	水资源	土地资源	
M_W	保加利亚	165.05	563.30	30.95	123.05	63.53
	波兰	167.63	315.99	95.75	188.52	121.28
	摩尔多瓦	178.37	305.80	58.14	171.17	119.70
	塞尔维亚	194.32	326.03	70.43	186.52	99.62
	土耳其	136.73	220.15	52.87	137.16	104.85
	匈牙利	208.74	334.44	51.31	240.47	104.35
M_L	阿尔巴尼亚	238.55	392.26	250.24	73.15	100.27
	不丹	208.05	144.22	577.27	12.05	18.82
	格亚	170.08	482.08	217.08	17.09	57.43
	斯洛文尼亚	238.76	397.82	279.23	65.28	102.51
M_LW	阿塞拜疆	114.49	251.98	18.38	73.10	114.89
	北马其顿	180.32	416.56	72.86	51.52	81.02
	亚美尼亚	123.11	266.23	56.12	46.98	99.25
M_LEW	巴基斯坦	138.36	151.26	18.50	205.12	266.58
	巴勒斯坦	132.22	336.23	76.84	88.53	807.80
	巴林	190.90	2.81	380.67	0.00	2012.05
	黎巴嫩	235.99	296.47	263.50	149.81	656.40
	以色列	149.35	90.87	176.56	143.00	379.77
M_NONE	白俄罗斯	131.10	246.23	58.48	88.60	45.53
	捷克	228.16	339.05	216.93	172.95	135.23
	拉脱维亚	217.72	428.66	174.12	50.39	29.86
	老挝	238.19	411.02	420.20	59.85	29.82
	立陶宛	116.59	197.56	49.65	102.57	42.90
	罗马尼亚	197.99	301.86	103.64	188.48	81.82
	中国	190.90	233.72	190.34	174.12	148.71

森林面积约占国土面积的33%，生态供给丰富，土地承载力和生态环境承载力较强；虽然境内湖泊、河流纵横，年平均降水量573mm，但水资源开发利用率仅为33%，致使水资源表现出一定限制性。波兰位于欧洲大陆中部，中欧东北部，地势平坦广阔，耕地资源条件较好，耕地占国土面积72.5%，土地资源承载力较强，是欧洲农业大国；波兰国土森林覆盖率30.9%，生态供给丰富；波兰属海洋性向大陆性气候过渡的温带阔叶林气候，雨水充沛，水资源总量较高，但水资源开发利用率较低，水资源供给不足已成为区域资源环境承载力主要限制性因素。摩尔多瓦位于欧洲巴尔干半岛东北部多瑙河下游，东欧平原南部边缘地区，丘陵和谷地纵横交错，国土面积的80%是黑土高产田，适宜农作物生长，土地资源承载力较强，全国可以分为三个自然地理区域：森林区、森林草原区和草原区，生态供给较高；境内降水量少，水资源开发利用率已达到97%，水资源限制性突出。土耳其横跨欧亚两洲，国土包括西亚地区的小亚细亚半岛（安纳托利亚

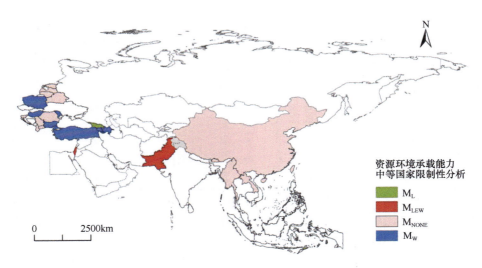

图 6-4 资源环境承载能力中等国家限制性分析

半岛）和南欧地区巴尔干半岛的东色雷斯地区，地形复杂，从沿海平原到山区草场，从雪松林到绵延的大草原，这里是世界植物资源最丰富的地区之一；土耳其大多数粮食作物可以自给，狭窄海岸地区的低地得到大面积灌溉，大部分可耕地用来种植粮食作物，土地资源承载与生态环境较好；境内东南部较干旱，年均降水量约为 652mm，水资源开发利用率仅为35%，水资源供给不足成为区域资源环境承载力主要限制性因素。匈牙利为中东欧地区的内陆国，全境以平原为主，80%的国土海拔不足 200m，属多瑙河中游平原，耕地资源丰富，农业为全国主要的经济支柱，土地资源承载力较强；境内森林茂密，草原广袤，生态供给较高；匈牙利地处北半球温带区内，受大陆性气候的影响，水资源量较少，外来水依赖率超过90%，水资源限制性明显。

（2）M_L，土地资源限制：主要包括位于中东欧地区的阿尔巴尼亚、斯洛文尼亚，南亚地区的不丹和西亚及中东地区的格鲁吉亚 4 个国家。其中，阿尔巴尼亚位于东南欧巴尔干半岛西岸，山地和丘陵占全国面积的 3/4，耕地资源缺乏，土地资源承载力限制性较强。斯洛文尼亚处于欧洲四大地理地区的交界处：阿尔卑斯山脉、迪纳拉山脉、多瑙河中游平原，以及地中海沿岸，约有一半的面积由森林所覆盖，耕地资源短缺，土地资源承载力限制性较强。位于南亚地区的不丹是喜马拉雅山东段南坡的内陆国家，地势高低悬殊，全国除南部小范围的杜瓦尔平原外，山地占总面积的95%以上，耕地资源匮乏，土地资源承载力限制性较强。格鲁吉亚位于南高加索中西部，约 2/3 为山地和山前地带，低地仅占 13%，大部海拔在 1000m 以上，属高加索山区，土地资源承载力限制性明显。

（3）M_{LEW}，水土资源和生态环境限制：包括位于西亚及中东地区的巴基斯坦、巴勒斯坦、巴林、黎巴嫩、以色列 5 个国家。具体而言，巴基斯坦全境 3/5 为山区和丘陵，南部沿海一带为沙漠，向北伸展则是连绵的高原牧场和较少的肥田沃土，土地资源与生态环境限制性较为明显；且气候属于热带气候，气温普遍较高，降水比较稀少，年降水量少于 250mm 的地区占全国总面积的 3/4 以上，水资源限制性显著。巴勒斯坦属中东国家，由加沙和约旦河西岸地区两部分组成，属于亚热带地中海式气候，南北雨量悬殊，最北部平均降水量 900mm，最南部仅 50mm 左右，降水匮乏，境内国土面积较小，耕地资源稀缺，生态供给量较低，水土资源和生态环境承载空间紧张。巴林是波斯湾西南部的岛国，地势低平，可耕地面积约占全国总面积的 15.5%，农业对国内生产总值的贡献率仅为 0.73%，粮食主要靠进口，本地农产品的供给量仅占巴林食品需求总量的 6%，土地资源限制性明显；巴林气候为热带沙漠气候，夏季炎热、潮湿，年平均降水量仅为 77mm，一定程度上受水资源限制；境内林草地覆盖率较低，生态供给匮乏，生态承载力较弱，一定程度上受生态环境约束。黎巴嫩位于西亚南部地中海东岸，农业欠发达，可耕地面积有限，粮食主要依赖进口，水资源开发利用率较低，仅为 28%，林草地占比较低，生态供给不足，水土资源与生态环境均受到一定限制。以色列地中海沿岸为狭长的平原、中北部为蜿蜒起伏的山脉和高地、南部为内盖夫沙漠、东部为纵贯南北的约旦河谷和阿拉瓦谷地，生态供给较低，生态环境限制性较为明显；高原与地中海之间大小不等的海滨平原，土地肥沃，是以色列主要农业区，以色列农业发达，科技含量较高，其滴灌设备、新品种开发举世闻名；气候属地中海式气候，夏季炎热干燥，冬季温和湿润，降水分布十分不均，水资源丰富；相对高度集聚的人口，以色列资源环境承载空间相对紧张，水土地资源和生态环境均受到一定限制。

（4）M_{LW}，水土资源限制：包括位于中东欧地区的阿塞拜疆、北马其顿、亚美尼亚 3 个国家。具体而言，阿塞拜疆位于欧亚大陆交界处的南高加索地区东部，大、小高加索山自西向东穿越全境，境内 50% 的面积为山脉，森林覆盖率较高，生态环境较好；境内气候呈多样化特征，中部和东部为干燥型气候，资源型缺水较为严重，水土资源承载能力受到限制。北马其顿地处巴尔干半岛中部，是个多山的内陆国家，大部分地区为海拔超过 2000m 的高原，耕地资源短缺土地资源限制性较强；气候以温带大陆性气候为主，降水量分布不均，8 月最低，不足 40mm，水资源供给不足成为区域资源环境承载力主要限制性因素。亚美尼亚是位于亚洲与欧洲交界处的外高加索南部的内陆国，生态供给较高，90% 多的地区海拔 1000m 以上，耕地资源匮乏，土地资源承载力较弱；境内气候差异显著，年均降水量约为 645mm，水资源开发利用率仅为 40%，水资源供给不足成为区域资源环境承载力主要限制性因素。

3. 资源环境承载力较弱的国家有 20 个，近半数受到水土资源或生态环境严重限制

资源环境承载能力较弱的 20 个国家（表 6-5，图 6-5），资源承载密度均值大多低于 100 人/km²，甚至低至不到 10 人/km²，远低于全区平均水平；资源环境承载能力较弱的国家占地 2993.75 万 km²，占比 57.93%；相应人口 5.89 万人，占比 12.40%；大片分布在西亚及中东地区，绝大多数受到水土资源与生态环境严重限制。根据资源环境限制性，除却现有人口基本未受到水土资源和生态环境限制的俄罗斯外，其他 19 个国家可以分为以下 5 种主要限制类型（表 6-5，图 6-5）。

表 6-5　丝路共建地区资源环境承载能力较弱国家限制性分析　　（单位：人/km²）

限制型	区域	资源环境承载密度	分项承载密度			现实人口密度
			生态	水资源	土地资源	
L_W	爱沙尼亚	83.10	186.21	24.66	38.43	29.25
	哈萨克斯坦	21.49	54.67	5.22	17.98	6.72
L_L	吉尔吉斯斯坦	48.91	114.79	34.93	30.95	31.53
	蒙古国	7.30	8.68	16.39	1.30	2.03
L_LW	塔吉克斯坦	46.66	68.84	55.01	32.78	63.84
	土库曼斯坦	9.05	19.96	1.06	9.48	11.99
	叙利亚	48.27	101.79	4.99	38.03	91.51
	伊朗	29.45	51.84	3.21	33.31	46.87
L_LEW	阿富汗	24.26	40.33	25.88	16.87	56.94
	阿联酋	13.14	0.95	31.50	6.97	97.63
	阿曼	2.35	2.92	1.66	2.46	15.60
	埃及	35.61	31.02	2.86	57.10	98.28
	卡塔尔	40.41	0.51	74.85	9.60	239.59
	科威特	59.38	1.31	101.75	27.48	232.17
	沙特阿拉伯	2.28	1.88	1.28	3.04	15.68
	乌兹别克斯坦	49.33	59.00	31.17	56.36	72.59
	也门	8.82	31.43	2.25	3.72	53.98
	伊拉克	26.31	57.82	7.65	13.45	87.68
	约旦	15.10	15.72	15.99	13.60	112.25
L_NONE	俄罗斯	63.76	164.00	73.80	17.63	8.52

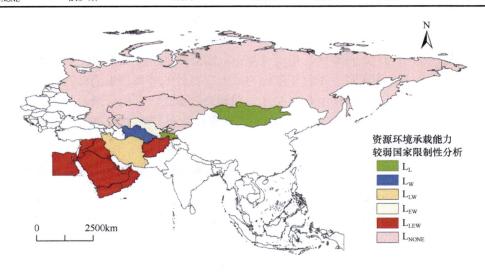

图 6-5　资源环境承载能力较弱国家限制性分析

（1）L_W，水资源限制：位于中东欧地区的爱沙尼亚和中亚地区的哈萨克斯坦。其中，爱沙尼亚位于中东欧东海岸，气候属海洋性气候，受海洋影响明显，春季凉爽少雨，夏秋季温暖湿润，年平均降水量 500～700mm，降水丰富；且淡水资源丰富，但由于地势平坦，落差小，水力发电潜能低，水资源利用效率低，使得水资源限制性较强。哈萨克斯坦地形复杂，境内多为平原和低地，耕地资源丰富；气候属于大陆性气候，降水量北部 300～500mm，荒漠地带 100mm 左右，山区 1000～2000mm，水资源利用效率低，水资源承载力较弱，限制效果明显。

（2）L_L，土地资源限制：包括中亚地区的吉尔吉斯斯坦和蒙俄地区的蒙古国 2 个国家。具体而言，吉尔吉斯斯坦位于欧亚大陆的腹心地带，境内多山，平均海拔 2750m，90%领土在海拔 1500m 以上，低地仅占土地面积的 15%，主要分布在西南部的费尔干纳盆地和北部塔拉斯河谷地一带，耕地资源较为匮乏，土地资源限制性较强。蒙古国地处亚洲中部的蒙古高原，地质结构复杂，从北至南大体为高山草地、原始森林草原、草原和戈壁荒漠等 6 大植被带，山地面积占总面积的 1/2，戈壁沙漠面积占总面积的 1/4，耕地资源较为匮乏，土地资源限制性亦突出。

（3）L_{LW}，水土资源限制：位于中亚地区的塔吉克斯坦、土库曼斯坦和西亚及中东地区的叙利亚、伊朗 4 个国家。其中，西亚及中东地区的伊朗，国土绝大部分位于伊朗高原，海拔一般为 900～1500m，中部为干燥的盆地，形成许多沙漠，境内干旱缺水；伊朗农耕资源丰富，全国可耕地占其国土面积的 30%以上，但其农业机械化程度较低，大部分地区干旱缺水，水土资源配置失调，使得水土资源依然成为区域资源环境承载力主要限制性因素。叙利亚于亚洲大陆西部，气候比较干燥，境内耕地资源和水资源供给匮乏，全国有 3/5 的地区全年降水量少于 25mm，水资源限制较为严重。中亚地区的塔吉克斯坦位于中亚地区东南部的内陆国家，地处山区，境内山地和高原占 90%，其中约一半在海拔 3000m 以上，有"高山国"之称，只有不足 7%的可耕地，且农业生产力落后严重制约其农业的发展，土地资源承载是区域资源环境承载力主要限制性因素；塔吉克斯坦属典型的大陆性气候，冬、春两季雨雪较多，夏、秋季节干燥少雨，年降水量约 150～250mm，且水资源利用效率低，水资源限制性较为显著。中亚地区的土库曼斯坦，位于中亚地区西南部的内陆国，全境大部是低地，平原多在海拔 200m 以下，土地资源和生态环境承载相对较强；但南部和西部为科佩特山脉和帕罗特米兹山脉，80%的领土被卡拉库姆沙漠覆盖，且属于典型的温带大陆性气候，这里是世界上最干旱的地区之一，水资源匮乏，成为区域资源环境承载力主要限制性因素。

（4）L_{LEW}，水土资源和生态环境限制：包括阿富汗与西亚及中东地区的阿联酋、阿曼、埃及、卡塔尔、科威特、沙特阿拉伯、也门、伊拉克、约旦与中亚地区的乌兹别克斯坦 11 个国家。具体而言，阿富汗是亚洲中西部的内陆国家，地形自东向西被兴都库什山脉隔断，东部最高海拔 7315m，除西南地区外，大部分国土为高山及深谷，63%左右的土地为高山，27%以上的地方在海拔 2500m 以上，耕地资源较为匮乏，生态供给有限，且属亚热带山区，为干旱半干旱气候，降水量较低，水资源匮乏，水土资源与生态环境均受到一定限制。阿联酋位于阿拉伯半岛东南端，绝大部分地区是海拔 200m 以上的沙漠和洼地，沙漠占阿联酋总面积的 65%，水土资源匮乏及生态供给较低，水土地资源和生态环境均受到一定限制。阿曼位于阿拉伯半岛东南部，境内东北部为哈贾尔山脉，沿海岸从西北向东南延伸，约占国土面积 1/3，中部为平原，多沙漠，西南部为佐法尔高原，境内大部分是海拔 200～500m 的高原，耕地资源匮乏，生态供给有限，除东北部山地外，其他地区均属热带沙漠气候，水资源匮乏，境内水土资源和生态环境均受到限制。埃及地跨亚、非两洲，隔地中海与欧洲相望，埃及地形地貌可分为四个部分：尼罗河谷和三角洲地区地表平坦西部的利比亚沙漠是撒哈拉沙漠的东北部分，为自南向北倾斜的高原，东部阿拉伯沙漠，南部山地有埃及最高峰圣卡特琳山，境内 94%的国土为沙漠，耕地资源匮乏，生态供给较弱，水资源稀缺严重。卡塔尔位于波斯湾西南岸的卡塔尔半岛上，地势平坦，大部分地区为覆盖沙土的荒漠，靠近西海岸地势略高，属热带沙漠气候，炎热干燥，农牧产品不能自给，粮食、蔬菜、水果、肉蛋奶等主要依赖进口，水土资源匮乏，生态供给较差。科威特位于亚洲西部阿拉伯半岛东北部，全境为一波状起伏的荒漠，仅有东北部为冲积平原，其余为沙漠平原，一些丘陵穿插其间，属热带沙漠型气候，降水量较少，地下水资源丰富，但淡水极少，饮水主要来自淡化海水，水土资源匮乏，生态供给较差。沙特阿拉伯位于阿拉伯半岛，地势西高东低，全境大部为高原，仅西部红海沿岸为狭长平原，沙漠广布，耕地资源和生态供给匮乏，大部分地区均属热带沙漠气候，夏季炎热干燥，年平均降水量不超过 200mm，水资源限制性显著。也门位于阿拉伯半岛南端，西部和南部是连绵的高山和高原，东北部是广大的高原地区，仅沿阿拉伯海岸有较少的平原地区，自然资源稀缺，耕地较少，生态供给较低，气候属热带干旱气候，年均降水量较低，水资源匮乏。伊拉克位于亚洲西南部，阿拉伯半岛东北部，东北部有库尔德山地，西部是沙漠地带，高原与山地间有占国土大部分的美索不达米亚平原，绝大部分海拔不足百米，自然资源稀缺，耕地较少，生态供给较低，年均降水量较低，水资源承载力限制性明显。约旦位于亚洲西部，阿拉伯半岛的西北部，地势西高东低，西部多山地，东部和东南部为沙漠，沙漠占全国面积 80%以上，西部高地属亚热带地中海型气候，缺水较为严重，为世界上十大严重缺水的国家之一，水土资源与生态环境均受到一定限制。乌兹别克斯坦是中亚中部的内陆国家，中西部为平原、盆地、沙漠，海拔 0～1000m，约占国土面积的2/3，耕地资源匮乏，土地资源限制性较强；气候属严重干旱的大陆性气候，生态供给有限，水资源严重匮乏，水资源与生态环境限制性突出。

6.2　资源环境承载能力综合评价与警示性分级

　　本节在资源环境承载力分类评价与限制性分类的基础上，结合人居环境适宜性评价与适宜性分区和社会经济适应性评价与适应性分等，建立了均值归一化的人居环境适宜指数（HSIm）、均值归一化的资源环境限制指数（REI）和均值归一化的社会经济适应指数（SDIm）的资源环境承载指数（PREDI）模型；基于资源环境承载指数（PREDI）模型，以国别为基本单元，从整体、地区和国别等不同尺度，完成了丝路共建地区资源环境承载能力综合评价与警示性分级，揭示了丝路不同共建地区的资源环境承载状态及超载风险。

6.2.1　整体水平

1. 丝路共建地区资源环境承载能力总体平衡，半数人口分布在占地 3/5 以上的资源环境承载能力平衡或盈余地区

基于资源环境承载指数（PREDI）的资源环境承载能力综合评价表明：丝路共建地区资源环境承载指数 0.44～1.88，均值在 0.95 水平，资源环境承载能力总体处于平衡状态。其中，资源环境承载力处于盈余状态的地区占地 993.35 万 km^2，占比 19.22%，相应人口 13.72 亿人，占比 29.97%；处于平衡状态的地区占地 2295.41 万 km^2，占比 44.42%，相应人口 9.63 亿人，占比 21.02%；处于超载状态的地区占地 1878.33 万 km^2，占比 36.35%，相应人口 22.44 亿人，占比 49.01%；全区 50% 的人口分布在占地 63.64% 的资源环境承载能力平衡或盈余地区。

2. 丝路共建地区资源环境承载状态东南近海与西部亚欧大陆桥地区普遍优于中部与北部地区，区域人口与资源环境社会经济关系有待协调

丝路共建地区资源环境承载力处于盈余状态的区域主要分布在中南半岛与马来群岛的三角洲冲积平原，南亚恒河平原，中国东北平原及西北东欧平原；处于平衡状态的地区主要分布于以平原和高原为主的蒙俄地区；处于超载状态的地区主要分布南亚地区与西亚及中东地区交会的伊朗高原、大高加索山脉和安纳托利亚高原以及中国西北部青藏高原等地。全区尚有半数人口分布在资源环境超载地区，主要集中在西亚及中东地区、南亚地区、中国等地，区域人口与资源环境社会经济关系有待协调。

6.2.2　地区尺度

1. 中东欧地区资源环境承载能力总体盈余，60% 以上的人口分布在资源环境承载能力盈余或平衡地区

中东欧地区，资源环境承载指数为 1.350，资源环境承载能力总体处于盈余状态（表 6-6，图 6-6）。其中，资源环境承载能力盈余地区占地 70.68%，相应人口占比 39.81%；平衡地区占地 13.58%，相应人口占比 16.18%；超载地区占地 15.74%，相应人口占比 44.01%。全区半数以上的人口分布在资源环境承载能力盈余或平衡地区，人口与资源环境社会经济发展基本协调。中东欧地区地貌类型比较单一，以东欧平原为主，地势平坦，水土资源丰富，较好的人居环境适宜性、较低的资源环境限制性和较高的社会经济适应性，提高了区域资源环境承载能力。

2. 东南亚地区、蒙俄地区、中国和南亚地区四个地区资源环境承载能力总体平衡，除却蒙俄地区其他地区 50%～60% 的人口分布在资源环境承载能力平衡或盈余地区

（1）东南亚地区，资源环境承载指数为 1.116，资源环境承载能力总体处于平衡

表 6-6　丝路共建地区资源环境综合承载状态统计表

七大区	PREDI	状态	面积		人口		
			/万 km²	占比/%	/万人	占比/%	密度/（人/km²）
中东欧地区	1.350	盈余（>1.125）	154.67	70.68	7069.65	39.81	46
		平衡（0.875～1.125）	29.71	13.58	2873.32	16.18	97
		超载（<0.875）	34.44	15.74	7813.27	44.01	227
东南亚地区	1.116	盈余（>1.125）	163.49	36.31	23407.20	36.91	143
		平衡（0.875～1.125）	79.58	17.68	15292.12	24.11	192
		超载（<0.875）	207.16	46.01	24725.53	38.98	119
蒙俄地区	0.975	盈余（>1.125）	207.03	11.09	3116.28	21.19	15
		平衡（0.875～1.125）	1259.81	67.51	1786.69	12.15	1
		超载（<0.875）	399.40	21.40	9806.56	66.67	25
中国	0.905	盈余（>1.125）	202.39	21.08	47952.57	34.88	237
		平衡（0.875～1.125）	286.42	29.84	23191.93	16.87	81
		超载（<0.875）	471.20	49.08	66317.50	48.24	141
南亚地区	0.890	盈余（>1.125）	157.28	30.57	51375.64	29.37	327
		平衡（0.875～1.125）	103.40	20.10	44640.29	25.52	432
		超载（<0.875）	253.80	49.33	78925.77	45.12	311
中亚地区	0.853	盈余（>1.125）	28.31	7.07	231.74	3.37	8
		平衡（0.875～1.125）	198.41	49.57	1582.16	22.99	8
		超载（<0.875）	173.57	43.36	5067.89	73.64	29
西亚及中东地区	0.790	盈余（>1.125）	80.19	10.59	4072.48	9.53	51
		平衡（0.875～1.125）	338.09	44.66	6885.77	16.11	20
		超载（<0.875）	338.76	44.75	31771.99	74.35	94

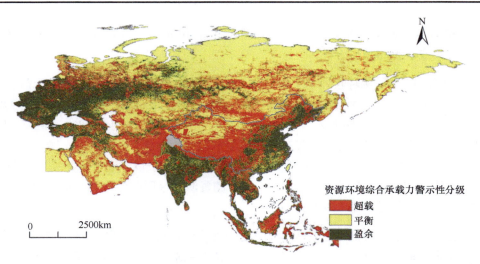

图 6-6　共建地区资源环境综合承载力警示性分级

状态（表 6-6，图 6-6）。其中，资源环境承载能力盈余地区占地 36.31%，相应人口占比 36.91%；平衡地区占地 17.68%，现有人口占比 24.11%；超载地区占地 46.01%，相应人口占比 38.98%；全区 3/5 以上的人口分布在资源环境承载能力盈余或平衡地区，人口与资源环境社会经济关系有待进一步协调。东南亚地区资源禀赋较好，但人口规模较大，资源环境承载密度与全区水平相当，区内地形起伏平缓，丰富的地表水资源和植被资源，使得该区域人居环境适宜性较高，但社会经济发展水平相对较低，资源环境承载能力在一定程度上受到社会经济发展水平影响。

（2）蒙俄地区，资源环境承载指数为 0.975，资源环境承载能力总体处于临界超载的平衡状态（表 6-6，图 6-6）。其中，资源环境承载能力盈余地区占地 11.09%，相应人口占比 21.19%；平衡地区占地 67.51%，相应人口占比 12.15%；超载地区占地 21.40%，相应人口占比 66.67%；全区仅有 1/3 人口分布在资源环境承载能力盈余或平衡地区，人口与资源环境社会经济关系亟待协调。蒙俄地区地形复杂多样，西部多为平原，东部多高原和山地，地广人稀，资源环境承载空间限制性较强，同时，较低的人居环境指数较低，及滞后的社会经济发展水平在一定程度上进一步限制了区域资源环境承载能力的发挥。

（3）中国，资源环境承载指数为 0.905，资源环境承载能力总体处于临界超载的平衡状态（表 6-6，图 6-6）。其中，资源环境承载能力盈余地区占地 21.08%，相应人口占比 34.88%；平衡地区占地 29.84%，相应人口占比 16.87%；超载地区占地 49.08%，相应人口占比 48.24%；全区半数以上的人口分布在资源环境承载能力盈余或平衡地区，人口与资源环境社会经济关系有待进一步协调。中国东南与西北地域差异显著，西北以山地与高原为主，藏北地区有着广大的无人区，资源限制性较强，同时不适宜的人居环境和滞后的社会经济发展水平进一步影响了区域资源环境承载能力，相对而言，东南三大平原南北相连，土壤肥沃，资源环境承载能力较强，适宜的人居环境和较高的社会经济水平进一步提升了资源环境承载能力的发挥。总体上，中国资源环境承载能力处于平衡状态，内部则需强化区域间的协调发展。

（4）南亚地区，资源环境承载指数为 0.890，资源环境承载能力总体处于临界超载的平衡状态（表 6-6，图 6-6）。其中，资源环境承载能力盈余地区占地 30.57%，相应人口占比 29.37%；平衡地区占地 20.10%，相应人口占比 25.52%；超载地区占地 49.33%，相应人口占比 45.12%；全区半数以上人口分布在资源环境承载能力平衡地区，人口与资源环境社会经济关系有待协调。南亚地区地形以山地、平原与高原为主，北部是喜马拉雅山地，中部为大平原，土壤肥沃，资源禀赋水平较高，尚有一定的资源环境承载空间，南亚低平地区（恒河平原及恒河三角洲等）、尼罗河三角洲，人居环境指数较高，但相对滞后的社会经济发展水平在一定程度上限制了资源环境承载能力的发挥。

3. 中亚地区、西亚及中东地区资源环境承载能力总体超载，70%以上的人口分布在资源环境承载能力超载地区

（1）中亚地区，资源环境承载指数为 0.853，资源环境承载能力总体处于超载状态

（表 6-6，图 6-6）。其中，资源环境承载能力盈余地区占地 7.07%，相应人口占比 3.37%；平衡地区占地 49.57%，相应人口占比 22.99%；超载地区占地 43.36%，相应人口占比 73.64%；全区近 3/4 的人口分布在资源环境承载能力超载地区，人口与资源环境社会经济关系亟待协调。中亚处于欧亚大陆腹地，以平原与丘陵为主，雨水稀少，水资源承载力较弱，耕地生产力较低，水土资源严重不足，社会经济发展严重滞后，资源环境承载能力受到了人居环境适宜性、水土资源限制性和社会经济适应性等多重因素制约。

（2）西亚及中东地区，资源环境承载指数为 0.790，资源环境承载能力总体处于超载状态（表 6-6，图 6-6）。其中，资源环境承载能力盈余地区占地 10.59%，相应人口占比 9.53%；平衡地区占地 44.66%，相应人口占比 16.11%；超载地区占地 44.75%，相应人口占比 74.35%；全区近 3/4 的人口分布在资源环境承载能力超载地区，人口与资源环境社会经济关系亟待协调。西亚及中东地区自然资源十分匮乏，较强的资源环境限制性、不适宜的人居环境和严重滞后的社会经济发展水平，多重限制了西亚及中东地区的资源环境承载力的发挥与提升。

6.2.3 国别差异

从国别水平看，丝路共建国家资源环境承载能力以平衡或盈余为主，东南近海、西部亚欧大陆桥地区普遍优于中部和北部地区。将丝路共建地区 65 个共建国家按照资源环境承载指数（PREDI）高低，警示性分为盈余、平衡和超载三类地区，并进一步讨论了区域资源环境承载能力的限制属性类型。其中，Ⅰ、Ⅱ、Ⅲ分别代表盈余、平衡、超载等三个警示性分级；E 代表人居环境适宜性、R 代表资源环境限制性、D 代表社会经济适应性，也可以联合表达双重性或三重性，诸如 II_{ED}、III_{ERD} 等。

统计表明（图 6-7，图 6-8，表 6-7），丝路共建地区现有 35 个国家的资源环境承载指数高于 1.125，资源环境承载力处于盈余状态，主要位于东南亚地区；有 12 个国家的资源环境承载指数为 0.875～1.125，资源环境承载力处于平衡状态，主要位于南亚地区、中亚地区；有 18 个国家的资源环境承载指数低于 0.875，资源环境承载能力处于超载状态，主要分布在西亚及中东地区。从地域类型看，丝路 70%以上共建国家的资源环境承载能力平衡或盈余，超载不到 30%；从地域分布看，东南近海、西部亚欧大陆桥地区普遍优于中部和北部地区，地域差异显著。

1. 资源环境承载能力盈余的国家有 35 个，集中分布在中东欧地区与东南亚地区，人口与资源环境社会经济关系有待优化

丝路共建地区资源环境承载能力盈余的 35 个国家，资源环境承载指数 1.127～1.882，占地 3772.96 万 km²，占比 73.02%；相应人口 38.93 亿人，占比 85.03%；平均人口密度为 103.19 人/km²，低于资源环境承载密度均值 166.38 人/km²；集中分布中东欧地区与东南亚地区，大多属于资源环境承载能力较强或中等以上国家，具有一定的资源环境发展空间，人口与资源环境社会经济关系有待优化。

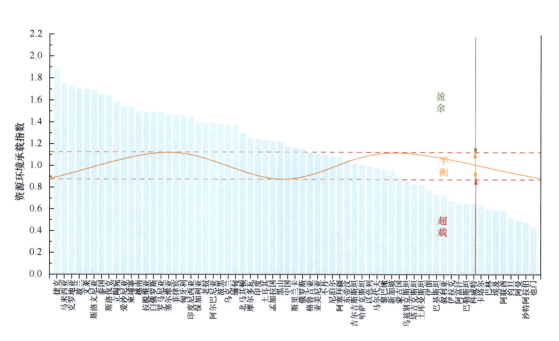

图 6-7　国别水平资源环境综合承载指数分级

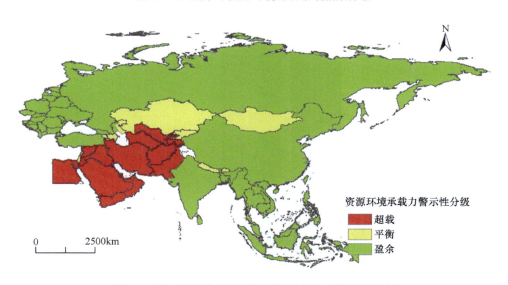

图 6-8　基于国别水平的资源环境承载能力警示性分级

　　根据人居环境适宜性、资源环境限制性和社会经济适应性的地域差异，除去各项指数普遍高于全区平均水平的捷克、马来西亚、克罗地亚等 27 个国家相对平衡外（I_B），其他 8 个资源环境承载能力盈余的国家可以划分为 5 种限制性类型（图 6-9，表 6-8）。

　　（1）I_E，人居环境限制型：土耳其位于西亚及中东地区的亚欧大陆的交界处，地形起伏度较高，水文地被指数较低，人居环境适宜性较差；较高的社会经济适应性与较

179

低的资源环境限制性提升了区域资源环境承载能力。

表 6-7　丝路共建地区国家资源环境承载能力警示性分级

分类		PREDI	HSI	SSDI	REI	国家		土地		人口		
						数量/个	占比/%	面积/万 km²	占比/%	数量/万人	占比/%	密度/（人/km²）
盈余地区（I）	I$_E$	1.233	0.999	1.180	1.047	1	1.54	78.54	1.52	7852.94	1.71	99.99
	I$_R$	1.169	1.233	1.025	0.925	1	1.54	6.56	0.13	2097.00	0.46	319.62
	I$_D$	1.440	1.267	0.951	1.197	4	6.15	300.54	5.82	33332.66	7.28	110.91
	I$_B$	1.486	1.119	1.163	1.143	27	41.54	1662.66	32.18	316025.08	69.02	190.07
	I$_{ED}$	1.158	0.964	0.971	1.237	1	1.54	1709.82	33.09	14409.69	3.15	8.43
	I$_{RD}$	1.231	1.350	0.979	0.932	1	1.54	14.85	0.29	15625.63	3.41	1052.51
平衡地区（II）	II$_E$	1.114	0.972	1.093	1.049	1	1.54	2.97	0.06	292.56	0.06	98.37
	II$_R$	1.030	1.148	1.042	0.873	2	3.08	8.69	0.17	1010.43	0.22	116.27
	II$_D$	1.094	1.027	0.933	1.141	2	3.08	19.42	0.38	2774.29	0.61	142.87
	II$_B$	0.95	1.284	1.478	0.503	1	1.54	0.07	0.00	553.50	0.12	8139.71
	II$_{ED}$	0.974	0.907	0.950	1.129	3	4.62	448.90	8.69	2649.81	0.58	5.90
	II$_{ER}$	0.980	0.958	1.390	0.737	2	3.08	3.25	0.06	1491.28	0.33	458.57
	II$_{DR}$	1.063	1.153	0.950	0.970	1	1.54	1.49	0.03	119.63	0.03	80.45
超载地区（III）	III$_{ER}$	0.609	0.887	1.173	0.588	10	15.38	485.18	9.39	18062.22	3.94	37.23
	III$_{ERD}$	0.708	0.906	0.957	0.814	8	12.31	424.16	8.21	41609.66	9.09	98.10

注：表中 E、R、D 分别为人居环境限制型、资源环境限制型、社会经济限制型，B 代表均衡型。

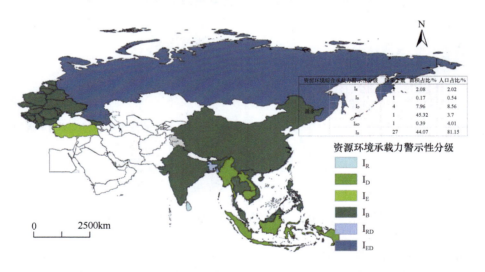

图 6-9　基于国别水平的资源环境承载能力盈余地区警示性分级

（2）I$_R$，资源环境限制型：斯里兰卡位于印度洋海上，中南部是斯里兰卡高地，北部和沿海地区为狭窄平原，种植园经济为主，人均耕地面积少，资源环境限制性较强。但其中部高地因拥有大批原始森林而被认为弥足珍贵，这些原始森林是斯里兰卡豹和其他珍稀动植物的家，也是世界著名的原生态动植物园区，人居环境适宜性好，社会经济发展水平亦较高，在很大程度上改善了区域资源环境限制性。

表 6-8　丝路共建地区资源环境承载能力盈余地区限制因素分析

| 国家 | 土地 | | 人口 | | | PREDI | HSI | SDI | REI |
	面积/万 km²	占比/%	数量/万人	占比/%	人口密度/（人/km²）				
I_E 土耳其	78.54	2.08	7852.94	2.02	99.99	1.233	0.999	1.180	1.047
I_R 斯里兰卡	6.56	0.17	2097.00	0.54	319.62	1.169	1.233	1.025	0.925
I_D 柬埔寨	18.10	0.48	1552.14	0.40	85.73	1.538	1.364	0.949	1.188
印度尼西亚	191.09	5.06	25838.33	6.64	135.21	1.452	1.299	0.978	1.143
老挝	23.68	0.63	674.12	0.17	28.47	1.397	1.223	0.932	1.226
缅甸	67.66	1.79	5268.07	1.35	77.86	1.374	1.182	0.944	1.231
I_{ED} 俄罗斯	1709.82	45.32	14409.69	3.70	8.43	1.158	0.964	0.971	1.237
I_{RD} 孟加拉国	14.85	0.39	15625.63	4.01	1052.51	1.231	1.350	0.979	0.932
I_B 捷克	7.89	0.21	1054.61	0.27	133.71	1.882	1.112	1.396	1.212
马来西亚	33.08	0.88	3027.10	0.78	91.51	1.748	1.382	1.076	1.175
克罗地亚	5.66	0.15	420.36	0.11	74.28	1.737	1.089	1.293	1.234
波兰	31.27	0.83	3798.64	0.98	121.49	1.708	1.105	1.344	1.150
文莱	0.58	0.02	41.49	0.01	71.91	1.704	1.345	1.187	1.067
斯洛文尼亚	2.07	0.05	206.35	0.05	99.81	1.691	1.078	1.330	1.180
泰国	51.31	1.36	6871.45	1.76	133.92	1.652	1.323	1.085	1.151
斯洛伐克	4.90	0.13	542.38	0.14	110.62	1.641	1.087	1.227	1.231
立陶宛	6.53	0.17	290.49	0.07	44.50	1.582	1.091	1.217	1.191
爱沙尼亚	4.53	0.12	131.54	0.03	29.01	1.539	1.073	1.231	1.165
越南	33.17	0.88	9267.71	2.38	279.41	1.498	1.300	1.006	1.146
拉脱维亚	6.45	0.17	197.75	0.05	30.66	1.489	1.082	1.111	1.238
白俄罗斯	20.76	0.55	948.96	0.24	45.71	1.488	1.065	1.178	1.185
罗马尼亚	23.84	0.63	1981.55	0.51	83.12	1.487	1.048	1.181	1.202
塞尔维亚	8.84	0.23	709.54	0.18	80.30	1.466	1.076	1.168	1.167
菲律宾	30.00	0.80	10211.32	2.62	340.38	1.464	1.346	1.006	1.081
匈牙利	9.30	0.25	984.30	0.25	105.80	1.460	1.107	1.252	1.053
保加利亚	11.10	0.29	717.80	0.18	64.67	1.399	1.074	1.237	1.053
阿尔巴尼亚	2.88	0.08	288.07	0.07	100.20	1.396	1.047	1.129	1.182
波黑	5.12	0.14	342.94	0.09	66.97	1.381	1.067	1.098	1.178
乌克兰	60.36	1.60	4515.40	1.16	74.81	1.376	1.050	1.161	1.128
北马其顿	2.57	0.07	207.93	0.05	80.88	1.299	1.020	1.161	1.097
摩尔多瓦	3.39	0.09	355.41	0.09	105.00	1.261	1.039	1.097	1.106
印度	328.73	8.71	131015.24	33.65	398.55	1.248	1.125	1.057	1.049
黑山	1.38	0.04	62.22	0.02	45.05	1.218	1.043	1.141	1.023
中国	960.00	25.44	137462.00	35.31	143.19	1.177	1.008	1.004	1.163
格鲁吉亚	6.97	0.18	372.53	0.10	53.45	1.127	1.037	1.033	1.052

（3）I$_D$，社会经济限制型：受社会经济发展限制的国家有 4 个。主要包括位于中南半岛地区的柬埔寨、老挝和缅甸，以及马来群岛的印度尼西亚。具体而言，中南半岛地区地势平缓，地形起伏度较低，人居环境适宜性较强，其为传统农业国，工业基础薄弱，依赖外援外资，社会经济发展滞后，限制了资源环境承载能力的发挥。印度尼西亚位于亚洲东南部，各岛内部多崎岖山地和丘陵，森林覆盖率超过 60%，仅沿海有狭窄平原，河流众多，水量丰沛，人居环境适宜性与资源环境承载能力较强。公路和水路是重要运输手段，但铁路设施相对落后，交通通达指数较低，社会经济发展水平一定程度上限制了印度尼西亚资源环境承载能力的提高。

（4）I$_{ED}$，人居环境与社会经济限制型：俄罗斯位于欧洲东部和亚洲北部，其欧洲领土的大部分是东欧平原，近 4/5 的人口（包括乌拉尔区）、大部分城市，均在欧洲部分。俄罗斯自然资源丰富，森林覆盖占国土面积 50.7%，资源环境基础较好。由于俄罗斯分布于北纬 60 度以北的北极圈地区，气候单因子（即高寒）引起的条件不适宜地区在俄罗斯远东山区分布广泛，人居环境适宜性较差。俄罗斯工业、科技基础雄厚，但地处高寒地区，国土面积广阔，社会经济发展亦受到交通通达性限制。

（5）I$_{RD}$，资源环境与社会经济限制型：孟加拉国位于南亚次大陆东北部的恒河、贾木纳河和梅格纳河下游三角洲平原上，地势低平，河网稠密，气候湿润，人居环境适宜性较高。尽管孟加拉国水土条件优越，但由于大部地区为洪泛冲积平原，农业生产易受洪涝灾害侵扰，相对高度聚集的人口，每年需要进口近千万吨粮食，小麦进口更是大宗，孟加拉国资源环境限制性较为明显。同时孟加拉国的城市化发展及人类发展指数均处于较低水平，交通发展落后，社会经济进一步限制了资源环境承载力的发挥。

2. 资源环境承载能力平衡的国家有 12 个，集中在中亚地区和西亚及中东地区的西北地区，人口与资源环境社会经济关系有待协调

丝路共建地区资源环境承载能力平衡的 12 个国家，资源环境承载指数大多为 0.884～1.114，占地 484.79 万 km^2，占比 9.38%；相应人口 8891.49 万人，占比 1.94%；平均人口密度为 18.34 人/km^2，远低于资源环境承载密度均值 166.38 人/km^2；集中在中亚地区和西亚及中东地区的西北，具有一定的资源环境发展空间，人口与资源环境社会经济关系有待协调。

根据人居环境适宜性、资源环境限制性和社会经济适应性的地域差异，12 个资源环境承载能力平衡的国家可以划分为以下 6 种主要限制类型（图 6-10，表 6-9）。

（1）II$_E$，人居环境限制型：位于西亚及中东地区的亚美尼亚，地处小高加索山脉，境内多山，森林覆盖率较高，生态供给较强，且全境地势平坦，资源环境承载能力较好，城市化发展属于城市化后期阶段，社会经济发展水平较高，亚美尼亚气候干燥，区域的人居环境适宜性不高，使其成为资源环境综合承载能力的限制性因素。

（2）II$_R$，资源环境限制型：受资源环境限制的国家有 2 个，分别为位于西亚及中东地区的阿塞拜疆与南亚的马尔代夫。具体而言，阿塞拜疆位于欧亚大陆交界处的南高加索地区东部，境内山脉面积较高，低地面积亦较高，土地资源与生态环境条件较好，

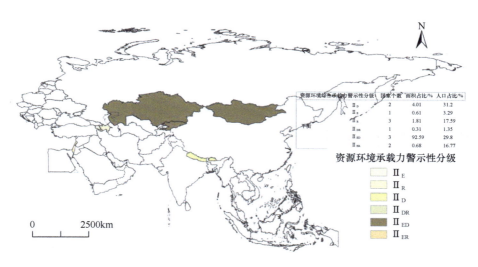

图 6-10　基于国别水平的资源环境承载能力平衡地区示性分级

表 6-9　丝路共建地区资源环境承载能力平衡地区限制性因素分析

| 状态 | 国家 | 土地 | | 人口 | | | PREDI | HSI | SDI | REI |
		面积 /万 km²	占比 /%	数量 /万人	占比 /%	人口密度 /（人/km²）				
II_E	亚美尼亚	2.97	0.61	292.56	3.29	98.37	1.11	0.97	1.09	1.05
II_R	阿塞拜疆	8.66	1.79	964.93	10.85	111.42	1.08	1.02	1.08	0.98
	马尔代夫	0.03	0.01	45.49	0.51	1516.38	0.98	1.28	1.00	0.76
II_D	不丹	4.70	0.97	72.79	0.82	15.49	1.10	1.02	0.94	1.15
	尼泊尔	14.72	3.04	2701.50	30.38	183.55	1.09	1.03	0.93	1.13
II_ER	黎巴嫩	1.05	0.22	653.27	7.35	625.14	0.96	0.97	1.33	0.75
	以色列	2.21	0.46	838.01	9.42	379.71	1.00	0.95	1.44	0.73
II_ED	哈萨克斯坦	272.49	56.21	1754.28	19.73	6.44	1.02	0.91	0.97	1.16
	吉尔吉斯斯坦	20.00	4.12	595.69	6.70	29.79	1.02	0.93	0.96	1.15
	蒙古国	156.41	32.26	299.84	3.37	1.92	0.88	0.89	0.93	1.08
II_RD	东帝汶	1.49	0.31	119.63	1.35	80.45	1.06	1.15	0.95	0.97
II_B	新加坡	0.07	0.01	553.50	6.23	8139.71	0.95	1.28	1.48	0.50

但水资源匮乏严重，很大程度上降低了阿塞拜疆的资源环境承载能力，使其限制了资源环境综合承载能力的发挥。马尔代夫为印度洋上的群岛国家，耕地资源稀缺较为严重，资源环境承载能力限制性十分显著，但其处于城市化发展后期，较高的人居环境适宜性和发达的社会经济发展水平有效提升了区域资源环境承载能力。

（3）II_D，社会经济限制型：受社会经济发展限制的国家为位于南亚的不丹与尼泊尔 2 国。不丹地处喜马拉雅山东段南坡，分为北部高山区、中部河谷区和南部丘陵平原区，全国除南部小范围的杜瓦尔平原外，山地占总面积的 95% 以上，森林覆盖率约占国土面积的 72%，人居环境与资源环境禀赋均较高，但城市化水平与交通通达指数均较低，社会经济发展相对滞后，较低的社会经济发展水平严重限制了区域资源环境承载能力。尼泊尔也地处喜马拉雅山中段南麓，境内大部分属丘陵地带，中部河谷区，多小山，南部是冲积平原，分布着森林和草原，人居环境与资源环境禀赋均较高，但较低的社会经济发展水平严重限制了区域资源环境承载能力。

（4）II$_{ER}$，人居环境与资源环境限制型：受人居环境与资源环境限制的国家为位于西亚及中东的黎巴嫩与以色列。具体而言，黎巴嫩，位于西亚南部地中海东岸，黎巴嫩山纵贯全境，国土面积小，人口大量集中在城市，虽然城市化率较高，但水土资源与生态环境承载能力相对不足，大量资源需要外界的援助，匮乏的资源禀赋和临界适宜的人居环境限制了资源环境承载能力的发挥和提升。以色列虽然城市化处于顶级阶段，但地处内盖夫沙漠，东部为纵贯南北的约旦河谷和阿拉瓦谷地，资源禀赋较差，人居环境适宜性较低，严重限制了源环境承载能力的发挥和提升。

（5）II$_{ED}$，人居环境与社会经济限制型：受人居环境与社会经济发展双重限制的国家有 3 个，分别是位于中亚的哈萨克斯坦、吉尔吉斯斯坦与蒙古国。具体而言，哈萨克斯坦位于亚洲中部，是世界最大的内陆国，地形复杂，境内多为平原和低地，地广人稀，草地面积广阔，生态供给较高，资源环境禀赋较强，但中南部广袤的沙漠地区，使其人居环境适宜性欠佳，经济发展相对滞后，限制了区域资源环境承载能力的发挥。吉尔吉斯斯坦位于欧亚大陆的腹心地带，境内多山，全境海拔在 500m 以上，其中 1/3 的地区海拔 3000~4000m，东部的天山山脉地区常年寒冷，温湿指数较低，人居环境适宜性较差，其工业基础薄弱，交通发展落后，社会经济发展水平较低。蒙古国地处亚洲中部的蒙古高原，高山草地、原始森林分布广泛，生态供给较高，资源环境禀赋较强，但气候寒冷干燥、地形起伏度高，人居环境适宜性较差，交通不便，经济发展落后，限制了资源环境承载能力的发挥。

（6）II$_{RD}$，资源环境与社会经济限制型：东帝汶位于东南亚努沙登加拉群岛最东端，境内多山，沿海有平原和谷地，人居环境适宜性较高。农业是其经济支柱，但粮食还是不能自给，大量采用刀耕火种方式，导致森林砍伐和水土流失，破坏当地生态环境，资源环境禀赋较差。城市化发展尚且处于初期阶段，交通通达度较低，社会经济发展水平严重滞后。

3. 资源环境承载能力超载的国家有 18 个，集中分布在西亚及中东地区阿拉伯高原地区，人口与资源环境社会经济关系亟待调整

丝路共建地区资源环境承载能力超载的国家有 18 个，资源环境承载指数大多为 0.442~0.863，占地 909.34 万 km^2，占比 17.60%；相应人口 59671 万人，占比 13.03%；平均人口密度为 65.62 人/km^2，集中分布在西亚及中东地区阿拉伯高原地区，大多是资源环境承载能力较弱的国家，资源环境限制性突出，人口与资源环境社会经济关系亟待调整。

根据人居环境适宜性、资源环境限制性和社会经济适应性的地域差异，丝路共建地区 18 个资源环境承载能力超载的国家可以划分为 2 种主要限制性类型（图 6-11，表 6-10）。

（1）III_{ER}，人居环境与资源环境限制型：受人居环境适应性与资源环境限制性双重限制的国家有 10 个，均位于西亚及中东地区。具体而言：伊朗绝大部分在伊朗高原上，海拔一般在 900～1500m，仅西南部波斯湾沿岸与北部里海沿岸有小面积的冲积平

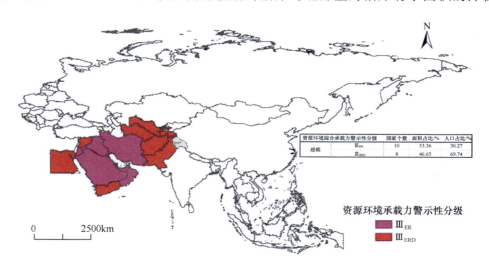

资源环境综合承载力警示性分级		国家个数	面积占比/%	人口占比/%
超载	III_{ER}	10	53.36	30.27
	III_{ERD}	8	46.65	69.74

资源环境承载力警示性分级
■ III_{ER}
■ III_{ERD}

图 6-11　基于国别水平的资源环境综合承载能力超载地区警示性分级

表 6-10　丝路共建地区资源环境承载能力超载地区限制性因素分析

状态	国家	土地		人口			PREDI	HSI	SDI	REI
		面积/万 km²	占比/%	数量/万人	占比/%	人口密度/（人/km²）				
III_{ER}	阿联酋	8.36	0.92	926.29	1.55	110.80	0.586	0.874	1.216	0.551
	阿曼	30.95	3.40	426.73	0.72	13.79	0.500	0.875	1.046	0.546
	巴勒斯坦	0.60	0.07	427.01	0.72	709.32	0.653	0.934	1.177	0.594
	巴林	0.08	0.01	137.19	0.23	1763.30	0.600	0.883	1.367	0.497
	卡塔尔	1.16	0.13	256.57	0.43	220.99	0.645	0.875	1.360	0.541
	科威特	1.78	0.20	383.56	0.64	215.24	0.652	0.877	1.287	0.578
	沙特阿拉伯	214.97	23.64	3171.77	5.32	14.75	0.480	0.871	1.066	0.517
	伊拉克	43.83	4.82	3557.23	5.96	81.16	0.677	0.903	1.022	0.733
	伊朗	174.52	19.19	7849.22	13.15	44.98	0.780	0.897	1.128	0.771
	约旦	8.93	0.98	926.66	1.55	103.75	0.517	0.877	1.064	0.554
III_{ERD}	阿富汗	65.29	7.18	3441.36	5.77	52.71	0.658	0.889	0.922	0.803
	埃及	100.15	11.01	9244.25	15.49	92.31	0.587	0.888	0.968	0.682
	巴基斯坦	79.61	8.75	19942.70	33.42	250.50	0.734	0.950	0.968	0.798
	塔吉克斯坦	14.26	1.57	845.40	1.42	59.31	0.829	0.923	0.944	0.952
	土库曼斯坦	48.81	5.37	556.53	0.93	11.40	0.824	0.891	0.957	0.967
	乌兹别克斯坦	44.74	4.92	3129.89	5.25	69.96	0.863	0.915	0.974	0.967
	叙利亚	18.52	2.04	1799.74	3.02	97.19	0.729	0.920	0.987	0.803
	也门	52.80	5.81	2649.79	4.44	50.19	0.442	0.876	0.935	0.540

原，伊朗整体处于城镇化发展后期阶段，社会经济发展水平相对较高，但匮乏的资源禀赋和临界适宜的人居环境限制了资源环境承载能力的发挥和提升。伊拉克东北部有库尔德山地，西部是沙漠地带，人居环境适宜性较低，且自然资源稀缺，耕地较少，生态供给较低，年均降水量较低，资源禀赋匮乏较为严重。巴勒斯坦城市化发展水平较高，但国土面积较小，耕地资源稀缺，水土资源承载空间紧张，资源环境禀赋匮乏，气候干燥，裸地占比较高，人居环境适宜性较差。科威特全境为一波状起伏的荒漠，属热带沙漠型气候，降水量较少，人居环境适宜性普遍较差，水土资源匮乏，生态供给较差，资源环境限制性突出。卡塔尔大部分地区为覆盖沙土的荒漠，人居环境适宜性普遍较差，水土资源匮乏，虽然城市化率较高，但国土面积狭小，人口大量集中在城市，资源需要外界的援助，受人居环境与资源环境禀赋的限制性较为严重。巴林地势低平，地少人多，自然资源禀赋相对较弱，气候干燥，人居环境适宜性较差，虽然城镇化水平较高，但依然受资源环境禀赋较低与人居环境适宜性较差的限制性影响较为显著。阿联酋沿海是地势较低的平原，经济以石油生产和石油化工工业为主，城市化发展水平与交通通达水平较高，社会经济发展水平较高，但半岛的东北部分属山地，沙漠占比较高，人居环境与资源禀赋较差。约旦、阿曼、沙特阿拉伯3国均为高原山地国家，境内分布广袤的沙漠，气候干燥，人居环境适宜性差，水土资源匮缺，两者共同限制了资源环境承载能力的发挥和提升。

（2）III$_{ERD}$，人居环境、资源环境与社会经济限制型：受人居环境适应性、资源环境限制性与社会经济适应性三重限制的国家有8个。具体包括：

中亚地区3个国家，乌兹别克斯坦地势东高西低，平原低地占全部面积的80%，大部分位于西北部的克孜勒库姆沙漠，人居环境适宜性较弱，水资源严重匮乏，使得水资源与生态环境限制性较强，资源环境禀赋较差，其城镇化率为50.75%，整体城市化处于中期阶段，社会经济发展水平不高。塔吉克斯坦地处山区，境内山地和高原占90%，其中约一半在海拔3000m以上，有"高山国"之称，山区占总面积的93%，可耕地资源不足7%，资源环境禀赋较差，人居环境适宜性较弱，人口城镇化率与交通通达度较低，社会经济发展水平滞后。土库曼斯坦全境大部是低地，但80%的领土被卡拉库姆沙漠覆盖，人类发展水平显著低于平均值，社会经济发展滞后，加之匮乏的资源禀赋和临界适宜的人居环境限制了资源环境承载能力的发挥和提升。

南亚地区1个国家，巴基斯坦全境3/5为山区和丘陵，南部沿海一带为沙漠，人居环境适宜性较弱，水资源严重匮乏，资源环境禀赋较差，巴基斯坦人口增长速度较快，经济发展水平不高，基础设施建设落后，社会经济水平低下。

西亚及中东地区4个国家，叙利亚领土大部分是西北向东南倾斜的高原，沙漠地区占比较高，人居环境适宜性较弱，资源环境禀赋较差，城市化发展处于中期阶段，社会经济发展水平较低。埃及全境干旱少雨，大部分为沙漠，人居环境适宜性较弱，资源环境禀赋较差，城市化发展水平较低，社会经济发展水平限制性较为严重。阿富汗除西南地区外，大部分国土为高山及深谷，63%左右的土地为高山，27%以上的地方在海拔2500m以上，人居环境适宜性较弱，资源环境禀赋较差，城市化发展水平亦处于初期阶段，社会

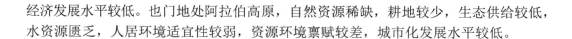

经济发展水平较低。也门地处阿拉伯高原，自然资源稀缺，耕地较少，生态供给较低，水资源匮乏，人居环境适宜性较弱，资源环境禀赋较差，城市化发展水平较低。

6.3　基本结论与适应策略

6.3.1　基本结论

丝路共建地区资源环境承载能力综合评价研究，遵循"适宜性分区—限制性分类—适应性分等—警示性分级"的技术路线，从整体、地区到国别，定量评估了丝路共建地区的资源环境承载能力，完成了丝路共建地区资源环境承载能力综合评价与警示性分级，揭示了丝路共建地区不同地区的资源环境承载状态及其超载风险，为促进区域人口与资源环境社会经济协调发展提供了科学依据和决策支持。

1. 丝路共建地区资源环境承载能力总量尚可，维持在 70 亿人水平，70%集中在中国、南亚地区和东南亚地区

考虑水土资源和生态资源可利用性，丝路共建地区资源环境承载能力总量维持在 70 亿人水平。其中，土地资源承载力在 50 亿人水平、水资源承载力在 60 亿人水平，生态承载力逾 110 亿人，较低的土地生产能力和水资源开发利用率是丝路共建地区资源环境承载能力的主要限制性因素。统计表明，丝路共建地区近 70%的资源环境承载力集中在占地 1/3 以上的中国、南亚地区和东南亚地区。中国、南亚地区和东南亚地区资源环境承载能力分别为 18.33 亿人、17.82 亿人和 14.40 亿人，合计占全区的 72.34%，占地 37.25%，是丝路共建地区资源环境承载能力的主要潜力地区。

2. 丝路共建地区资源环境承载能力差异显著，密度均值为 135 人/km²，大江大河中下游平原地区普遍高于高原、山地

丝路共建地区资源环境承载密度均值在 135.23 人/km²，近 1.5 倍于现实人口密度 88.62 人/km²。其中，生态承载密度均值是 229.66 人/km²，远高于现实人口密度；土地资源承载密度均值是 94.21 人/km²，水资源承载密度均值是 125.32 人/km²；丝路共建地区资源环境承载能力地域差异显著，大江大河中下游平原地区普遍高于高原、山地。水热条件良好的东南亚地区、南亚地区等地区资源环境承载能力较强，资源环境承载密度 300～350 人/km²；而地处天山地区、伊朗高原、大高加索山脉和安纳托利亚高原，海拔高于 4000m 的中亚地区、蒙俄地区等地区资源环境承载密度不超过 40 人/km²。

3. 资源环境承载能力较强的国家有 20 个，约 2/3 的国家受到土地资源承载力影响，资源环境承载力较弱的国家有 20 个，近半数受到水土资源或生态环境严重限制

丝路共建地区资源环境承载能力较强的 20 个国家，资源环境承载密度均值超过

250 人/km²，甚至超过 1000 人/km²，两倍甚至 5 倍于全区平均水平，主要分布在东南亚地区，大多受到土地利用效率低下的影响。丝路共建地区资源环境承载能力中等的 25 个国家，资源环境承载密度 250~300 人/km²，略高于全区平均水平；占地 1305.21 万 km²，占比 25.26%；主要分布在中东欧地区，大多受到水土地资源利用率低下的影响。资源环境承载能力较弱的 20 个国家，资源承载密度均值大多低于 100 人/km²，甚至低至不到 10 人/km²，远低于全区平均水平，大片分布在西亚及中东地区，绝大多数受到水土资源与生态环境严重限制。

4. 丝路共建国家资源环境承载能力以盈余为主，尚有 5 成人口分布在资源环境承载地区，人口与资源环境社会经济关系有待协调

基于资源环境承载指数（PREDI）的资源环境承载能力综合评价表明，资源环境承载能力盈余的国家有 35 个，主要位于中南半岛与马来群岛的三角洲冲积平原等；平衡的国家有 12 个，主要位于以南亚恒河平原地区；超载的国家有 18 个，主要分布在南亚地区与西亚及中东地区交会的伊朗高原、大高加索山脉和安纳托利亚高原等地。全区尚有 5 成人口分布在资源环境超载地区，主要集中在西亚及中东地区、南亚地区、中国等，区域人口与资源环境社会经济关系有待协调。

5. 丝路共建国家资源环境承载能力以盈余为主，从地域类型看，丝路 70%以上共建国家的资源环境承载能力平衡或盈余，超载不到 30%

丝路共建地区资源环境承载指数 0.44~1.88，均值在 0.95 水平，资源环境承载能力总体处于平衡状态。丝路共建地区资源环境承载能力综合评价与警示性分级表明，盈余的 35 个国家主要位于中南半岛与马来群岛的三角洲冲积平原等；平衡的 12 个国家的主要位于以南亚恒河平原地区；超载的 18 个国家主要分布在南亚地区与西亚及中东地区交会的伊朗高原、大高加索山脉和安纳托利亚高原等地。全区尚有 5 成人口分布在资源环境超载地区，主要集中在西亚及中东地区、南亚地区、中国等，区域人口与资源环境社会经济关系有待协调。

6.3.2 适应策略

基于丝路共建地区资源环境承载能力定量评价与限制性分类和综合评价与警示性分级的基本认识和主要结论，面向绿色丝绸之路建设，报告提出了促进丝路共建地区人口与资源环境社会经济协调发展、人口分布与资源环境承载能力相适应的适应策略和对策建议：

（1）统筹解决水土地资源限制性问题，提升国家资源环境综合承载能力。丝路共建地区分项承载力来看，水资源承载力约为 60 亿人，是现实人口的 1.3 倍；土地资源承载力约为 50 亿人，是现实人口的 1.1 倍；生态本底良好，生态资源承载力约为 120 亿人，是现实人口的 2.6 倍。相较于生态承载力而言，水土资源对区域资源承载力构成一定程度限制，特别是资源综合承载力尚有提升空间。水土资源短缺或匹配失衡成为这类区域水土资源承载力低下的主要原因。特别是，印度、阿塞拜疆、北马其顿、亚美尼亚、塔吉克斯坦、土库曼斯坦、叙利亚和伊朗等国家需优化区域水土资源配置，农区根据人口需求确定粮食生产，牧区根据草地生产力确定牧业生产，同时，水资源供给需与生产和生活的需求规模相适应，尊重区域的水热条件特征和水土耦合规律，科学制定水土资源配置方案，提高水土资源综合利用效率，以降低水土资源对各个国家资源环境承载力的限制性。

（2）倡导资源环境限制性与社会经济适应性问题协同解决，扩展人口承载空间。对于资源环境承载力平等及盈余的区域，主要分为两类区域，一是资源承载能力较强，但社会经济发展影响其潜力发挥的区域，如孟加拉国、缅甸、老挝、印度尼西亚、柬埔寨、蒙古国、哈萨克斯坦、吉尔吉斯斯坦、东帝汶、尼泊尔、不丹等，要进一步发挥水、土地资源等自然资源优势，增加农业科技投入，加强水利设施建设，充分挖掘农业生产潜力，加大粮食等物资的储备和调控能力，保障粮食安全，同时，加强交通基础设施建设，引导人口向人居环境适宜程度高的平地村镇集聚；二是明显受资源承载能力影响，如新加坡、黎巴嫩、马尔代夫、以色列、阿塞拜疆，这类国家城市化地区受本身空间上的限制，土地资源和水资源难以"一方水土养一方人"，需通过资源跨区占用和物资跨区调配满足人口增长对资源的需求。这类地区应加强土地集约利用，提高耕地资源综合生产能力，力争通过"一带一路"共建地区互联互通统筹解决。

（3）持续深入推进"一带一路"建设规划，促进不同地区的社会与经济协调发展。丝路共建地区社会经济发展不均衡，两极分化较为严重，整体呈现出较低的社会经济发展水平，限制了共建地区资源环境综合承载能力的发挥。要持续提升国家资源环境综合承载能力，必须统筹解决落后地区社会经济适应性问题，持续推进"一带一路"建设规划和布局，向落地生根、深耕细作、持久发展的阶段迈进；继续推动共建国家发展战略对接、优势互补；继续加大"一带一路"基础设施建设，有效提升社会经济落后地区的基础设施建设水平；加强共建国家金融合作，加快形成服务"一带一路"建设的金融保障体系。

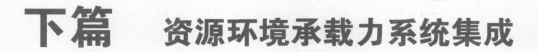

下篇　资源环境承载力系统集成

第 7 章 资源环境承载力综合评价与系统集成平台

面向绿色丝绸之路资源环境承载力评价数字化、空间化、可视化与系统化的需求，建设了资源环境承载力综合评价与系统集成平台。平台主要包括资源环境承载力基础图件与数据集成系统、承载力分类评价与综合评价系统、国别报告编制与更新系统及成果集成与可视化系统 4 个系统。本章主要围绕平台总体框架、技术架构及平台组成等方面进行介绍，划分为 5 个小节，同时，本章也是对第 8、9、10 及 11 章的总览。

7.1　平台概述

平台汇聚了覆盖丝路全域和重点共建国家的资源环境承载力基础数据库、专题数据库与国别数据库，集成了系列化、标准化的评价模型库和专题数据产品，涵盖了基础图件与数据集成系统、承载力分类和综合评价系统、国别报告编制与更新系统，以及成果集成与可视化系统 4 个系统，可为切实开展丝路共建国家与地区资源环境承载力评价、国别研究报告编制及成果可视化提供平台支撑（图 7-1）。平台的总体目标包括：

（1）提供数据库、模型库、方法库集成平台，保障评价成果系统化集成。

（2）实现丝路重点共建国家/地区示范应用与业务化运行。

（3）为支持绿色丝路建设提供科学依据和"一体化"的平台支撑。

图 7-1　资源环境承载力综合评价与系统集成平台界面图

7.2 平台逻辑框架

平台的逻辑框架可分为数据层、模型指标层、功能层、服务层和用户层5层架构（图7-2）。各层次间由技术服务接口连接，并在信息化制度和标准的保障下设置安全防护机制和数据访问权限，确保数据和平台的安全。

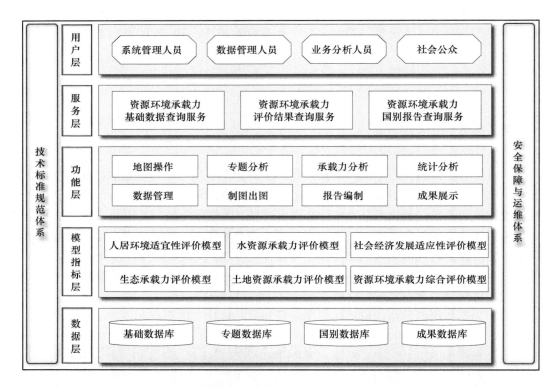

图 7-2　系统平台逻辑层次划分

1. 数据层

数据层指支撑资源环境承载力评价、国别报告生成及成果可视化的各类数据，可分为基础数据库、专题数据库、国别数据库，以及成果数据库4类。它们的逻辑关系如图7-3所示，其中基础数据库涵盖基础地理、资源环境、人文社会、重要支点等28项数据层；专题数据库包括丝路全域资源环境承载力评价的基础数据、评价过程数据及评价成果数据3大类，空间分辨率主要为1km和10km；国别数据库聚焦老挝、尼泊尔、孟加拉国、乌兹别克斯坦、哈萨克斯坦及越南6个重点国家，包括国别基础数据及国别专题数据；成果数据库汇总了承载力评价的相关成果，包括评价成果、专题图件、论文专著、专利等。总体而言，数据层覆盖丝路全域和重点国家，涵盖多种类型、多种内容及多种尺度数据，可满足从地区到国家不同尺度的评价需求。

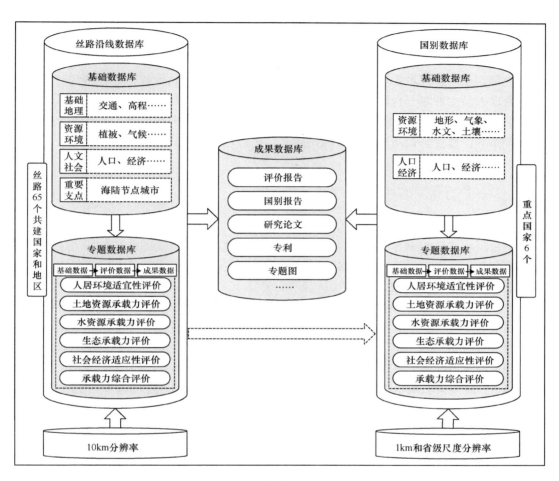

图 7-3 数据库总体结构

2. 模型指标层

模型指标层集成了支撑承载力评价的指标及模型，主要包括人居环境适宜性、社会经济发展适应性、水资源承载力、土地资源承载力、生态承载力 5 类单项评价模型，以及基于"适宜性分区—限制性分类—适应性分等—警示性分级"技术路线的承载力综合评价模型。

3. 功能层

功能层集成了平台可实现的功能，包括承载力评价相关数据录入、统计分析、数据管理、专题分析、国别报告编制、制图出图、成果展示等。

4. 服务层

服务层主要提供了资源环境承载力相关的基础数据、评价结果，以及国别报告等成果资料的查询服务。

197

5. 用户层

用户层是指平台服务的对象，包括系统管理员、数据管理人员、业务分析人员、社会公众等。系统管理员主要对平台的数据管理、平台安全、访问权限设置等进行维护；数据管理人员主要对平台涉及的基础数据、专题数据、国别数据，以及成果数据进行管理；业务分析人员主要管理承载力分类与综合评价指标及权重的设置，以及评价结果的审查发布等；社会公众指通过门户网站对平台进行访问的客体。

7.3 平台技术架构

平台采用 C/S 和 B/S 架构相结合的方式进行搭建，其中基础图件与数据集成及国别报告编制与更新两个系统采用 C/S 架构，承载力分类评价与综合评价及成果集成与可视化两个系统采用 B/S 架构。

C/S 架构主要采用 C# .Net Framework 开发，通过 ArcGIS SDE 和 ODP.net 链接数据库，通过 ArcGIS Engine Runtime 作为地图功能的开发，数据库采用 Oracle 数据库，系统部署到服务器与客户机上。B/S 架构采用 Spring MVC 作为业务数据 REST 服务的开发架构，以 MyBatis 来做业务数据的持久化；采用 ArcGIS Server 发布符合 OGC 标准的地图服务，前端页面采用 ARCGIS API for JavaScript 进行地图功能的开发，使用 WebGL 进行地图的展示；以 Tomcat 作为 Web 发布容器。

7.4 平台组成

平台由资源环境承载力基础图件与数据集成系统、承载力分类评价与综合评价系统、国别报告编制与更新子系统，以及成果集成与可视化子系统 4 个系统组成。4 个系统的关系如图 7-4。

①基础图件与数据集成系统是平台的数据池，主要为其他系统提供数据支撑。

②承载力分类评价与综合评价系统支撑丝路全域和重点国家的资源环境承载力评价。其中，丝路全域评价数据来自基础图件与数据集成系统的基础数据库和专题数据库，同时，评价结果存储到专题数据库；重点国家评价数据来自国别数据库，评价结果存入国别数据库。

③国别报告编制与更新系统承担重点国家国别报告的定期更新及快速编制服务。报告编制的数据来源于基础图件与数据集成系统的国别数据库。

④成果集成与可视化系统汇集了承载力分类评价与综合评价系统、国别报告编制与更新系统的主要成果，实现对成果的集成与可视化的功能。

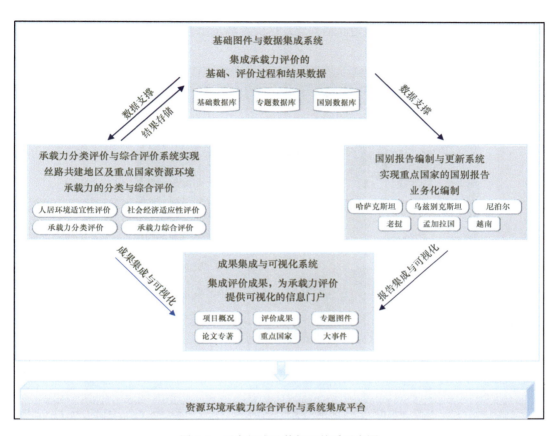

图 7-4　平台组成及其相互关系示意图

四个系统集成到平台中，切实为数字化、空间化、可视化与系统化开展绿色丝路资源环境承载力评价的示范运行与业务化应用提供平台支撑。

7.4.1　基础图件与数据集成系统

基础图件与数据集成系统在平台中承担数据存储与管理的作用，主要集成资源环境承载力评价的基础、过程与结果数据，集成的数据库主要包括基础数据库、专题数据库和国别数据库 3 类。其中，基础数据库主要涉及评价所需的基础地理、资源环境、人文社会等数据，涵盖行政区划、高程、气候、交通、人口密度等 27 项数据层，总数据量约为 100 GB；专题数据库主要包括人居环境适宜性、社会经济适应性、土地资源承载力、水资源承载力、生态承载力，以及综合承载力 6 个专题数据集，空间范围覆盖丝路全域，总数据量约为 25 GB；国别数据库面向丝路 6 个重点共建国家，包括老挝、尼泊尔、孟加拉国、乌兹别克斯坦、哈萨克斯坦及越南，存储国别尺度的基础数据和专题数据，总数据量约为 5 GB。

系统支持数据导入、元数据展示、数据统计、地图操作、时间轴动态展示、数据查询、投影转换等功能,可切实为丝路共建地区资源环境承载力评价提供数据支撑和规范化管理(图 7-5)。

图 7-5　基础图件与数据集成系统界面图

7.4.2　承载力分类评价与综合评价系统

资源环境承载力分类评价与综合评价系统主要实现丝路共建地区及重点国家的资源环境承载力评价,包括人居环境适宜性评价、资源环境承载力限制性评价(水资源承载力评价、土地资源承载力评价、生态承载力评价)、社会经济发展适应性评价,以及资源环境承载力综合评价 4 大模块,可实现丝路共建地区的适宜性分区、限制性分类、适应性分等和警示性分级等,为揭示不同共建国家和地区资源环境承载阈值及其超载风险状态,开展策略研究提供技术工具(图 7-6)。

7.4.3　国别报告编制与更新系统

国别报告编制与更新系统基于评价任务定制–国别数据提取–专题产品生产–问题分析–评价报告生成的业务运行模式,实现重点国家承载力评价国别报告的自动编制及快速发布。系统可分为国别报告编制子系统和国别报告更新子系统两部分。其中,国别报告编制子系统汇集了文档、报表、地图模板库,可满足不同国别的特定需求,实现国别报告的快速、灵活与可控编制。国别报告更新子系统通过接口的方式实现国别报告数据

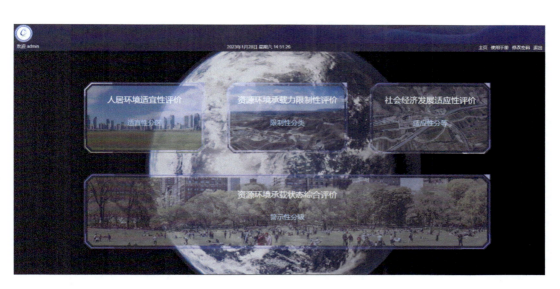

图 7-6　资源环境承载力分类评价与综合评价系统界面

的更新功能。当国别数据更新时，子系统通过调用接口获取相关数据，再利用编制子系统实现国别报告的定期更新和快速发布（图 7-7）。

图 7-7　国别报告编制与更新系统界面

　　系统已实际应用于老挝、越南、尼泊尔、孟加拉国、哈萨克斯坦、乌兹别克斯坦等重点国家。编制的报告采用统一的投影坐标系、指北针、图例样式、比例尺等表达，并规范了不同类别点、线要素的注记符号、栅格影像的分级设色或渲染、表格布局样式等，保障不同国别、不同资源环境承载力评价产品的快速、规范及业务化编制。

7.4.4 成果集成与可视化系统

成果集成与可视化系统主要包括项目概况、评价成果、专题图件、论文专著、重点国家和大事件 6 个模块（图 7-8），支持评价成果、专题图件、论文专著及研究报告 4 种类型成果的快速查询，以及丝路全域、重点国家两个空间尺度的成果集成与多维可视化。

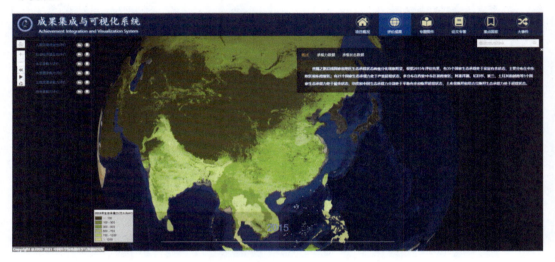

图 7-8　成果集成与可视化系统界面图

系统包含的 6 个模块中，项目概况模块主要对项目背景、执行时间、目标与预期成果等内容进行介绍；评价成果模块实现资源环境承载力分类评价与综合评价成果的二维、三维可视化，可展示承载力状态与超载风险，支持按照国家、地点查询与快速定位；专题图件模块集成了 6 大评价主题的专题图件，展示了丝路共建地区资源环境承载力的空间分布与区域差异；论文专著模块汇总了相关论文、专利、软著等成果，可依据作者、发表时间、关键字等信息快速检索、预览和下载；重点国家模块主要集成了老挝、越南、尼泊尔、孟加拉国、哈萨克斯坦、乌兹别克斯坦 6 个重点国家的评价结果，可支持专题图件浏览与下载，以及国别报告章节的选择和浏览，为绿色丝路建设和国家相关决策提供支持；大事件模块梳理了项目启动至今，丝路重点共建国家和地区野外考察、座谈会议、进展讨论，以及组织管理会议等情况，便于全面掌握项目进展及组织管理情况。

7.5 小结

资源环境承载力综合评价与系统集成平台面向绿色丝绸之路资源环境承载力评价数字化、空间化、可视化与系统化的需求，基于 C/S 和 B/S 架构，发挥"一体化"功能，有效整合了评价所需数据库、模型库、方法库、成果库，建设了基础图件与数据集成系统、承载力分类与综合评价系统、国别报告编制与更新系统、成果集成与可视化系统 4 个功能系统，实现了丝路全域及重点共建国家（6 个）资源环境承载力规范化、系统化的评估，以及国别报告的快速编制与更新，为科学认识丝路共建地区资源环境承载力综合水平与超载风险状态，提出绿色丝绸之路适应策略，促进共建国家人口与资源环境协调发展，提供了切实可用的平台支撑。

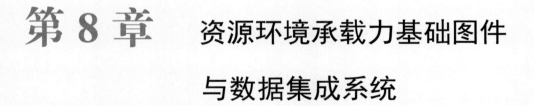

第 8 章　资源环境承载力基础图件与数据集成系统

资源环境承载力基础图件与数据集成系统是整个平台的基础，主要为资源环境承载力分类评价与综合评价系统、国别报告编制与更新系统、成果集成与可视化系统提供基础的数据支撑。本章主要围绕系统的建设目标、逻辑框架、技术架构、数据库建设及主要功能等方面展开介绍。

8.1 系统概况

资源环境承载力基础图件与数据集成系统是综合集成平台建设的基础，主要利用计算机、GIS、数据库等技术，综合集成丝路共建地区与重点国家资源环境承载力评价及国别报告编制等所需的基础数据、过程数据和结果数据，实现对丝路共建地区及重点国家资源环境数据的数据管理、统计分析与数据查询等功能。系统建设的具体目标包括：

（1）建设丝路共建地区资源环境承载力评价的基础、专题，以及国别数据库。

通过对数据的标准化与规范化处理，建设资源环境承载力评价的基础数据库、专题数据库与国别数据库，为开展丝路共建地区与重点国家资源环境承载力评价提供数据支撑。

（2）实现丝路共建地区资源环境承载力评价数据的快速查询与管理。

建设基础图库与数据集成系统，支持丝路共建地区资源环境承载力数据的快速浏览、指标对比、国别查询、数据管理、统计制图等功能，实现丝路共建地区与重点国家的资源环境承载力数据管理与统计分析。

8.2 系统框架

8.2.1 系统总体架构

基础图件与数据集成系统采用 C/S 架构设计，总体架构分为基础设施层、数据层、支撑层、应用层和服务层，如图 8-1 所示：

（1）基础设施层主要提供存储、管理、计算、网络等软硬件基础设施，是整个系统的基础。

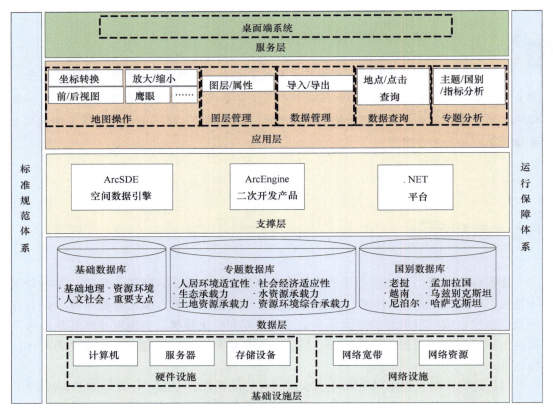

图 8-1　基础图件与数据集成系统总体架构

（2）数据层主要存储和管理丝路共建地区和重点国家资源环境承载力评价的数据，包括基础数据、专题数据与国别数据，为丝路共建地区及重点国家承载力计算提供数据支撑。

（3）支撑层主要包括 ArcGIS 平台提供的 ArcSDE 空间数据引擎、ArcEngine 二次开发产品、.NET 平台，实现数据库的建库与管理，为服务层的各项应用提供支持。

（4）应用层主要为系统功能，其功能模块包括地图操作、图层管理、数据管理、数据查询、专题分析等功能。

（5）服务层直接面向用户，提供桌面端访问，为用户提供丝路共建地区资源环境基础信息及评价结果的快速浏览、指标对比、国别查询等服务。

8.2.2　系统数据架构

针对共建国家和地区资源环境承载力评价的不同类型数据，设计了系统数据架构（图 8-2）。数据库主要包括原始资料库、核心数据库、支撑数据库。原始资料库存储收集到的各类原始数据；核心数据库包括标准化的基础数据库、专题数据库和国别数据库；支撑数据库主要存储后台数据，包括系统用户数据、相关配置数据、各种展示需要的背景数据等。

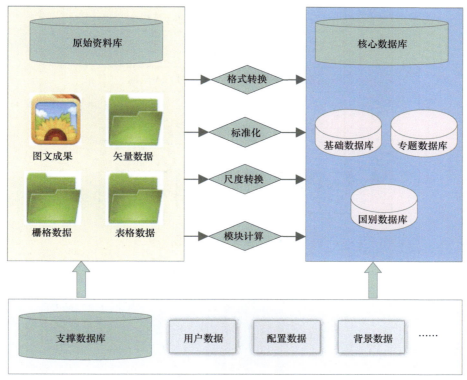

图 8-2　系统数据架构

8.3　系统技术架构

（1）数据层。数据层的软硬件架构包括服务器端和客户端，服务器端通过 ArcGIS 平台的空间数据引擎 ArcSDE 连接 Oracle 数据库，存储空间矢量和栅格数据，通过 ADO 实体连接工具连接服务器进行数据的交互操作。客户端则通过 ADO 访问 GDB 中存储的数据。

（2）应用支撑层。应用支撑层主要包括 GIS 开发引擎和.NET 平台。GIS 开发引擎囊括 ArcGIS 的全部功能，基于开发工具包进行系统二次开发，在.NET Framework 平台中则采用二次开发的方式集成多源数据，并进行展示和统计分析。

（3）用户接口层。用户接口层为前端应用提供访问接口，将数据库中的数据链接到桌面端应用窗口中，可通过桌面端的应用程序来调用数据。在 ArcGIS Engine 的支撑下实现空间数据交互，基于 WinForm、WPF、GIS 前端开发的 API 方法，调用不同引擎的空间数据。图 8-3 为系统总体技术架构图。

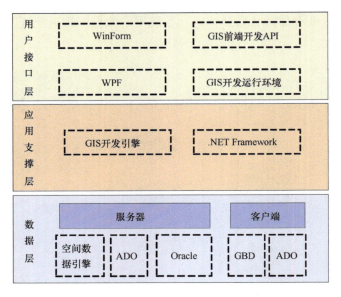

图 8-3　系统技术架构图

8.4　数据库建设

8.4.1　数据库设计

1. 数据库建设的目标

通过对资源环境承载力数据进行标准化处理和集成，建设基础数据库、专题数据库与国别数据库，实现三大数据库数据的存储和管理。数据库建设原则包括：

（1）数据的一致性和可维护性。

■　一致性：保证数据格式、投影、分类的一致性；

■　安全性：防止数据丢失、错误更新和越权使用；

■　完整性：保证数据的正确性、有效性和相容性。

（2）数据的独立性。包括逻辑独立性（数据库的逻辑结构和应用程序的相互独立）和物理独立（数据物理结构变化不影响数据的逻辑结构）。

（3）数据的统一性。包括通过空间数据库管理可对数据进行集中控制和管理，通过数据库结构表示各项数据组织及数据间的联系。

2. 数据库的详细设计

数据库设计是数据库建设的基础，其目的在于充分考虑空间数据特性和数据库系统特性的基础上，设计具有安全性、可靠性、独立性、低冗余度、可扩展的空间数据库，实现数据的高效存储管理。数据库设计流程如图 8-4 所示。

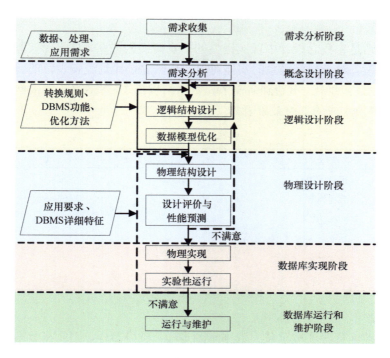

图 8-4　数据库设计流程图

1）需求分析

数据库建设主要用于满足丝路共建地区及重点国家的资源环境承载力评价与分析，因此，所需的数据包括了丝路共建地区基础数据库和专题数据库，以及老挝、越南、尼泊尔、孟加拉国、哈萨克斯坦、乌兹别克斯坦 6 个重点国家的国别数据库。在功能需求上，需要实现对数据的标准化处理、数据存储与管理。

2）概念设计

在需求分析的基础上，将复杂的地理实体抽象化。对收集的数据进行整理、分析，确定地理实体、属性及它们之间的关系，将不同用户的需求进行整合，形成独立于计算机的反映用户需求的概念模型。如图 8-5 所示为基础数据库中行政区划数据概念设计的实体–联系图（E–R 图），其中地理空间数据实体为行政区划，属性为 FID 对象 ID、数据类型、英文名缩写、英文名字、中文名字、国家代码。

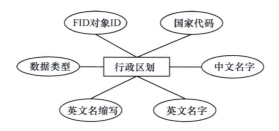

图 8-5　行政区划数据实体–联系图

3）逻辑设计

逻辑设计则是将概念设计中现实世界的要素转换为关系表的名字，每个属性变为关系表中列的表头。对于相互联系的实体对象，从概念设计到逻辑设计的转换过程中，需考虑其他因素，逐步细化，重新确认需求和数据结构描述。如表 8-1 为根据行政区划 E–R图（图 8-5）转换生成的二维要素表。

表 8-1　行政区划

字段	字段类型
FID 对象 ID	整型
数据类型	Polyline
英文名缩写	文本
英文名字	文本
中文名字	文本
国家代码	文本

4）物理设计

丝路共建地区资源环境承载力数据来源多样，类型多样，因此在数据库物理设计阶段，除必须确保空间数据库安全外，在满足应用需求和正常运行的基础上，须充分利用现有软件和硬件资源提高数据库的运算效率。物理设计即数据库内的模式设计，包括管理系统的配置、数据文件的存储规划、操作系统的安全设置、服务器资源的分配等多项内容。

a. 数据库的软硬件设计

数据库的硬件配置说明如表 8-2 所示。操作系统使用 Windows Server 2012R2 或 Windows 7 以上，数据库系统使用 Oracle11g R2 Client 以上，运行环境使用.Net Framework 4.5。

表 8-2　丝路共建地区资源环境承载力基础图件与数据集成系统的数据库硬件配置

名称	客户端
操作系统	Windows Server 2012R2 以上 Windows 7 以上
数据库系统	Oracle11g R2 Client 以上
运行环境	.Net Framework 4.5

同时，根据丝路共建地区资源环境承载力的数据大小和数据库特性，选择能够满足 ArcGIS 软件要求的数据库管理系统。

空间数据库引擎选用 ArcGIS 平台软件提供的 ArcSDE，其实质是 ArcGIS 与关系数据库之间的通道，是应用程序和数据库管理系统之间的中间技术。通过 ArcSDE 能够高效地从关系数据库中选取所需数据，实现空间查询。

b. 数据要求

主要包括数据格式要求与空间参考要求。由于基础数据库、专题数据库与国别数据库三个数据库中均涉及矢量、栅格、统计、文本及图片等多种格式的数据，对各类数据格式要求如表 8-3 所示。

表 8-3 丝路共建地区资源环境承载力基础图件与数据集成系统的数据格式要求

数据类型	数据格式	格式缩写	案例
矢量数据	Shapefile	*.shp	行政区划、水系
栅格数据	GeoTIFF	*.tif	DEM、土地覆盖
统计数据	Excel	*.xlsx、*.csv	受教育程度
图片	JPEG、IMG	*.jpg、*.img	受教育程度图
文本	Word、记事本	*.doc、*.txt	数据说明

在数据空间参考方面，地理坐标系采用 World Geodetic System 1984 经纬度坐标，投影方式统一采用罗宾森投影 World_Robinson。

c. 数据属性表要求

对于矢量数据，不同的数据要素其属性表需包括基本信息，如国别、道路等级、道路名称等，对于长时序的社会经济数据还需包含不同年份值。如表 8-4 所示为国民总收入的属性表，其属性涵盖数据类型、英文国别名称、中文国别名称、1960～2017 年的国民总收入。

表 8-4 国民总收入的属性表

属性名称	数据类型	内容描述
FID	数值型	唯一编码
Shape	文本型	Polygon
Eng_name	文本型	英文名称
CNTRY_CODE	文本型	国家编码
CONTINENT	文本型	所属大陆
CH_NAME	文本型	中文名称
1960	数值型	国民总收入

d. 数据库安全

在数据库使用过程中，可能存在以直接或非直接的方式访问正在运行该数据库的服务器，所以要确保数据安全。首先确保数据库所在平台和网络安全，其次需考虑操作系统的安全和其他安全因素。

e. 数据库运行和维护

数据库是丝路共建地区资源环境承载力数据组织、存储和管理的基础，需要对空间数据库进行维护，包括空间数据库的日常维护、空间数据库备份等。

8.4.2 数据收集与处理

（1）数据收集。根据丝路共建地区及重点国家资源环境承载力评价的需要，收集整理丝路共建地区行政区划、高程、水系、交通、土地覆盖、人口密度、夜间灯光、相对湿度、降水量等空间数据，受教育程度、人均 GDP、出生率、人口用水量等统计数据。

（2）数据格式转换。对未满足数据格式要求的数据进行格式转换处理，矢量数据转换成*.shp，栅格数据转换成*.tif，统计数据转换成*.xlsx 或*.csv，图片数据转换成*.jpg，文本数据转换为*.docx 或*.txt。

（3）数据投影转换。对未满足空间数据要求的数据进行坐标转换，地理坐标转化为WGS 84 经纬度坐标，投影方式转化为罗宾森投影 World_Robinson。

（4）数据质量检查。数据收集与处理完成后，需对数据进行质量检查，包括数据的完整性、规范性与一致性等，具体检查内容如表 8-5 所示，完整的数据收集与处理流程如图 8-6 所示。

表 8-5 数据质量检查内容

质量元素	检查项	检查要求
完整性	矢量数据完整性	*.prj 坐标投影文件
		*.sbn 地理索引文件
		*.shp 空间数据文件
		*.sbx 空间索引文件
		*.dbf 属性文件
		*.xml 元数据文件
		以及其他辅助文件
	栅格数据完整性	*.tif 图像文件
		*.tfw 坐标投影文件
		*tif.aux.xml 辅助文件
		*tif.ovr 金字塔文件
	图形完整性	不存在图形缺失、孔洞、空隙等
规范性	命名	符合相应的命名规则，包括数据名、数据年限等
	格式	矢量数据：*.shp
		栅格数据：*.tif
		统计数据：*.xlsx、*.csv
		元数据：*.xml
		图片：*.jpg
		文本：*.txt
一致性	命名	同一数据所包含的投影文件、元数据文件等命名一致
	内容	数据命名与数据内容一致

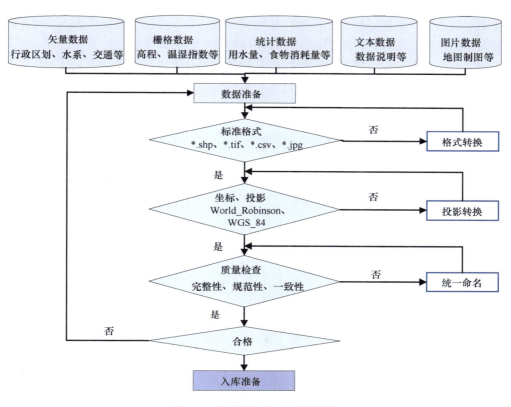

图 8-6　数据收集与处理流程图

8.4.3　数据入库

（1）数据入库质检。在数据收集与处理的基础上，还需对不同的数据类型进行质检与修正。矢量数据如行政区划、道路、水系、节点城市等需进行拓扑检查、空间位置检查，其中拓扑检查主要诊断数据是否存在重叠、相交、悬挂点、伪结点、自重叠、自相交、空隙等拓扑错误，并进行拓扑修正，确保拓扑关系正确；空间位置则主要检查数据的空间位置是否有偏，坐标系空间参考信息是否正确，若有误需进行修正。统计数据如GDP、受教育年限等需进行时序完整性、内容完整性检查，诊断统计数据是否符合实际，若有误需进行修正。

（2）数据入库流程。数据入库流程依次为数据库软件安装、存储划分、物理实现、入库模板编辑、入库过程控制、优化处理、完成入库 7 个部分。本项目中使用 ArcGIS 平台软件的空间数据引擎 ArcSDE 创建空间数据连接及 Oracle 11g 进行数据库管理，软件安装完成后，通过 Oracle 进行存储划分，对逻辑对象进分区，以便进行数据的管理。物理实现部分依托矢量数据模型、栅格数据模型，以及 Geodatabase 数据库模型。入库模板则分为三类，分别对照基础数据库、专题数据库、国别数据库，内容包括文件路径、数据类别、数据详情等，其中数据类别包括基础地理、资源环境、人居环境适宜性评价、水资源承载力等，数据详情包括年份、空间分辨率、导入图层名称、备注等，对于国别数据库模板，还需选择相应的国别。入库过程控制则包括入库开始、入库过程、入库结束三个部分，入库过程中依据入库模板设定的参数对数据进行问题排查，待数据入库完成后需对数据库的存储分区进行优化处理，最终完成数据入库。数据入库流程如图 8-7 所示。

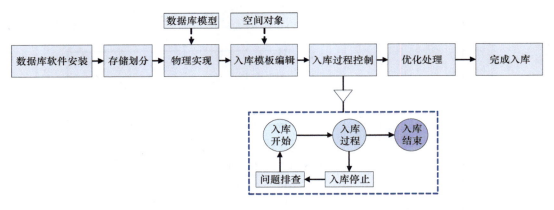

图 8-7　数据入库流程图

8.4.4　数据库成果

（1）基础数据库。基础数据库主要包括基础地理、资源环境、人文社会、重要支点四类数据 27 项数据层。其数据体系如图 8-8 所示。

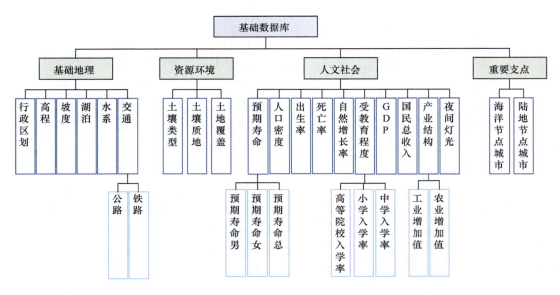

图 8-8　基础数据库数据体系

（2）专题数据库。专题数据库包括丝路共建地区人居环境适宜性、社会经济适应性、水资源承载力、土地资源承载力、生态承载力和资源环境综合承载力六个主题，每个主题包括评价所用的基础数据、评价数据、成果数据三类，数据体系如图 8-9 所示。

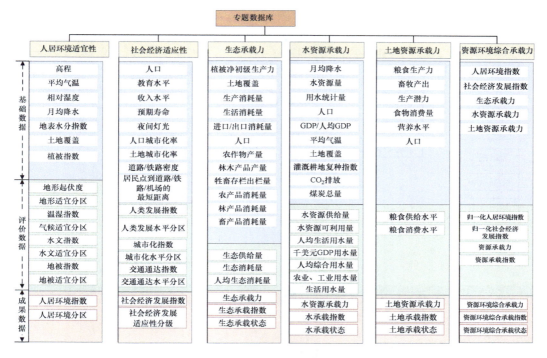

图 8-9　专题数据库数据体系

（3）国别数据库。国别数据库包括老挝、尼泊尔、孟加拉国、越南、哈萨克斯坦及乌兹别克斯坦 6 个重点国家，专题数据涉及人居环境适宜性、社会经济适应性、水资源承载力、土地资源承载力、生态承载力及资源环境综合承载力 6 个主题，每个主题包括评价所用的基础数据、评价数据与成果数据三类，数据体系与专题数据库类似（图 8-9），数据的空间分辨率主要为 1 km 或省级尺度，这里不再赘述。

8.5　系统主要功能

基础图件与数据集成系统主要具有地图操作、图层管理、数据查询、数据管理、专题分析五大功能，各功能模块的架构如图 8-10 所示。

8.5.1　地图操作

地图操作是地图可视化的基本功能，通过点击鼠标或选项对地图进行放大、缩小、漫游、前后视图、鹰眼视图等基本操作，如图 8-11 为放大展示，系统同时提供坐标系统转换功能，可支持投影坐标和大地坐标的转换（图 8-12），便于对地图可视化范围进行控制。

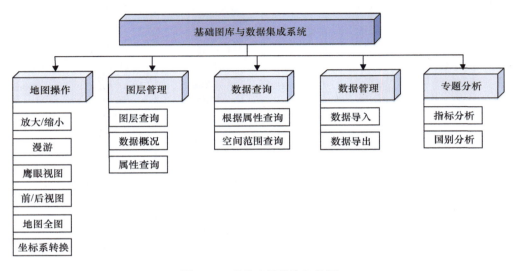

图 8-10　系统功能模块架构图

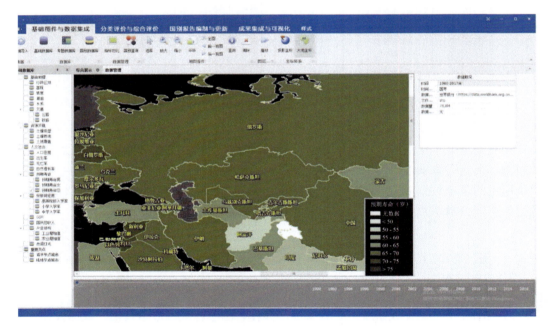

图 8-11　地图操作-放大展示

8.5.2　图层管理

图层管理提供各个图层数据的预览和空间信息查看功能，系统采用数据图层树状结

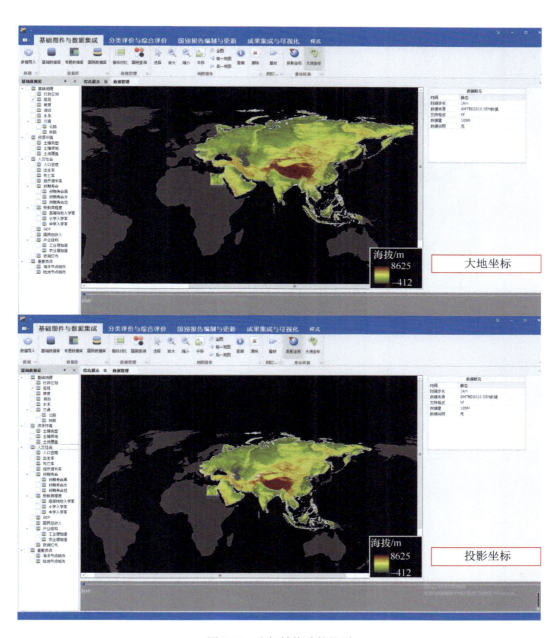

图 8-12　坐标转换功能界面

构，支持通过勾选对应的图层，在地图模块中展示该图层空间信息。同时提供该数据图层的元数据信息，包括数据时相、数据来源、数据量和数据说明等。对于长时序数据，支持根据时间轴动态展示。如图 8-13 所示为土壤类型的数据预览界面，其主界面为丝路全域的土壤类型，数据概况窗口显示数据基本信息，如数据量、数据说明。

图 8-13　数据预览界面

8.5.3　数据查询

系统支持鼠标点击和按地点两种方式进行数据查询。其中，鼠标点击针对当前的矢量图层，由鼠标定位后进入查询功能界面如图 8-14 所示，可显示数据格式、地区中英

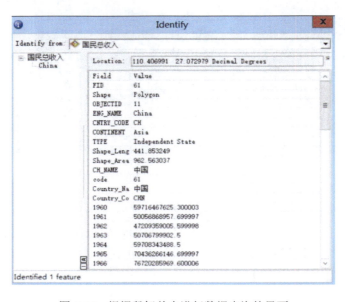

图 8-14　根据鼠标单击进行数据查询的界面

文名字、逐年国民总收入等信息。按地点查询则支持用户在界面右侧根据选择区域下拉列表，进行地点选择，并以统计图的形式显示数据信息，同时主界面对应的地点进行高亮显示，如图 8-15 所示。

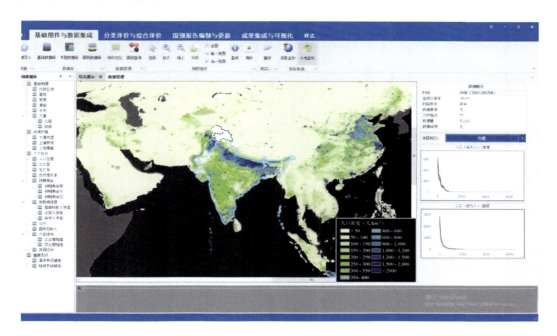

图 8-15 根据地点选择进行数据查询的界面

8.5.4 数据管理

实现对资源环境承载力评价需要的各类数据的导入、导出，构建资源环境承载力评价的地图环境。导入、导出的数据格式为空间图层（.shp 格式、.tiff 格式）、表格数据等，数据导入界面如图 8-16 所示。

8.5.5 专题分析

主要由主题分析、国别分析与指标分析三个功能模块组成，可以支持根据指定的区域、时间或指标等对某一主题或多个主题的统计分析，制作统计图表，其中分析区域包括丝路全域（65 个共建国家和地区）、亚区（东亚地区、南亚地区、东南亚地区、中亚地区、东南半岛地区等）、国家或指定区域。如图 8-17 所示为人口密度主题数据的统计结果，界面右侧可以通过下拉菜单选择地区，以列表的形式显示数据的基本信息，如时间、空间分辨率等，同时以折线图的形式显示不同坡度、不同高程上的人口密度。

如图 8-18 为以中国为例的国别分析界面，该界面主要由四个部分组成，分别为逐年人口–高程/密度统计（左上）、资源环境概况统计（右上），以及国民经济统计。

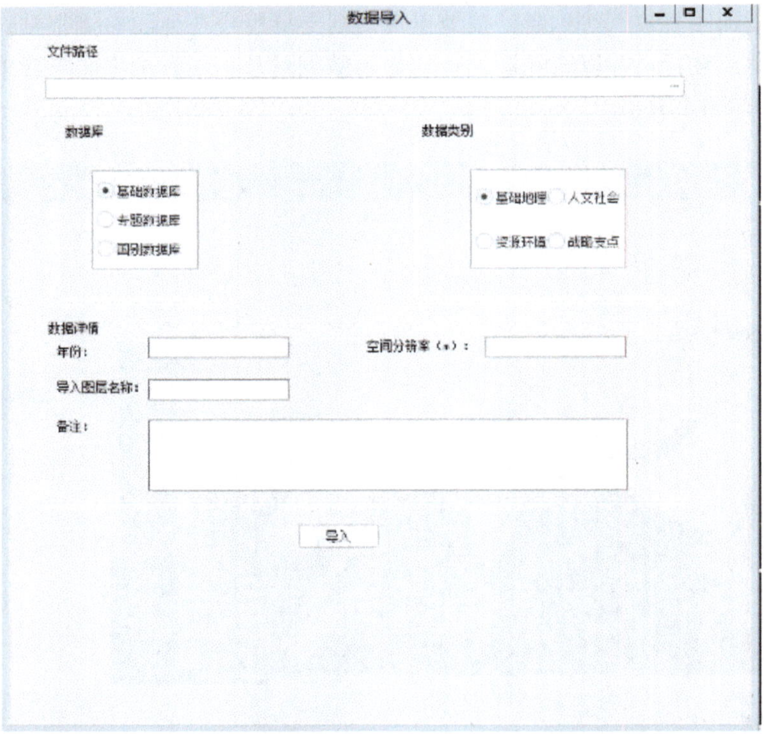

图 8-16　数据导入界面

图 8-17　全域人口密度指标统计分析界面

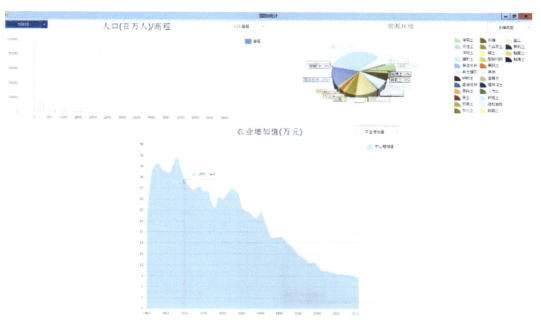

图 8-18　国别分析界面

其中，资源环境概况以饼状图显示，可选择土壤类型、土地覆盖，以及土壤质地等资源环境数据，国民经济统计可选择人口、经济、产业结构等类别进行统计显示。

指标分析则提供不同年份下不同国家在人口增长、教育程度、预期寿命、国民总收入、产业结构等信息的对比情况，可根据时间序列动态展示，指标分析功能框架如图 8-19 所示。其中，排序功能可设置按数值递增、按数值递减、不排序，以及旋转（图8-20），可重点查看排序前五、后五的国家和地区，并以柱状图的形式自动展示数据变化情况。播放功能可实现指标的动态播放，选项包括起始、后退、开始、停止、前进、末尾，播放过程中可根据查看内容随意切换，如图 8-21 所示为播放过程中随机截取的部分年份指标分析界面。

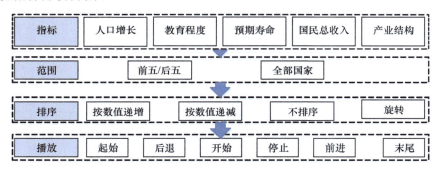

图 8-19　指标对比功能框架

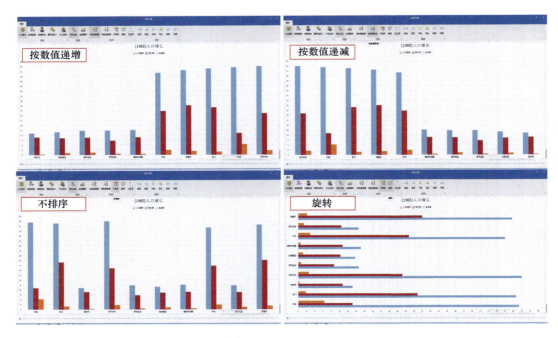

图 8-20　排序功能界面

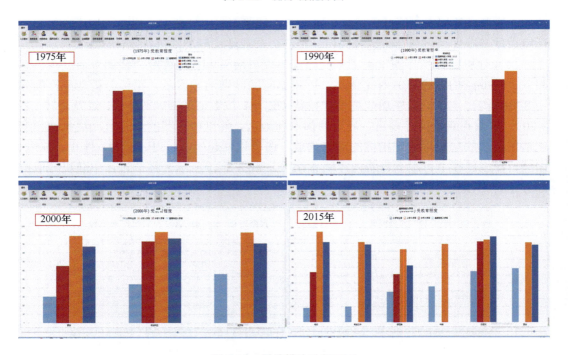

图 8-21　播放模块功能界面

第 9 章　资源环境承载力分类评价与综合评价系统

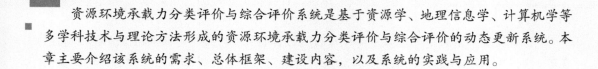

　　资源环境承载力分类评价与综合评价系统是基于资源学、地理信息学、计算机学等多学科技术与理论方法形成的资源环境承载力分类评价与综合评价的动态更新系统。本章主要介绍该系统的需求、总体框架、建设内容，以及系统的实践与应用。

9.1　系统概述

　　资源环境承载力分类评价与综合评价系统遵循"适宜性分区—限制性分类—警示性分级"的技术路线，构建了丝绸之路资源环境承载力综合评价技术方法体系，从人居环境适宜性评价与适宜性分区，到资源环境承载力分类评价与限制性分类，再到社会经济发展适应性评价与警示性分级，建立了资源环境承载力综合评价模型，实际应用于区域评价与国别评价。在此基础上，发展资源环境承载力评价的数字化、空间化和可视化等关键技术，由系统研发到国别应用，建立了资源环境承载力综合评价与系统集成平台，实际应用于绿色丝绸之路共建国家资源环境承载力国别评价与适应策略研究。资源环境承载力分类评价与综合评价系统主要是为了科学认识资源环境承载力综合水平与超载风险，摸清丝路共建国家资源环境承载力总体状况，完成丝路共建国家资源环境承载力综合评价，实现丝路共建国家资源环境承载力规范化、快速化的综合评价，为绿色丝绸之路建设和国家相关决策提供科学依据和数据支撑。

　　基于资源环境基础数据库，建立相应的模型方法与技术流程，实现多源数据融合与关键指标的信息抽取，建立资源环境承载力评价方法与技术流程，实现资源环境承载力评价系统的研发。基于资源环境基础数据库，针对资源环境承载力分类及综合评价技术，构建开放的、可扩展的模型库架构。在数据库、技术方法和模型库的支持下，对资源环境承载力分类评价技术及资源环境承载力综合评价技术规范进行系统集成。

　　根据资源环境承载力分类评价与综合评价系统的实际工作要求，结合系统的具体特点，设计与研发资源环境承载力分类评价与综合评价系统将严格遵循"实用、先进、可靠、安全"的基本原则：

　　（1）实用性：友好、简洁、人性化的界面设计。美观、优良的界面和人性化的操作是当前应用软件必不可少的。本系统平台将采用扁平化的 UI 设计风格，以易用性和人性化操作为准则进行前端设计。此外，需要结合当前主流的软硬件平台的操作习惯，提升用户操作性。

　　（2）先进性：良好的扩展性、维护性以及兼容性。本系统平台将基于数据、算法、界面相分离的原则进行设计，这将有利于系统的扩展性，为未来系统扩展提供保障，同时便于系统后期版本的修改和维护。同时，系统设计和数据的规范性和标准化保证各模块间可正常运行，是数据共享和系统开放性的要求。为达到高质量的数据组织结构，整个系统设计、开发都必须严格按照国家标准、行业标准、地方标准，以及系统建设规范的要求进行。

（3）可靠性：本系统平台以业务化运行为设计目标，需要有足够的可靠性和稳定性。在软、硬件故障发生意外的情况下，仍能很好地对错误进行处理，给出报告，得到及时的恢复，减少不必要的损失，另外系统在提交前必须经过反复的测试，保证其能够长期正常地运转下去。因此，系统平台需要具备数据库的备份和恢复、并发处理、异常处理等各类保障平台可靠性的功能。

（4）安全性：为确保数据的安全性和一致性，本系统将用户对功能模块和数据的访问权限进行分级管理，同时增加事务处理、日志管理等功能加强数据保护。

9.2　系统需求

9.2.1　用户需求

建立一套集多源数据融合、技术体系集成和可视化表达于一体的资源环境承载力评价组件式系统，可供相关各级业务部门推广使用。

资源环境承载力分类评价与综合评价技术系统集成方法：

（1）数据集成。基于资源环境承载力评价系统指标体系，实现多源数据融合与关键指标的信息抽取，建立资源环境承载力集成方法，构建了资源环境基础数据库。将基础数据库、专题数据库、成果数据库分别管理。

（2）模型方法集成。基于资源环境基础数据库，针对资源环境承载力分类及综合评价技术，构建开放的、可扩展的模型库架构。在数据库、技术方法和模型库的支持下，对地形、地被、气候、水文、经济、交通等资源环境承载力分类评价技术及资源环境承载力综合评价模型进行了系统集成。

（3）构建资源环境承载力分类评价与综合评价系统。资源环境承载力分类评价和综合评价系统主界面包括标题栏、主菜单（由数据库管理、分类评价、综合评价等模块构成），主面板三部分。主面板分为左右两部分，左边显示登录信息和系统简介部分，右边显示资源环境承载力系统主要功能简介。数据库菜单包括基础数据库，专题数据库和成果数据库，分类评价包括人居环境、资源环境、社会经济发展几部分，综合评价包括公里格网和行政单元两个尺度的综合评价。

9.2.2　数据需求

数据需求如表9-1所示。

表 9-1　数据需求

一级模块	二级模块	数据类型
人居环境指数	地形起伏度	DEM 高程
		人口密度
	气候适宜性	温度标准产品
		相对湿度标准产品
		人口密度
	水文适宜性	地表水分指数
		降水数据
		人口密度
	地被适宜性	土地覆被类型
		裸地数据
		归一化植被指数
		人口密度
资源环境承载指数	水资源承载指数	水资源可利用量（W）
		人均综合用水量（Wpc）
		现实人口数量（Pa）
	土地资源承载指数	耕地生产力（Cl）
		现实人口数量（Pa）
		耕地资源和草地资源产品转换为热量总量（En）
		耕地资源和草地资源产品转换为蛋白质总量（Pr）
	生态承载指数	生态供给量（SNPP）
		农产品生活消耗量（CNPPla）
		林产品生活消耗量（CNPPlf）
		畜产品生活消耗量（CNPPls）
		人口数量（POP）
		动态参数（SNPP）
社会经济发展指数	人类发展指数	人均寿命
		人均教育程度
		人均 GDP
	交通通达指数	公路密度
		铁道密度
		河道密度
		航线密度
	城市化指数	城市化率
		城镇人口占比
		产业城镇化指数

9.2.3　系统功能需求

本系统根据功能划分将分为分类评价、综合评价、数据查询和数据管理 4 个主要功能，而每一种功能又分为若干模块。

1. 分类评价

分类评价是提供给用户计算各种类别资源环境承载力指数并对其进行有效分析的方法和工具，是本项目其他承载力评价技术课题组研究成果的固化和表达，也是本系统中最主要的功能之一。它包括以下几大模块：

（1）土地资源承载力评价。评价土地对人口的承载状况。

（2）水资源承载力评价。评价水资源对人口的承载状况。

（3）生态承载力评价。评价生态环境对人口的承载状况。

分类评价模块设计图如图9-1所示。

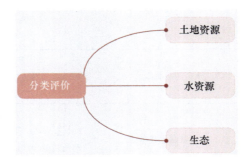

图9-1　分类评价模块设计

2. 综合评价

综合评价是各种资源环境承载力分类评价的综合，是整个生态环境承载力的完整体现。综合评价功能包括以下几大模块：

（1）模型建立。建立每种综合评价的计算模型和数据模板。

（2）指标计算。按照各种综合评价模型计算资源环境承载力综合指数。

综合评价模块设计图如图9-2所示。

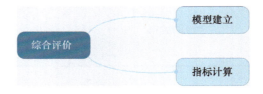

图9-2　综合评价模块设计

3. 数据查询

数据查询为用户提供本系统相关的各种多源数据的检索、浏览。具体模块包括：

（1）数据检索。根据数据表中的各种字段或字段组合检索数据。

（2）数据浏览。显示指定数据的详细信息。

数据查询模块设计图如图 9-3 所示。

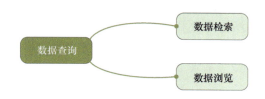

图 9-3　数据查询模块设计

4. 数据管理

数据管理功能主要提供针对数据库中数据的各种 DML 操作，包括数据的增、删、改，以及数据备份、恢复等模块。具体内容有：

（1）数据添加。将各种多源数据（包括数据文件及其属性信息）存储到数据库中。

（2）数据删除。从数据库中删除指定数据。

（3）数据更新。更新指定数据在数据库中的属性信息。

数据管理模块设计图如图 9-4 所示。

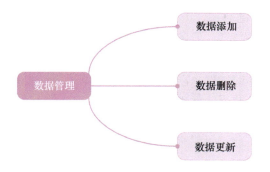

图 9-4　数据管理模块设计

9.3　系统总体框架

9.3.1　建设原则

1. 安全性设计

（1）本系统对软件技术等各方面均进行安全可靠性设计和建设，并提供了严格的安全管理制度和安全管理防范措施，为系统提供强大的管理机制、控制手段和网络安全保密的技术措施。

（2）本系统所使用的软件平台具有很好的安全机制和可靠性保障。系统对于各种数据的管理和操作，提供完善的分级授权机制，从而保证数据的安全和合理使用。

（3）系统具备持续、正常工作的能力和在错误干扰下重新恢复和启动的能力，不至于因某个动作或某个突发事件导致数据丢失和系统瘫痪。同时，系统采用组件化的开发模式，保证各功能模块设计时的低耦合度，使系统各个功能模块既相互独立，又可以灵活配置，使系统具备根据业务需求灵活调整的能力。

2. 稳定性设计

稳定性设计是用来提供系统稳定性保障。稳定性保障通常来讲是指保障系统在运行，运维过程中，即使面对各种极端情况或突发事件仍然能够提供持续的，可靠的服务能力。此处所指各种极端情况或突发事件包括且并不局限于机房级故障、城市级故障、线上故障、线上业务量瞬时爆发、持续快速增长、系统服务器故障、依赖数据库故障、环境数据改变、依赖系统故障等。

持续的、可靠的服务能力是指受影响集群依据突发情况严重程度，在业务可接受的时间范围内完成恢复或失败转移，继续提供正确的服务能力以及足够的运算能力。良好的设计，严格的、全面的测试验证，持续的运营维护，经验丰富的研发维护团队缺一不可。

（1）职责清晰：单一的系统，其稳定性保障的难度会小于大杂烩，功能繁多的系统，不同的业务功能，其业务特征，业务形态，业务量，资源使用形式，依赖关系都可能不同，如果混合在一个系统中，将很难避免相互影响。

（2）在可以达到目标的情况下，尽量选择简单的方案：无论从成本节省还是维护效率上都有所提升，两点之间直线最短，对于系统设计也是一样的。一定不要过度设计和为了技术而技术，否则技术线的加深，维护节点的增加都会带来更多的不稳定因素。

（3）技术成熟，标准化：通常来说，在企业级的应用中，技术选型是非常重要的，由于对可靠性有极高的要求，因此一种技术组件或框架，中间件在引入时要充分地考虑：

是否经过充分的验证。

是否有广泛的用户基础，有足够有经验的开发人员。

标准化则比较典型地运用于系统交互协议标准化，数据模型标准化，服务标准化，标准化带来的好处也非常显著：

规范系统之间的交互方式，便于维护，管理。

提升效率，避免重复造轮子。

降低技术学习曲线，解放人员劳动力。

信息理解无偏差，数据流动顺畅。

服务约定明确，能力清晰，对接效率高。

（4）健壮性：一般来讲是指系统的容错能力，无论是一次错误的输出，或是一个依赖服务的崩溃都不应该影响系统自身的服务能力和正确性。

3. 易用性设计

1）审美上令人愉悦

可以通过以下的图形设计原则制造感染力：

（1）在界面元素之间提供对比；

（2）创建分组；

（3）提供 3D 外观；

（4）元素可视化。

2）操作上简洁高效

（1）必须从用户的视角维护上下文；

（2）达成目标的形式应该是灵活的，并与用户的技能、习惯、经验相适应；

（3）提供反悔和取消的功能；

（4）系统不同控制流直接切换时应容易且自由；

（5）操作路径尽可能短。

9.3.2　技术框架

为了实现数据、算法、界面相分离的设计原则，本系统拟采用三层分层架构，由下至上依次分为数据层（data layer）、业务层（business layer）和展示层（presentation layer）。

三层架构有利于数据、算法、界面三者相分离，降低了系统的耦合性，使得开发人员的分工更加明确，加快了开发速度，减少了系统的开发周期；同时三层架构模式也提高了系统的可复用性，使得系统更具扩展性，也便于系统后期版本的修改和维护。总体结构设计图如图 9-5。

承载力系统主要用于不同的分类评价承载力和综合评价承载力计算，系统为每个模型设计独立的数据模型，所有的模型承载力计算采用相同的结构。

1. 分类评价数据模型

1）人居环境指数模型

地形适宜性；

气候适宜性；

水文适宜性；

地被适宜性。

2）资源承载指数模型

水资源承载指数；

土地资源承载指数；

生态承载指数。

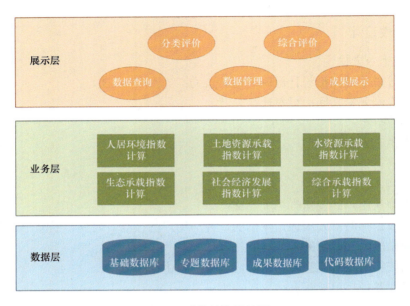

图 9-5　总体结构设计图

3）社会经济发展指数模型
人类发展指数；
交通通达指数；
城市化指数。

2. 综合评价数据模型

1）资源环境综合承载指数模型
2）资源环境综合承载力警示性分级
由于每个模型的计算具有同质性，系统采用以下结构来实现分类评价和综合评价模型的计算（图 9-6）。

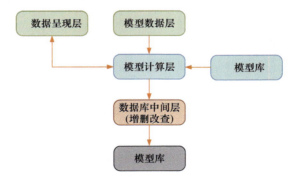

图 9-6　承载力系统功能详细设计框架

9.3.3　业务流程

本系统具有多数据类型、多模块计算、多级分类模型的结构特点，每类分类评价都有不同的计算模型和数据模型，但是每个模型的计算具有同质性，为了能兼容各种数据模型的输入和计算，系统将全部计算模型统一为公里格网尺度和行政单元尺度两个类别。

对于公里格网尺度的数据模型，我们首先选择要进行计算分析的分类指标模型，然后根据实际情况，自主选择是否采用默认的计算模板，如果选用默认的计算模板，则系统自动开始进行模型计算，如果用户不希望选用默认的计算模板，也可以上传栅格数据，由系统进行实时的模型计算，业务流程如图 9-7。

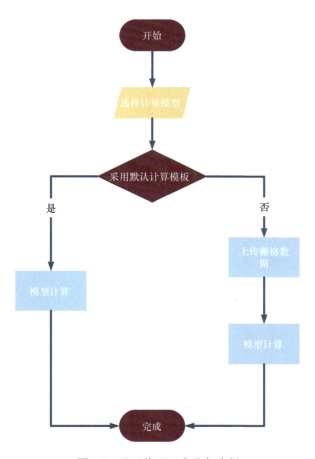

图 9-7　公里格网尺度业务流程

对于行政单元尺度的数据模型，系统采用 Excel 模板的方式作为数据，计算模型的具体流程如图 9-8。

235

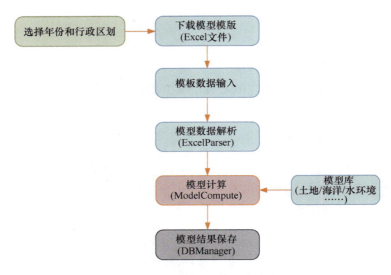

图 9-8　行政单元尺度业务流程

9.4　系统建设

丝路共建地区资源环境承载力分类评价与综合评价系统的建设思路遵循"人居环境适宜性分区—资源环境承载力限制性分类—社会经济发展适应性分等—资源环境承载力警示性分级"的资源环境承载力综合评价流程，由分类到综合，建立基于人居环境适宜指数、资源承载限制指数和社会经济发展指数的资源环境综合承载指数模型，逐步完成人居环境适宜性分区、水土资源和生态环境限制性分类、社会经济发展适应性分等，以及资源环境承载状态警示性分级各个子系统。丝路共建地区资源环境承载力分类评价与综合评价系统主界面如图 9-9 所示。

9.4.1　人居环境适宜性评价子系统建设

人居环境适宜性评价子系统以气候数据、数字高程模型（DEM）、归一化植被指数、土地利用数据以及河流水网等数据为基础，建立基于地形起伏度、地被指数、水文指数和温湿指数的人居环境适宜指数模型，以公里格网为分析单元，逐步完成区域人居环境适宜性评价与适宜性分区。人居环境适宜性评价子系统界面如图 9-10 所示。

9.4.2　资源环境承载力限制性评价子系统建设

资源环境承载力限制性评价子系统以土地面积、粮食和肉类产量、多年平均水资源量、生态消耗等数据为基础，建立基于土地资源承载指数、水资源承载指数和生态承载指数的资源承载限制指数模型，以国别或公里格网为研究单元，逐步完成水土资源和生

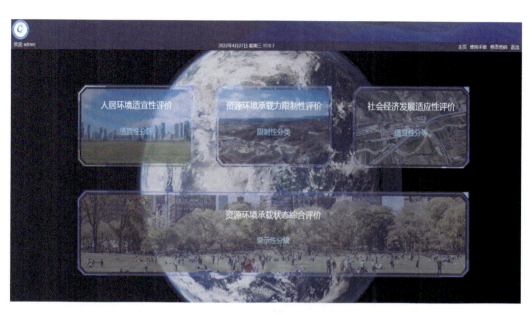

图 9-9　丝路共建地区资源环境承载力分类评价与综合评价系统主界面

图 9-10　人居环境适宜性评价子系统

态环境承载力评价和限制性分类。资源环境承载力限制性评价子系统界面如图 9-11 所示。

9.4.3　社会经济发展适应性评价子系统建设

社会经济发展适应性评价子系统以人均 GDP、人口密度、夜间灯光、道路等数据为基础，建立基于人类发展指数、交通通达指数和城市化指数的社会经济发展指数模型，以国别或公里格网为研究单元逐步完成区域社会经济发展水平评价与适应性分等。社会经济发展适应性评价子系统界面如图 9-12 所示。

图 9-11　资源环境承载力限制性评价子系统

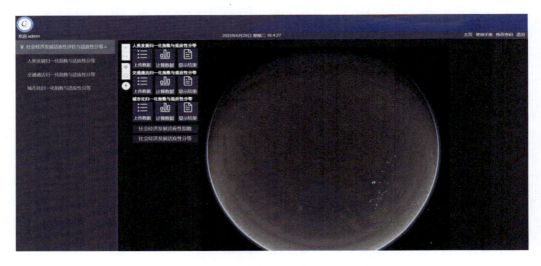

图 9-12　社会经济发展适应性评价子系统

9.4.4　资源环境承载状态综合评价子系统建设

资源环境承载状态综合评价子系统以人居环境适宜指数、资源承载限制指数和社会经济发展指数数据为基础，建立具有平衡态意义的资源环境承载力综合评价的三维四面体模型，从分项到综合，逐级实现丝路共建地区资源环境承载力综合计量与警示性分级。资源环境承载状态综合评价子系统界面如图 9-13 所示。

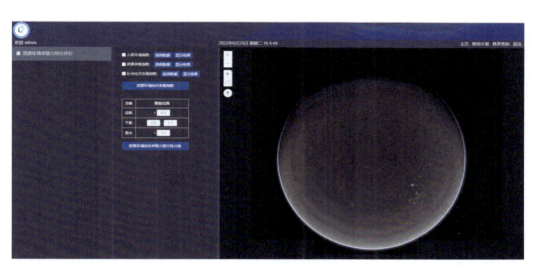

图 9-13   资源环境承载状态综合评价子系统

9.5   系统实践与应用

丝路共建地区资源环境承载力分类评价与综合评价系统是资源环境承载力评价的数字化与系统化平台。登录系统后，在对承载力评价之前，首先对评价的尺度进行选择，其中包括公里网格与行政单元两种尺度，如图 9-14 所示。

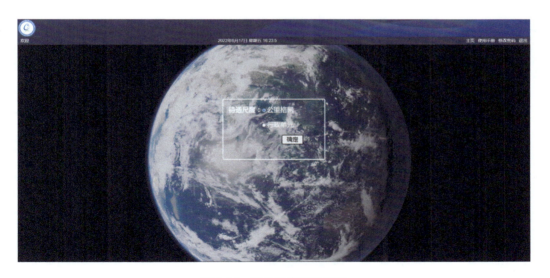

图 9-14   评价尺度选择界面

点击"确定"后，进入系统的主页面。该系统包括了"人居环境适宜性评价""资源环境承载力限制性评价""社会经济发展适应性评价""资源环境承载状态综合评价"

四个模块。同时，还具有返回主页、查阅使用手册、修改系统登录密码、安全退出系统等功能（图9-15）。

图9-15　丝路共建地区资源环境承载力分类评价与综合评价系统主页面

每个模块还分别具有悬浮指引功能，光标在特定模块悬浮时，可以查看评价该模块所需的指标。与此同时，点击相应的评价指标，可以直接进入该指标的计算界面。例如，将光标悬浮在"人居环境适宜性评价"模块，页面显示人居环境的适宜性以"人居环境指数"来表征，而"人居环境指数"是结合"地形起伏度""温湿指数""水文指数""地被指数"综合计算得到的（图9-16）。

图9-16　主页面各评价模块的悬浮功能展示（以人居环境适宜性评价为例）

9.5.1　人居环境适宜性评价

人居环境适宜性评价主要是基于公里网格尺度上的评价。进入"人居环境适宜性评价"模块，页面分为三个部分：最左侧是各评价指标的目录栏；主界面左侧是评价指标项及目标项的功能栏；主界面是对评价结果的可视化展示（图9-17）。

评价指标的目录具有展示及点击计算的功能。例如，点击"地形起伏度与地形适宜性"按钮，即可显示该指标的计算界面。

图 9-17　人居环境适宜性评价界面

评价的指标及目标项的功能栏具有"上传数据""计算数据""显示结果"三个功能。

可视化展示区域是对已上传数据的可视化显示，或通过计算相应指标，对其计算结果的可视化显示。

1. 地形起伏度与地形适宜性

"地形起伏度与地形适宜性"具有"上传数据""计算数据""显示结果"三个功能。

"上传数据"可完成本地数据的上传。

"计算数据"是通过对相应指标的计算完成地形起伏度与地形适宜性的评价（图9-18）。通过上传 DEM 数据、人口密度数据，形成不同海拔人口分布的散点图。在此基础上，通过设置分区阈值，即可显示地形适宜性分区的空间分布。

"显示结果"可对上传或计算数据进行可视化展示。

2. 温湿指数与气候适宜性

"温湿指数与气候适宜性"具有"上传数据""计算数据""显示结果"三个功能。

"上传数据"可完成本地数据的上传。

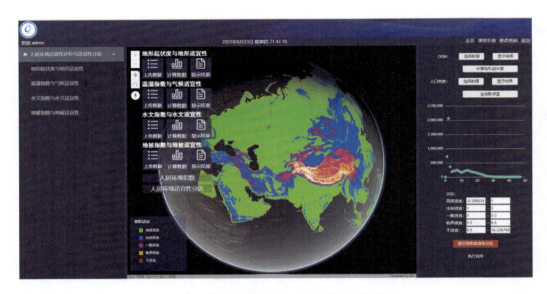

图 9-18 地形起伏度与地形适宜性的计算界面

"计算数据"是通过对相应指标的计算完成温湿指数与气候适宜性的评价（图 9-19）。通过上传温度数据、相对湿度数据、人口密度数据，形成不同气候条件下人口分布的散点图。在此基础上，通过设置分区阈值，即可显示气候适宜性分区的空间分布。

"显示结果"可对上传或计算数据进行可视化展示。

图 9-19 温湿指数与气候适宜性的计算界面

3. 水文指数与水文适宜性

"水文指数与水文适宜性"具有"上传数据""计算数据""显示结果"三个功能。

"上传数据"可完成本地数据的上传。

"计算数据"是通过对相应指标的计算完成水文指数与水文适宜性的评价（图9-20）。通过上传地表水分数据、降水数据、人口密度数据，形成不同水文条件下人口分布的散点图。在此基础上，通过设置分区阈值，即可显示水文适宜性分区的空间分布。

"显示结果"可对上传或计算数据进行可视化展示。

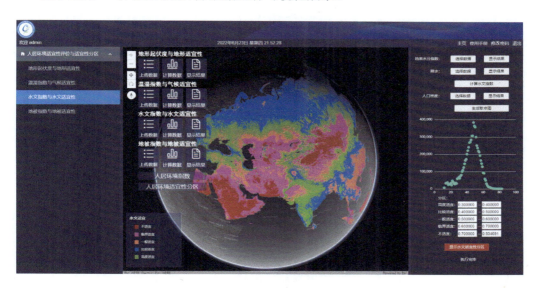

图 9-20　水文指数与水文适宜性的计算界面

4. 地被指数与地被适宜性

"地被指数与地被适宜性"具有"上传数据""计算数据""显示结果"三个功能。

"上传数据"可完成本地数据的上传。

"计算数据"是通过对相应指标的计算完成地被指数与地被适宜性的评价（图9-21）。通过上传土地覆被类型数据、归一化植被指数数据、人口密度数据，形成不同地被条件下人口分布的散点图。在此基础上，通过设置分区阈值，即可显示地被适宜性分区的空间分布。

"显示结果"可对上传或计算数据进行可视化展示。

5. 人居环境适宜性分区

基于地形适宜性、气候适宜性、水文适宜性、地被适宜性的结果，通过设置人居环境的分区阈值，即可显示人居环境适宜性分区的空间分布（图9-22）。

9.5.2　资源环境承载力限制性评价

资源环境承载力限制性评价模块包含水资源承载力评价与限制性分类、土地资源承

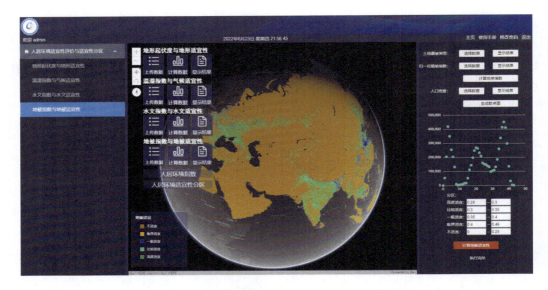

图 9-21　地被指数与地被适宜性的计算界面

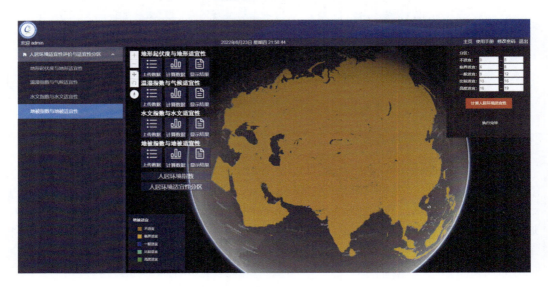

图 9-22　人居环境适宜性分区界面

载力评价与限制性分类、生态承载力评价与限制性分类三个部分，每个部分都涵盖了基于公里网格和行政单元两种评价尺度（图 9-23）。

1. 水资源承载力评价与限制性分类

1）公里网格尺度

公里网格尺度的"水资源承载力评价与限制性分类"具有"上传数据""计算数据""显示结果"三个功能。

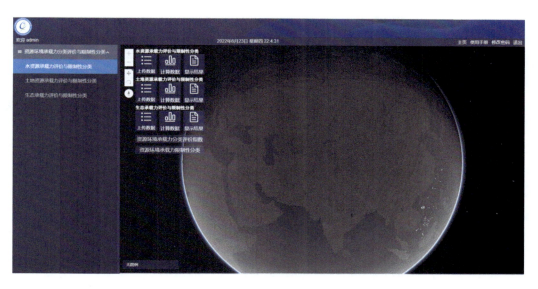

图 9-23 资源环境承载力分类评价与限制性分类界面

"上传数据"可完成本地数据的上传。

"计算数据"是通过对相应指标的计算，完成水资源承载力评价与限制性分类（图9-24）。通过上传水资源可利用量数据、人均综合用水量数据，计算得到水资源承载力。结合人口规模数据，进一步计算得到水资源承载指数。最后，根据水资源承载指数的分区阈值，即可得到水资源承载状态的空间分布。

"显示结果"可对上传或计算数据进行可视化展示。

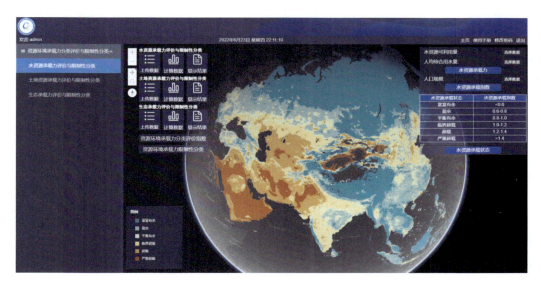

图 9-24 水资源承载力评价与限制性分类的计算界面（公里网格尺度）

2）行政单元尺度

行政单元尺度的"水资源承载力评价与限制性分类"具有"下载模板""上传参数""计算数据""显示结果"四个功能。

"下载模板"可实现对该指标计算项空白表格的下载；

"上传参数"是在已下载空白表格进行相应数值填写后，将该表格上传到系统，为后续分析与评价提供数据基础；

"计算数据"是通过对相应指标的计算，完成水资源承载力评价与限制性分类（图9-25）。通过上传水资源可利用量数据、人均综合用水量数据，计算得到水资源承载力。结合人口规模数据，进一步计算得到水资源承载指数。最后，根据水资源承载指数的分区阈值，即可得到水资源承载状态的空间分布。

"显示结果"可对上传或计算数据进行可视化展示。

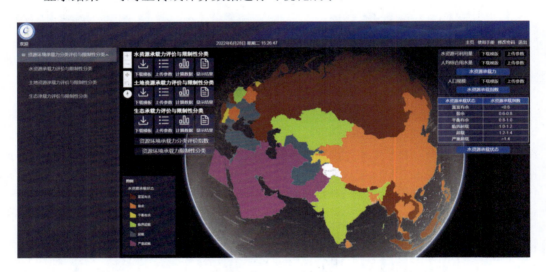

图 9-25　水资源承载力评价与限制性分类的计算界面（行政单元尺度）

2. 土地资源承载力评价与限制性分类

1）公里网格尺度

公里网格尺度的"土地资源承载力评价与限制性分类"具有"上传数据""计算数据""显示结果"三个功能。

"上传数据"可完成本地数据的上传。

"计算数据"是通过对相应指标的计算，完成土地资源承载力评价与限制性分类（图9-26）。通过上传土地资源生产力数据、土地资源消费量数据，计算得到土地资源承载力。结合人口规模数据，进一步计算得到土地资源承载指数。最后，根据土地资源承载指数的分区阈值，即可得到土地资源承载状态的空间分布。

"显示结果"可对上传或计算数据进行可视化展示。

图 9-26　土地资源承载力界面（公里网格尺度）

2）行政单元尺度

行政单元尺度的"土地资源承载力评价与限制性分类"具有"下载模板""上传参数""计算数据""显示结果"四个功能。

"下载模板"可实现对该指标计算项空白表格的下载；

"上传参数"是在已下载空白表格进行相应数值填写后，将该表格上传到系统，为后续分析与评价提供数据基础；

"计算数据"是通过对相应指标的计算，完成土地资源承载力评价与限制性分类（图9-27）。通过上传土地资源生产力数据、土地资源消费量数据，计算得到土地资源承载

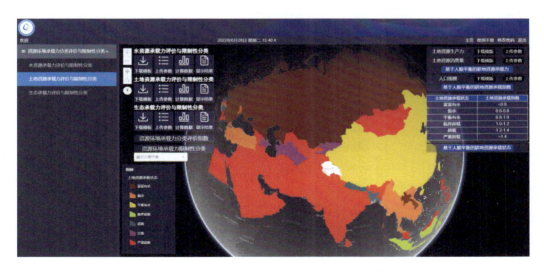

图 9-27　土地资源承载力界面（行政单元尺度）

力。结合人口规模数据，进一步计算得到土地资源承载指数。最后，根据土地资源承载指数的分区阈值，即可得到土地资源承载状态的空间分布。

"显示结果"可对上传或计算数据进行可视化展示。

3. 生态承载力评价与限制性分类

1）公里网格尺度

公里网格尺度的"生态承载力评价与限制性分类"具有"上传数据""计算数据""显示结果"三个功能。

"上传数据"可完成本地数据的上传。

"计算数据"是通过对相应指标的计算，完成生态承载力评价与限制性分类（图9-28）。通过上传生态供给量数据、生态消耗量数据，计算得到生态承载力。结合人口规模数据，进一步计算得到生态承载指数。最后，根据生态承载指数的分区阈值，即可得到生态承载状态的空间分布。

"显示结果"可对上传或计算数据进行可视化展示。

图9-28　生态承载力评价与限制性分类的计算界面（公里网格尺度）

2）行政单元尺度

行政单元尺度的"生态承载力评价与限制性分类"具有"下载模板""上传参数""计算数据""显示结果"四个功能。

"下载模板"可实现对该指标计算项空白表格的下载；

"上传参数"是在已下载空白表格进行相应数值填写后，将该表格上传到系统，为后续分析与评价提供数据基础；

"计算数据"是通过对相应指标的计算，完成生态承载力评价与限制性分类（图9-29）。通过上传生态供给量数据、生态消耗量数据，计算得到生态承载力。结合人口

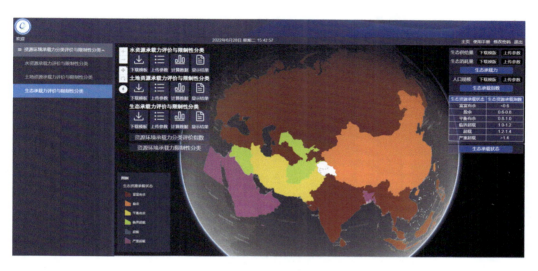

图 9-29　生态承载力评价与限制性分类的计算界面（行政单元尺度）

规模数据，进一步计算得到生态承载指数。最后，根据生态承载指数的分区阈值，即可得到生态承载状态的空间分布。

"显示结果"可对上传或计算数据进行可视化展示。

9.5.3　社会经济发展适应性评价

社会经济发展适应性评价模块包含人类发展归一化指数与适应性分等、交通通达归一化指数与适应性分等、城市化归一化指数与适应性分等三个部分，每个部分都涵盖了基于公里网格和行政单元两个分析单元（图 9-30）。

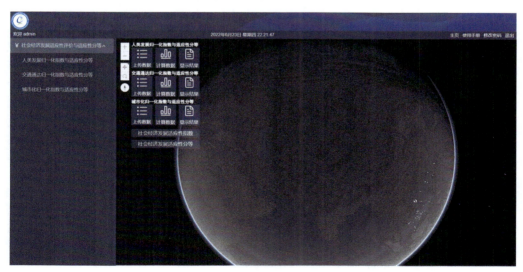

图 9-30　社会经济发展适应性评价界面

1. 公里网格尺度

基于人类发展归一化指数、交通通达归一化指数、城市化归一化指数，可计算得到社会经济发展适宜性指数，进而实现公里网格尺度上社会经济发展适应性分等（图 9-31）。

图 9-31　社会经济发展适应性分等界面（公里网格尺度）

2. 行政单元尺度

基于人类发展归一化指数、交通通达归一化指数、城市化归一化指数，可计算得到社会经济发展适应性指数，进而实现行政单元尺度上社会经济发展适应性分等（图 9-32）。

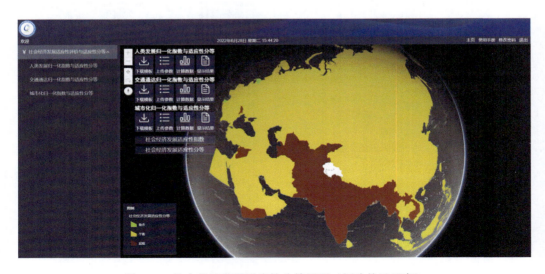

图 9-32　社会经济发展适应性分等界面（行政单元尺度）

9.5.4 资源环境承载状态综合评价

1. 公里网格尺度

基于人居环境指数、资源承载指数、社会经济发展指数计算得到的资源环境综合承载指数。通过设置资源环境承载力分级阈值，最终形成公里网格尺度上资源环境承载状态综合评价结果（图 9-33、图 9-34）。

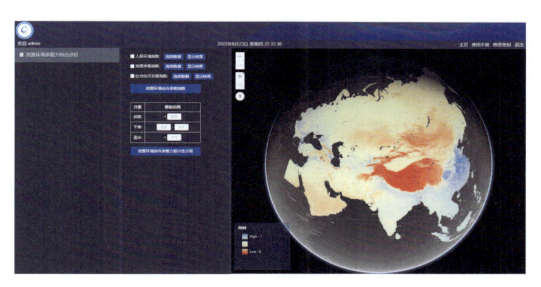

图 9-33　资源环境综合承载指数界面（公里网格尺度）

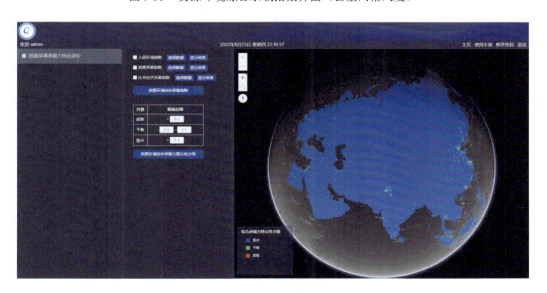

图 9-34　资源环境综合承载力警示性分级界面（公里网格尺度）

2. 行政单元尺度

基于人居环境指数、资源承载指数、社会经济发展指数计算得到的资源环境综合承载指数。通过设置资源环境承载力分级阈值，最终形成行政单元尺度上资源环境承载状态综合评价结果（图9-35、图9-36）。

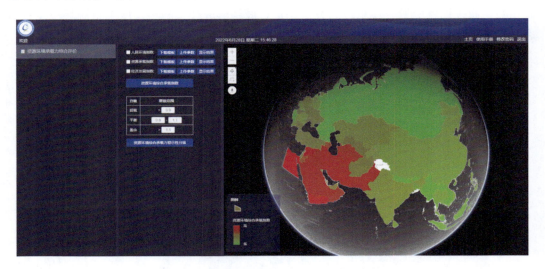

图 9-35　资源环境综合承载指数界面（行政单元尺度）

图 9-36　资源环境综合承载力警示性分级界面（行政单元尺度）

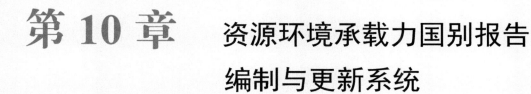

第 10 章　资源环境承载力国别报告编制与更新系统

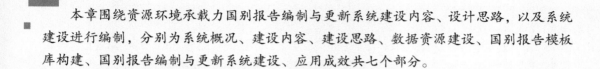

本章围绕资源环境承载力国别报告编制与更新系统建设内容、设计思路，以及系统建设进行编制，分别为系统概况、建设内容、建设思路、数据资源建设、国别报告模板库构建、国别报告编制与更新系统建设、应用成效共七个部分。

10.1　系统概况

国别评价涉及多个国家，建立一致性的、规范的报告体系至关重要。因此，需要设计资源环境承载力评价国别报告生成的业务化流程。在理论分析与需求调研基础上，采用标准化流程设计方法，为资源环境承载力国别报告的编制提供标准化的生成机制，同时为报告的快速编制与更新提供工具支撑。

资源环境承载力评价国别报告编制与更新系统建设，主要包括资源环境承载力国别报告业务化流程设计、资源环境承载力国别报告模板库构建，以及国别报告编制与更新系统设计和功能实现三部分。由于国别评价涉及国家较多，编制流程复杂多变，需要对每块研究任务进行深入分析，同时要明确各块任务之间的关系，确保各块任务科学衔接。

10.2　建设内容

综合考虑国别资源环境承载力的分类评价与综合评价、现状评价与趋势预测等报告的需求，集成模板库管理技术与业务流程控制技术，首先开展资源环境承载力国别报告业务化流程设计，在此基础上，完成资源环境承载力国别报告模块的构建，最终实现国别报告编制与更新系统的设计与研发。

10.2.1　资源环境承载力国别报告业务化流程设计

国别评价涉及多个国家，因此，需要设计资源环境承载力评价国别报告生成的业务化流程，用以明确国别评价报告的任务定制方式，国别报告数据提取的机制与过程，同时需要制定出专题产品的生成要求，明确评价报告的快速生成模式，为国别报告编制与更新系统的设计与开发提供理论支撑。

10.2.2 资源环境承载力国别报告模板库构建

资源环境承载力报告模板库是国别报告业务化流程的基础。设计共建国家资源环境承载力评价国别报告标准化模板主要包括文档模板、报表模板、地图模板，结合 GIS 系统强大的数据分析与制图功能，设计图、文、表一体化的报告模板，在此基础上建设资源环境承载力国别报告模板库，为国别报告编制与更新系统提供模板支撑，确保国别报告的快速发布。

10.2.3 国别报告编制与更新系统设计和功能实现

在遵循实用性、可靠性、开放性、科学性、规范化和人性化等原则的前提下，采用 C/S 架构，基于经典的三层体系架构，存储层、业务逻辑层、展示层，采用 C# 7.0、ESRI、ArcGIS、GDAL、Office、DevExpress、数据库等技术进行资源环境承载力评价国别报告编制与更新系统的总体设计和详细设计，实现模板库选择、数据接入、模板制作，以及国别报告的自动生成与发布等功能。

10.3 建设思路

10.3.1 建设原则

资源环境承载力国别报告编制与更新系统的建设必须是可扩展的体系结构，以便满足不同评价场景下的应用需求，同时以满足实际应用为出发点，设计时主要遵循以下原则：

（1）可靠性。采用性能可靠、技术成熟、功能完善，系统配置灵活、操作方便、布局合理，满足不同场景的工作要求，可靠性和可用率高，不会因任何操作引起系统错误或闪退。

（2）兼容性。本系统在设计中充分考虑各任务、各系统之间的关系，提供开放的 API 软件接口，使得其他课题可以更好地为资源环境承载力评价国别报告编制与更新系统实现更丰富的业务功能提供支撑。

（3）先进性。采用先进的技术，包括基于 GIS 的空间建模技术、采用面向对象的分析与设计思路、面向空间数据仓库的设计与应用，为资源环境承载力国别报告编制与更新系统提供技术保障。

（4）扩展性。系统设计充分考虑扩展性，采用标准化设计，严格遵循相关技术的国际、国内和行业标准，确保系统之间的透明性和互联互通，并充分考虑与其他系统的连接，便于系统扩容、升级。

10.3.2　技术框架

资源环境承载力评价国别报告模板库主要由国别报告模板和模板库组成，通过资源环境承载力空间数据库接口、模板库接口实现模板的应用及模板的管理，从而支撑文档、报表、地图的快速生成（图 10-1）。

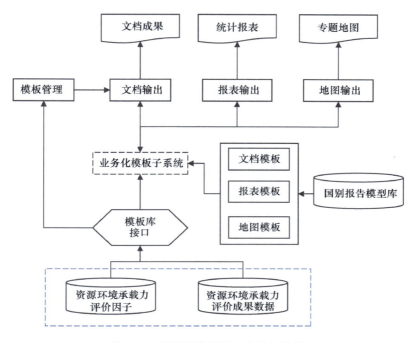

图 10-1　国别报告模板库总体架构图

国别报告数据主要包括资源环境承载力评价因子及资源环境承载力评价成果。在此基础上，构建国别报告模板库，对文档模板、报表模板、地图模板进行管理，通过模板库接口实现对资源环境承载力评价数据的调用，利用业务化模板子系统实现对模板的选取和文档、报表、地图的生成，为国别报告编制与更新系统提供基础支撑。

10.3.3　业务流程

资源环境承载力评估报告的编制，需要满足不同国家报告的编制需求，考虑到不同国家的之间地理位置、资源类别、关注重点的差异性，因此开展详细的理论分析需求调研，明确模板库管理技术、业务流程控制技术、数据服务发布技术、系统需求分析；在此基础上开展业务流程标准化制定，最后开展系统设计和研发，形成满足不同国家报告编制要求的系统工具（图 10-2）。

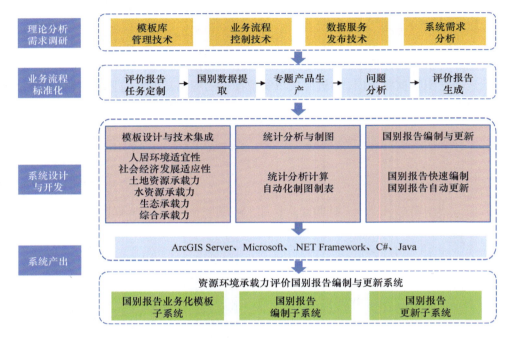

图 10-2　国别报告编制与更新系统研发技术路线图

1. 理论分析需求调研

资源环境承载力国别报告的业务化运行，对报告的生产质量和效率至关重要，因此在开展国别报告编制与更新系统研发之前，需要开展需求调研及理论研究工作。理论研究主要包括研究目前主流的模板库管理技术、业务流程控制技术、数据服务发布技术；需求调研主要调研国别报告编制与更新系统的用户，明确系统功能需求，为系统研发奠定坚实的理论基础和需求基础。

2. 业务流程标准化

业务流程的标准化是提高国别报告质量和效率的最佳路径，从国别报告任务制定到报告生成，制定一套简练、完备的标准化流程，是国别报告编制与更新系统设计研发的前提。通过对国别报告的生产流程的调研与分析，明确报告定制任务的发起机制，同时需要重点考虑报告中所需数据的来源及提取过程，为报告中专题产品的生产提供数据保障，最终形成报告问题分析和校验机制，确保报告质量，最终支撑系统的设计和研发。

3. 系统设计与开发

国别报告的编制主要依赖资源环境承载力分类评价与综合评价系统得到的承载力评价成果，主要包括：人居环境适宜性、社会经济发展适应性、土地资源承载力、水资源承载力、生态承载力、综合承载力等。在此基础上，采用 GIS 空间建模等技术，构建国别报告模块库，实现对文档模板、报表模板、地图模板的管理，支撑统计分析计算，实现专题成果的生产。最后采用.Net Framework，开展国别报告编制与更新系统的研发，实现国别报告的快速编制及更新。

4. 系统产出

针对理论分析及需求调查，以及标准化业务流程，最终形成资源环境承载力评价国别报告编制与更新系统，包括国别报告业务化模板子系统、国别报告编制子系统、国别报告更新子系统。

10.3.4 技术方法

进行资源环境承载力评价国别报告编制与更新系统主要运用 GIS 空间对象建模、面向对象的分析与设计和空间数据仓库等多种建模理论与方法。

1. 基于 GIS 的空间建模技术

资源环境承载力评价结果具有明显的时空分布特征，通过 GIS 技术的空间数据建模可以实现对资源环境承载力的空间化管理。基于 GIS 的空间数据建模技术不仅可以实现资源环境承载力成果的快速提取，也可以满足基于空间位置的数据查询、统计等操作，强大的 GIS 分析功能还可以支持复杂如空间对象关联关系、分布规律等，为国别报告模板库的设计与实现，打下坚实的应用基础。

2. 采用面向对象的分析与设计思路

采用面向对象的方法对国别报告模板库进行设计，建立面向对象的模板库结构，形成面向对象的模板库管理模式，是当前 GIS 发展的新一代空间数据结构和管理方式，提高了模板及模板数据管理的结构化程度。通过建立完整统一的模板库规则，可以实现模板输入要素对象的几何图形特征与属性特征、个体特征与关系特征、当前时态特征与历史时态特征、实体数据与元数据的一体化管理，可有效地满足模板库的管理维护的便捷性和灵活性的双重需要。

3. 面向空间数据仓库的设计与应用

采用面向空间数据仓库的设计，将不同报告模板需要的不同类型、不同结构的承载力评估数据中的地理空间数据、专题数据及时间数据的统一、整合、集成处理，形成注册到模板库中的数据操作模式。根据实际模板需要，对这些数据进行分析，处理形成满足模板要求的多类型计算成果，报告编制与更新系统利用空间数据仓库的技术，从多维的角度进行报告业务化模板重构，最终可实现综合的、多维的、面向用户的资源环境承载力评价国家报告编制，满足用户决策分析的需求。

10.4　数据资源建设

10.4.1　数据集成接入

结合老挝、孟加拉国等国家的国别报告样式及模板要素，进行了国别报告编制与更新系统数据来源的梳理和分析，明确系统所需的数据资源清单，所需数据内容如图 10-3 所示：

图 10-3　国别报告编制与更新系统所需数据内容

国别报告所需数据内容涵盖基础地理、遥感影像、自然资源、生态环境等四个方面，数据主要来源于其他课题，国别报告编制与更新系统通过数据接口的方式获取数据。

10.4.2　数据整合处理

通过系统接口获取数据资源后，需要对数据内容进行统一组织、整理，在充分保证数据结构严谨、不重复存储数据内容的前提下，不出现有效信息丢失等问题，以便于形成标准化的报告模板。

在处理不同类型数据时，可参考相应行业的数据整合标准，减少数据整合工作量，通过人机交互与人工甄别两种方式完成数据资源整合工作，同时在数据成果最终形成模板库之前，需要对成果数据按照数据成果需求进行详细的成果质检，形成标准化数据资源，以便国别报告编制与更新使用，数据整合处理流程如图 10-4。

1. 数据分析与检查

对汇集数据库中待整合对象的属性内容进行确认，包括数据属性字段项是否满足业务需要，字段内容是否有缺失，并进行数据的时效性分析，进行空间数据的一致性检查、拓扑检查，判断属性同空间元素是否对应等。

2. 数据对照映射关系梳理

对不同来源中的数据进行关系梳理，并构建数据源与目标数据模型的对照映射关

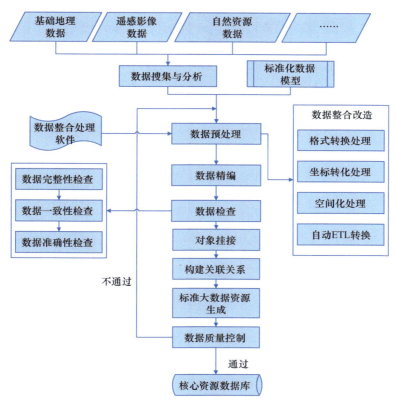

图 10-4　数据资源整合改造流程

系，判断是否涵盖目标对象数据模型中涉及的全部属性内容，并建立对应关系，明确数据抽取原则及优先级排序。

3. 数据预处理

汇集数据来源广，种类多，需要按照目标数据规范进行预处理，按照梳理的对照映射关系进行处理，包括格式规范化、语义规范化、矢量数据编辑及转换，即属性数据的字段类型、单位统一、属性的枚举值域转换、根据空间数据进行空间标识信息的转化，空间数据的坐标转换、投影变换、影像预处理等。

4. 数据质量控制

对预处理后的数据进行整体质量控制，最终保证基础信息整合结果的准确无误。具体内容如下：

（1）整合前后的数据一致性检查；整合前后数据内容的一致性及准确性检查。

（2）逻辑一致性控制，检查各层是否有重复的要素。

（3）检查各要素的关系是否合理，有无矛盾等方面。

（4）要素完备性与现势性控制。

261

10.4.3　数据资源结构设计

从所需数据内容上看，数据资源主要是将国别报告编制与更新系统所需的各类数据成果进行处理和管理；从数据时态上看，除现势数据管理外，还须进行不同版本数据的管理；从数据模型上看，系统管理对象涵盖了矢量、栅格、格网、表格，因此国别报告编制与更新系统所需数据资源结构是一个多类型和多时态的综合体（图10-5）。

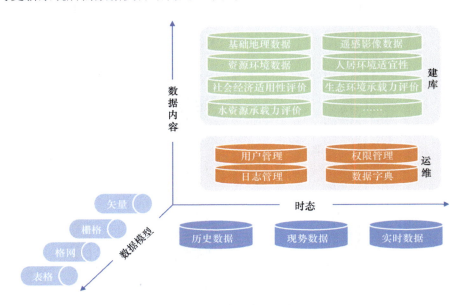

图 10-5　数据资源结构

1. 数据内容

国别报告编制与更新系统所需数据资源共涉及 8 类，包括国家数据、基础数据、人口数据、高程数据、土地利用数据、土壤质地数据、土壤类型数据、专题数据，数据主要来源于其他课题成果（表 10-1）。

表 10-1　数据资源名录

序号	数据类别	数据名称	备注
1	国家数据	国家名录	包含国家代码
2	基础数据	基础地理数据	
		专题数据	
		国别数据	
3	人口数据	历年人口值	2000/2005/2010/2015/2020 年
4	高程数据	坡度等级值	
		高程等级值	
5	土地利用数据	历年土地利用统计表	1992～2018

续表

序号	数据类别	数据名称	备注
6	土壤质地数据	土壤质地分类统计表	
7	土壤类型数据	土壤类型统计表	
8	专题数据	生态承载力 水资源承载力 土地资源承载力 人居环境适宜性评价 社会经济适应性评价	

2. 数据表设计

通过对各类数据资源进行分析，同时结合系统的应用需求，按照系统实现过程，对数据内容、格式和属性按照数据库表项目内容进行了详细定义和设计，形成的数据表如表 10-2 所示。

表 10-2　数据表设计

序号	表名	表内容
1	NATIONS	国家列表
2	PROJECT	报告名称
3	PROJECT_ITEMS	报告内容
4	TB_BASIC_LANDFLOW	概述–土地覆盖分类面积
5	TB_BASIC_LANDUSE	概述–土地利用
6	TB_BASIC_MAINSOILTYPE	概述–主要土地类型
7	TB_BASIC_RAIN	概述–降水量
8	TB_BASIC_SOILTYPE	概述–土地类型
9	TB_BASIC_TEMPERATURE	概述–气温
10	TB_POPU_BHTJ	人口–人口年均增速和增幅变化
11	TB_POPU_CZH	人口–人口变化趋势
12	TB_POPU_EDUSTATE	人口–教育状态
13	TB_POPU_NATION	人口–各民族人口数量
14	TB_POPU_QUANTITY	人口–各省人口数量
15	TB_POPU_QUANTITY_SUM	人口–各年份人口总数
……		……

10.5　国别报告模板库构建

10.5.1　模板库结构设计

模板结构遵循一致的接口规范，包括输入、输出、参数表和调用接口，这样有利于模板库的统一管理，国别报告编制与更新系统也可以通过一致的模式调用所有模板。模板结构如图10-6所示。

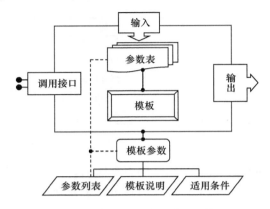

图 10-6　国别报告编制模板结构图

（1）模板对外预留调用接口，这是国别报告编制与更新系统调用模板的唯一入口，调用接口中包括函数声明、参数声明和返回值声明。

（2）模板的输入由参数表控制，可能的输入包括资源环境承载力评价因子、资源环境承载力评估结果等。模板的输出通常是模板的分析结果，按照统一规定的模式提交，包括文档、报表、地图。

（3）模板和模板参数密不可分，模板参数描述了模板实现和调用需要的全部信息，是外部程序调用模板以及模板库管理模板的依据。模板参数中的参数列表与模板实现部分的参数表一一对应。

10.5.2　文档模板库设计

文档模板子模块是对统计报告的管理，包括素材管理、文档配置、文档输出，主要模块构成如图10-7所示。

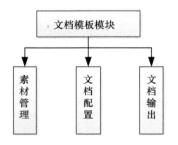

图 10-7　文档模板制作模块构成

1. 素材管理

素材管理包括图表素材的预览、导出，以及图表素材配置管理功能。将生成的图表素材保存到数据库中并在文档模板中配置相关图表素材的标签，相应图表就能在文档中显示。

功能入口：文档制作–素材管理。

选择报告制作，点击素材管理。

2. 文档配置

文档配置功能提供文档模板的新建、删除、导入和导出，以及对文档内容的配置。模板内黑色字体文字是通用文字，用户可根据实际情况直接进行修改，修改完成后保存模板即可。以{/ **/}标识的是标签内容，需要从数据库中获取。用户可通过"新增标签""修改标签"等实现对模板的修改。

功能入口：文档制作–文档配置。

选择文档制作，点击统计文档配置、统计文档输出。

3. 文档输出

提供对统计文档输出功能，通过选择输出级别可导出省、市、县不同级别的统计文档。

功能入口：文档制作–文档管理。

选择报告制作中的文档管理，点击统计文档输出。

4. 系统效果

通过构建文档模块配置工具，实现文档模板的采集与构建，最终实现模板库的构建。系统界面如图 10-8 所示。

图 10-8　文档模板制作模块界面

10.5.3 报表模板库设计

报表制作模块提供对统计分析报表的查询，预览及导出等功能。主要包括报表模板制作、报表生成、批量输出、报表汇总，模块组成如图 10-9 所示。

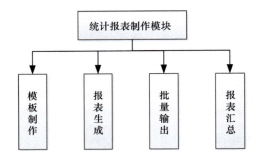

图 10-9　统计报表制作模块构成

1. 模板制作

报表模板主要通过报表模版配置来进行报表的新增或内容修改，支持对报表模板的修改。报表配置过程如下：①准备数据源，即数据视图；②参照国家规定设计报表模板；③给报表模板的各字段关联数据源。关联完数据之后则报表模板成型。

功能入口：配置维护–模板管理–报表模板设计。

选择配置维护，点击模板管理，点击报表模板设计，点击数据视图或者报表模板（图10-10）。

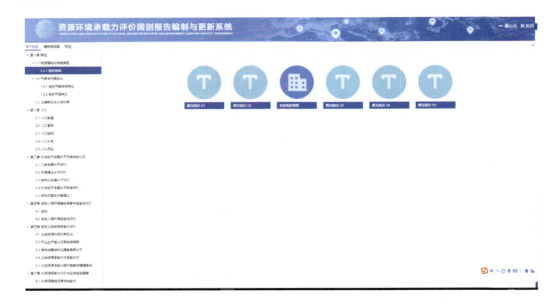

图 10-10　表格模板制作模块界面

2. 报表生成

选择待预览的范围类型，选择国家政区的类型，设定好所需报表的行政区域、报表类型等参数后，支持一键生成报表内容并预览。

功能入口：报表制作。

选择报表维护，选择范围类型和范围名称。

3. 批量输出

报表导出功能提供对生成报表的批量导出与单表导出功能，选择多个国家范围名称，点击批量导出即可。批量导出可将报表按照图表目录树导出为.xlsx 格式，单表导出可选.xlsx，PDF，CSV 及 JPG 格式。

功能入口：报表制作。

选择报表制作，选择范围类型和范围名称，点击批量导出。

4. 报表汇总

报表汇总是对不同国家不同范围内报表汇总的结果。国家成果是通过对下辖省级成果汇总而来，系统基于下级不同范围数据，自动完成不同国家报表成果的汇总工作。

功能入口：报表制作。

选择范围类型国家或省，选择范围名称，点击批量导出，可生成国家或省的汇总结果报表。

5. 系统效果

通过对通用表格进行设计，形成满足报告自动生成的表格框架，用户选择对应国家之后，通过数据库匹配该国家所有相关表格数据，实现表格的自动填充，同时支持基于表格生成饼状图、柱状图、折线图等多类型表达方式。

10.5.4 地图模板库设计

专题地图是资源环境承载力不同承载类型的可视化成果，是报告编写的重要内容，有利于增强报告的可读性与科学性。资源环境承载力评价国别报告编制与更新系统需提供承载力评价专题图制作功能，基于承载力评价成果数据和基本统计成果数据，结合制图模板，制作专题图。地图模板模块的功能组成如图 10-11。

1. 模板管理

地图模板种类有分布图、统计图和普通图，提供内置普通图模板，也支持对普通图模板的添加、修改及删除。

功能入口：地图制图–模板管理。

选择配置维护，点击模板管理，点击地图模板设计。

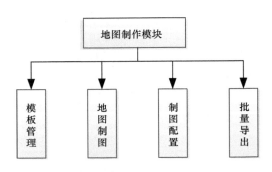

图 10-11　地图制作模块构成

2. 地图制图

地图制作提供按照地图模板进行制图，制图过程中可读取本地数据资源或实时从数据库中下载模板中挂接的数据。

功能入口：地图制图–地图制作。

选择地图制作，点击地图制图。

3. 地图配图

制图配图功能是将统计结果与地图中需挂接的数据进行匹配，从而使承载力统计图中展示库中的统计结果。

功能入口：地图制图–制图配置。

选择普查图制作，点击制图配置。

4. 批量导出

批量导出功能提供对制图成果的批量导出与单个专题图导出功能，选择多个专题图图件，点击批量导出即可。批量导出可将专题图按照图表目录树导出为.jpg 格式，单专题图导出可选.jpg、.png 等格式。

功能入口：地图制图–批量导出。

选择地图制图，勾选专题图，点击批量导出。

5. 设计效果

受不同国家行政区划形状的影响，同时兼顾文档中对不同图幅大小的要求，通过构建不同尺寸的底图模板，满足不同的文档编写要求。按照文档中常用地图布局方式，以 A4、A5、A6 图幅为主流尺寸，进行地图模板设计，同时支持横竖模板的灵活调整（图 10-12）。

10.6　国别报告编制与更新系统建设

国别报告编制与更新系统通过数据驱动机制实现环境承载力评价国别报告的定期

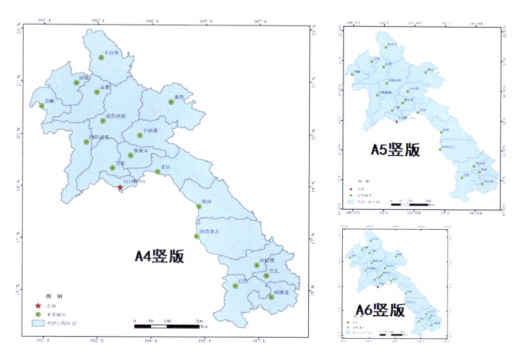

图 10-12　地图模板设计效果图

更新及快速发布。国别报告编制与更新系统由国别报告业务化模板子系统、国别报告编制子系统、国别报告更新子系统组成。

10.6.1　国别报告模板管理子系统

基于"一带一路"共建国家资源环境承载力评价国别报告标准化模板库，形成集文档模板、报表模板、地图模板等多种模板为一体的业务化模板子系统，实现模板的调用和管理，为国别报告任务定制、数据提取、模板选择、成果汇总提供流程化操作平台，提升国别报告编制过程中各流程环节的管理水平，为国别报告编制系统提供综合保障，为国别报告的快速生成提供支持。

国别报告业务化模板子系统主要包括任务定制、模板选择、数据提取、参数设置等功能模块，功能模块组成如图 10-13 所示。

1. 任务定制

任务定制模块主要针对国别报告的需求，对国别报告编制任务进行分析，定制国别报告业务化流程。

按照国别报告整体需求进行业务化流程设计，业务化流程设计过程中主要分析国家的地理范围，资源环境承载力成果内容。

功能入口：业务化设计–任务定制。

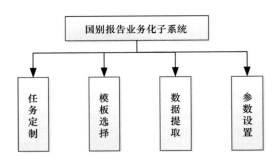

图 10-13　国别报告业务化子系统模块构成

选择业务化设计，点击任务定制。

2. 模板选择

模板选择模块主要根据业务化流程定制结果，从模板库中选择对应的模板，模板分为两级，一级模板为文档模板、报表模板、地图模板，一级模板对应多个二级模板，二级模板与一级模板为继承关系。

功能入口：业务化设计–模板选择。

选择业务化设计，点击模板选择，下拉并勾选至对应的二级模板。

3. 数据提取

数据提取模块根据用户选择的模板，提取模板所需的各种数据，数据主要来源于基础图库与数据集成系统，数据主要通过接口的形式获取。

一个模块可能涉及多个模板，每个模板对应不同的输入数据，因此需要根据不同的模板提取模板所需的数据。数据内容主要包括人居环境适宜性、社会经济发展适应性、土地资源承载力等数据。

功能入口：业务化设计–数据提取。

选择业务化设计，点击数据提取。

4. 参数设置

参数设置模块主要实现不同场景下，模板参数的快速设置，模板参数主要包括参数列表、模板说明、适用条件，以及其他属性参数，根据不同国家数据情况设置不同参数，满足不同国家对报告内容的不同要求。

功能入口：业务化设计–参数设置。

选择业务化设计，点击参数设置。

5. 系统界面

通过模板管理实现对文档模板、报表模板、地图模板的集中管理，同时支持对模板的数据提取、参数设置等（图 10-14）。

图 10-14　国别报告模板管理子系统界面

10.6.2　国别报告编制子系统

依照设计的国别报告模板，结合国别报告业务化模板子系统，形成国别报告自动生成系统，满足国别报告对不同文档、不同报表、不同地图的需求。系统通过数据库访问接口从基础图库与数据集成的数据库层获取特定国别的社会经济及自然生态信息，然后调用模板库对预选的指标进行标准化、数理统计、数学计算和空间叠置等的处理，形成专题产品，最后根据报告业务化流程，输出资源环境承载力评价报告。

国别报告编制子系统包括专题产品生产、问题分析、报告编制、报告导出几个模块，功能模块组成如图 10-15 所示。

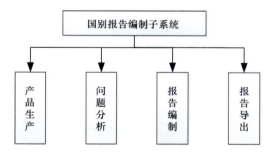

图 10-15　国别报告编制子系统模块构成

1. 产品生产

产品模块主要实现文档产品、报表产品、地图产品的生产，该模块与国别报告业务化模块子系统紧密关联，为国别报告的编制提供不同类型素材，支撑报告编制模块，实现国别报告的快速编制。

功能入口：国别报告编制–产品生产。

选择国别报告编制，点击产品生产。

2. 问题分析

问题分析模块主要针对产品生产模块形成的专题产品成果进行分析，及时发现产品问题，提高报告质量。

功能入口：国别报告编制–问题分析。

选择国别报告编制，问题分析。

3. 报告编制

报告编制模块主要基于国别报告业务化模板子系统，依托产品生产模块形成的各类专题成果，进行国别报告的快速编制。

报告编制采用标准版、流程化的设计方案，形成资源环境承载力评价报告发布业务运行的快速发布模式，按照国别报告整体要求，整合专题产品内容，形成满足不同国家需求的国别报告。

功能入口：国别报告编制–报告编制。

选择国别报告编制，点击报表编制。

4. 报告导出

报告导出功能提供对国别报告成果的预览及导出，既可批量导出也可单个报告导出。选择多个国别报告，点击批量导出即可。批量导出可将国别报告以罗列的形式导出为"国家名称+资源环境承载力评价国别报告".word 的格式，单个报告导出可选择.word、.pdf 等格式。

功能入口：国别报告编制–报告导出。

选择国别报告编制，勾选国别报告，点击批量导出/导出。

5. 系统界面

通过新增任务，实现对指定国家的国别报告任务创建，通过系统实现报告基本框架的自动生成，在此基础上，支持对报告内容的进一步编辑与完善，通过系统对文档编辑过程进行记录并保存（图 10-16）。

10.6.3 国别报告更新子系统

国别报告更新子系统采用观察者软件设计模式，通过接口的方式实现国别报告数据的更新功能，当有新的国别数据更新时，系统通过数据调用接口获取数据库的相关数据之后，利用业务化模块子系统和报告编制子系统进行资源环境承载力评价处理，从而实现国别承载力评价报告的快速更新。

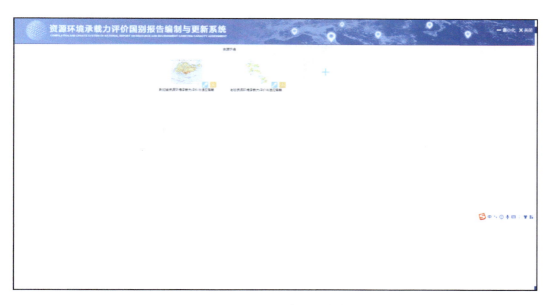

图 10-16　国别报告编制子系统界面

国别报告更新子系统主要包括更新数据导入、报告更新、报告导出三个功能模块，功能模块组成如图 10-17 所示。

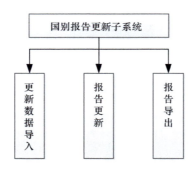

图 10-17　国别报告更新子系统模块构成

1. 更新数据导入

更新数据导入模块主要通过数据接口方式对基础图库与数据集成系统数据库中更新成果进行提取，导入国别报告业务化模板子系统，实现国别报告模板数据成果的更新。

功能入口：国别报告更新–更新数据导入。

选择国别报告更新，点击更新数据导入。

2. 报告更新

报告更新模块主要根据国别报告业务化模板子系统的更新成果，启动产品生产、问题分析、报告编制模块，实现国别的快速更新。

273

功能入口：国别报告更新–报告更新。

选择国别报告更新，点击报告更新。

3. 报告导出

报告导出功能针对国别报表更新成果，实现批量导出或单个报告导出。选择多个国别报告，点击批量导出即可。批量导出可将国别报告以罗列的形式导出为"国家名称+资源环境承载力评价国别报告".word 的格式，单个报告导出可选择.word、.pdf 等格式。

功能入口：国别报告更新–报告导出。

选择国别报告更新，勾选国别报告，点击批量导出/导出。

4. 系统界面

图别报告更新子系统界面如图 10-18 所示。

图 10-18 国别报告更新子系统界面

10.7 应用成效

10.7.1 应用目标

基于资源环境承载力评价国别报告业务化模板，依托分类评价与综合评价相结合、现状评价和趋势预测相补充、支撑数据和评价结论相统一的报告模板体系与发布系统，实现基础数据和评价报告的定期更新和快速发布。

10.7.2　应用方案

（1）从国别报告的实际应用需求出发，构建业务化工作思路，按照国别评价报告的编制要求，形成"任务定制、国别数据提取、专题产品生产、问题分析、评价报告生成"为一体的全链条业务流程，开展国别报告模板库的构建，指导国别报告的编制与更新。

（2）实现文档模板、报表模板、地图报表的管理，为国别报告编制与更新系统提供基础支撑，实现对模板的选取和文档、报表、地图的业务化生产。按照国别报告编制要求，需要提供丰富的模板库，为报告编制提供业务化支撑。

（3）基于国别报告模板库，依托国别报告编制与更新系统，通过模板库提供的接口实现对资源环境承载力评价数据的灵活调用，在国别报告业务化流程及模板库接口的综合支撑下，最终实现相关统计分析并制图/表，为国别报告提供图/表/文支持，为国别报告的应用奠定坚实基础。

10.7.3　应用效果

1. 业务化的报告编制流程对报告高效编制有极大促进作用

为了提升"一带一路"共建国家资源环境承载力国别报告的编制效率和质量，当前构建的业务化报告编制流程对于未来工作的高效开展有着极大的促进作用，同时也为探索报表编制的新模式、新技术奠定了基础。

2. 丰富的模板库对提升报告内容的可读性提供了有力支撑

国别报告的编制对可视化图表、地图有极大的需求，同时有助于提升报告的可读性。随着报告要求的不断提升，可以不断梳理并增加国别报告的模型，进行统一管理，模板库不断丰富反过来可以有助于优化业务化流程、提升国别报告的编制与更新系统的完备性。

3. 国别报告编制与更新系统可提升报告效率和报告的现势性

任一国家的资源环境承载力报告都不是一成不变，随着时间的推移，资源环境承载力相关数据会不断更新，为了提升报告的现势性，需要最小的时间成本下，快速得到最新的国别报告，因此更新模式的构建以及更新系统的研发，对于未来报告的编制及更新有重要的应用价值。

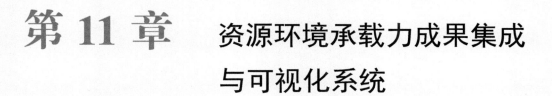

第 11 章　资源环境承载力成果集成与可视化系统

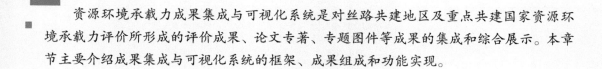

资源环境承载力成果集成与可视化系统是对丝路共建地区及重点共建国家资源环境承载力评价所形成的评价成果、论文专著、专题图件等成果的集成和综合展示。本章节主要介绍成果集成与可视化系统的框架、成果组成和功能实现。

11.1　系统概述

资源环境承载力成果集成与可视化系统主要是面向"绿色丝绸之路资源环境承载力国别评价与适应策略"课题成果的集成需要，通过对评价成果的集成与可视化表达，为绿色丝绸之路建设和共建国家相关决策提供支持。

成果集成与可视化系统以地图、专题图、表格、文字相结合的方式，全方位地展示资源环境承载力分类评价和综合评价的成果。成果主要包括：资源环境承载力评价的成果数据、专题图件、发表论文/专利/软件著作权等学术成果，以及重点国家的国别报告等。提供了资源环境承载力评价成果可视化展示、专题图件预览、论文/专利/软著等学术成果检索，以及重点国家评价成果和国别报告查询等功能。

11.2　系统逻辑框架

系统的逻辑框架可分为：基础环境、数据层、服务层和应用层等四个层次，如图 11-1 所示。

基础环境是指部署成果集成与可视化系统需要用到的网络设施、服务器设施、存储设施、安全设施、输入/输出设施等，也包括保障这些硬件设施正常运行的基础软件环境（如：操作系统等），基础环境层构成资源环境承载力成果集成与可视化系统的软硬件设施基础，保证数据的安全存储、高效管理和快速传输，也为整个软件系统提供了安全、高效和稳定的运行环境。

数据层是系统的核心。数据层在统一的数据标准与技术规范下，由评价成果数据、专题图件、论文专著、国别研究报告，以及各自的元数据组成。其中，评价成果数据是指人居环境适宜性评价、社会经济适应性评价、生态承载力评价、水资源承载力评价、土地资源承载力评价、资源环境综合承载力评价的最终成果数据，数据类型主要为栅格和表格两种形式；专题图件是指资源环境承载力评价过程数据和最终成果数据所形成的专题图，主要以空间分布图的形式体现，同时幅专题图均附有简要的文字说明。论文专著

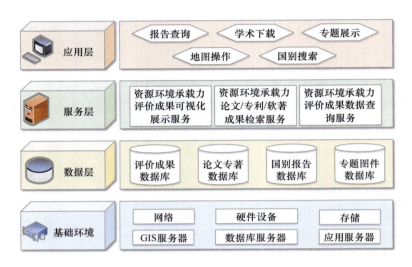

图 11-1　系统逻辑框架图

是指资源环境承载力评价研究中产生的各类学术成果，包括发表的学术论文、专著、专利及软件著作权等。国别研究报告是指丝路 6 个重点共建国家的资源环境承载力评价与适应策略的研究报告，重点国家主要包括老挝、孟加拉国、尼泊尔、越南、乌兹别克斯坦和哈萨克斯坦。数据层实现的数据访问接口具有通用性，可根据不同权限配置访问不同数据，以实现不同用户数据间访问与共享。

　　服务层是系统对外展示的能力，主要提供了资源环境承载力评价成果可视化展示服务、论文/专利/软著成果检索服务、成果数据查询服务、地图服务、资源目录服务等一系列服务。

　　应用层是指系统可以实现的功能，系统以地图、专题图、表格、文字相结合的方式，提供了资源环境承载力相关的评价成果数据、专题图件、论文专著、国别报告等成果资料的展示与查询。具体地，可以提供学术下载、专题图展示、国别报告预览查询、评价成果可视化展示、地图操作与浏览，该层是建立在数据共享与服务的基础之上，与具体应用需求结合，开发并集成各类应用功能，通过"一站式"门户技术提供定制化应用界面。

11.3　成果组成与处理

　　成果集成与可视化系统的成果主要包括资源环境承载力评价相关的成果数据、专题图件、论文/专利/软件著作权等学术成果以及重点国家的国别研究成果等。

11.3.1　资源环境承载力评价成果数据

　　成果数据涵盖丝路共建地区的人居环境适宜性评价、社会经济适应性评价、生态承载力评价、水资源承载力评价、土地资源承载力评价及综合承载力评价 6 个专题的成果数据。具体内容如图 11-2 所示，包括人居环境指数、人居环境适宜性分区、社会经济发展指数、社会经济发展适应性分级、水资源承载力、水资源承载力指数、水资源承载状态、土地资源承载力、土地资源承载指数、土地资源承载状态、生态承载力、生态承载指数、生态承载状态、资源环境综合承载力、综合承载指数、综合承载状态共计 16 个主题成果数据。数据类型以栅格空间数据和国别统计表格为主。

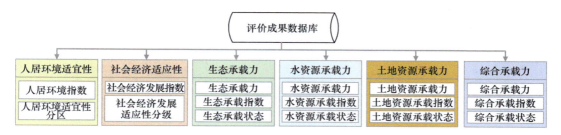

图 11-2　丝路共建地区资源环境承载力评价成果数据

评价成果数据来源于基础图件与数据集成系统的专题数据库，遵循统一的制图规范处理后，在三维地球上进行展示。为便于用户对评价成果数据的解读，系统同时提供对各个评价成果数据的基本结论性说明。同时，针对丝路 65 个共建国家，按国家统计其承载力及承载状态，得到不同国家 2000～2017 年资源环境承载力与承载状态的表格数据。具体成果展示效果可参见 11.4.1 部分。

11.3.2　资源环境承载力评价专题图件

专题图件主要包括：丝路共建地区人居环境适宜性、社会经济适应性、水土资源承载力、生态承载力及综合承载力的 6 个专题评价的过程数据和最终成果数据所形成的专题图。其中，评价成果数据框架见图 11-2，评价过程数据框架如图 11-3 所示。针对上述的评价成果数据及评价过程数据，遵循统一的制图规范处理后，生成相应的专题图件。同时，系统提供各个专题图的简要文字说明，以增加专题图的可读性。专题图件模块的展示效果可参见 11.4.2 部分。

11.3.3　资源环境承载力评价学术成果

学术成果是指本课题在开展丝路共建国家和地区资源环境承载力评价中形成的各类学术成果，主要包括学术论文、专著、专利及软件著作权等。

各类学术成果经过标准化和电子化处理后，上传至系统后台，以便按不同需求查看、下载相关成果。以学术论文为例，首先提取学术论文的中英文标题、期刊名称、作者、中英文关键词、发表时间等信息，整理成统一格式，如表 11-1，建立论文电子版文件与

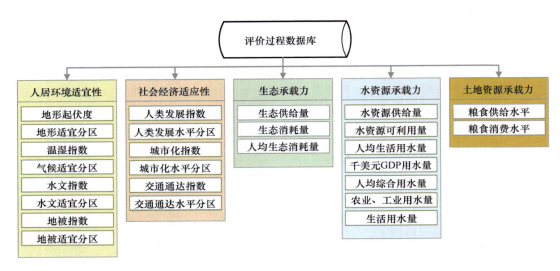

图 11-3　丝路共建地区资源环境承载力评价过程数据

表 11-1　学术论文标准化处理后示例表

序号	标题	作者	关键词	期刊	发表时间
1	Re-delineating mountainous areas with three topographic parameters in Mainland Southeast Asia using ASTER global digital elevation model data	Xiao Chiwei；Li Peng；Feng Zhiming	Mountainous areas；Local elevation range（LER）；Statistical analysis；Global digital elevation model；Mainland Southeast Asia（MSEA）	Journal of Mountain Science	2018
2	VIIRS/DNB 夜间灯光月度产品插补方法对比——以北京为例	陈慕琳；蔡红艳	VIIRS/DNB 夜间灯光；三次样条插值；三次 Hermite 插值；灰色预测模型；三次指数平滑	地理科学进展	2019
3	A renormalized modified normalized burn ratio（RMNBR）index for detecting mature rubber plantations with Landsat-8 OLI in Xishuangbanna，China	Xiao Chiwei；Li Peng；Feng Zhiming		Remote Sensing Letters	2019
4	基于 CRNBR 物候算法的西双版纳橡胶成林提取及时空变化研究	刘怡媛；肖池伟；李鹏；刘影；饶滴滴	橡胶林；归一化焚烧指数（NBR）；落叶–新叶萌生期；种植面积；西双版纳	地球信息科学学报	2019

关键信息的链接，实现学术论文按照关键字、作者、标题等进行检索，查看、全文预览和下载。

11.3.4　资源环境承载力评价国别成果

国别成果主要包括丝路 6 个重点共建国家的评价成果、专题图件及国别研究报告，重点国家主要包括老挝、孟加拉国、尼泊尔、越南、乌兹别克斯坦和哈萨克斯坦 6 国。

重点国家的评价成果主要包括：人居环境适宜性评价、社会经济适应性评价、水土资源承载力、生态承载力及资源环境综合承载力 6 个专题的评价成果，共计 16 个主题。将国别报告中的目录单独提取成册，并在系统中进行展示，通过 URL 调用的方式，根据目录进行内容的定位预览，以便公众快速获取报告的基本内容。

11.4　系统主要功能

成果集成与可视化系统主要由"项目概况""评价成果""专题图件""论文专著""重点国家""大事件"6 个功能模块组成。主要提供了资源环境承载力评价成果可视化展示、专题图件预览、论文/专利/软著等学术成果检索，以及重点共建国家评价成果和国别报告查询等功能，如图 11-4。

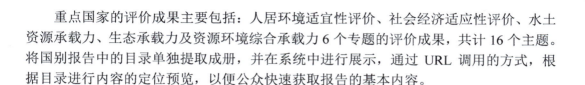
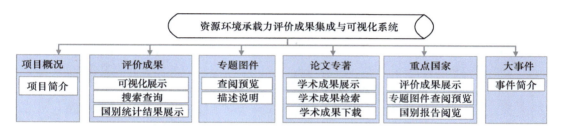

图 11-4　成果集成与可视化系统主要功能模块

11.4.1　资源环境承载力评价成果可视化

成果集成与可视化系统–评价成果模块可以支持丝路共建地区资源环境承载力 6 个专题评价成果的空间可视化、查询及国别统计展示等功能，主要包括：人居环境适宜性评价、社会经济适应性评价、生态承载力评价、水资源承载力评价、土地资源承载力评价及综合承载力评价。

1. 成果数据展示功能

展示的内容涵盖 6 个专题评价成果的空间分布数据、对成果数据的解读，以及按照国别的统计表格。对于人居环境适宜性评价和社会经济适应性评价成果，系统可以展示人居环境指数和社会经济发展指数的高低值分布，以及人居环境适宜性分区和社会经济发展适应性分等的空间分布。对于水土资源、生态和综合承载力的评价成果，系统可以展示不同承载力和承载指数的高低值分布，以及不同承载状态，包括富富有余、盈余、平衡有余、临界超载、超载、严重超载等 6 种状态的空间分布特征。

具体以社会经济适应性评价为例，社会经济适应性评价成果包含社会经济发展指数和社会经济发展适应性分级数据，图 11-5 和图 11-6 分别展示了社会经济发展指数和社会经济发展适应性分级的界面，数据格式为栅格。社会经济发展指数主要综合了人类发展水平、交通通达水平和城市化水平三个评价指数，根据社会经济发展指数高低，划分了低水平、中低水平、中水平、中高水平、高水平等 5 个社会经济发展等级，得到社会经济发展适应性分级数据。评价成果显示，丝路共建地区社会经济发展水平不均衡，整体

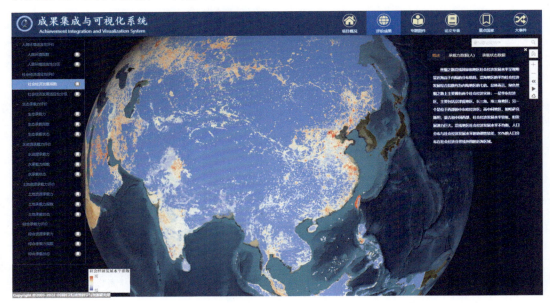

图 11-5　社会经济发展指数展示界面

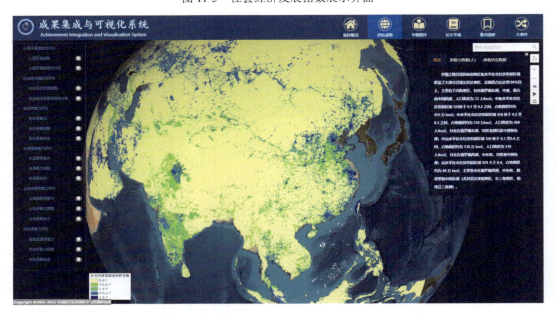

图 11-6　社会经济发展适应性分级展示界面

偏低，指数低值区主要位于中部地区，而在东部的华东经济区（京津冀地区、长三角、珠三角地区）及西部的中东欧经济区，社会经济发展水平较高。

2. 成果数据查询功能

对于上述评价成果，系统可以通过放大、缩小，查看不同尺度下评价成果的分布情况。同时，系统提供按照不同行政区名称进行搜索定位功能。按行政区名称查询时，用户可根据需要在搜索窗口输入行政区（国家、省、县市）的名称，系统可自动定位到输入地点（图 11-7）。

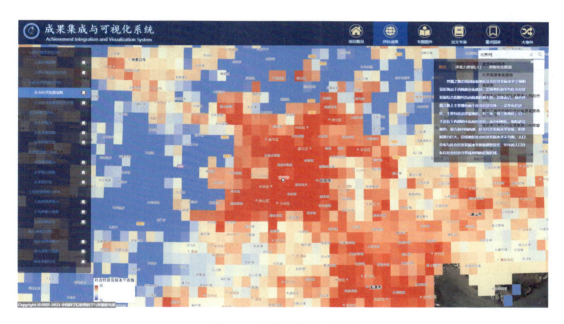

图 11-7　搜索查询展示界面

3. 国别统计结果展示功能

系统提供以国家为评价单元的承载力与承载状态评价结果。主要通过表格形式，展示丝路 65 个共建国家每一年的承载状态（富富有余、盈余、平衡有余、临界超载、超载、严重超载）和承载力，实现不同国家承载状态/承载力的时间序列变化趋势展示。同时，提供了根据不同年份的排序和筛选，了解同一时间断面不同国家承载状态/承载力的高低，国别尺度评价成果可导出为 CSV 或 Excel 格式（图 11-8）。

11.4.2　资源环境承载力专题图件预览

成果集成与可视化系统–专题图件模块提供 6 个专题评价的过程数据与评价成果数据的专题图查阅预览，分别为人居环境适宜性评价 10 个主题图件，社会经济适应性评价 8 个主题图件，生态承载力评价 6 个主题图件，水资源承载力评价 11 个主题图件，土地资源承载力评价 5 个主题图件，综合承载力评价 3 个主题图件，共计 43 个主题图件，同时对专题图件进行了简要文字说明，以便提供对全域资源环境承载力的基本认识。

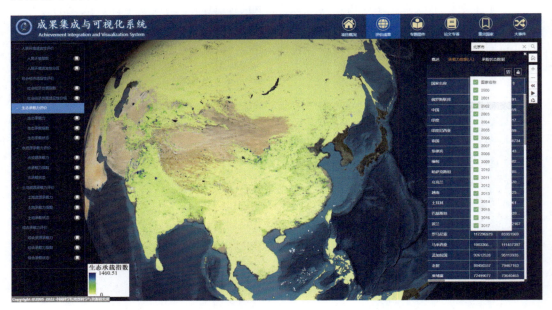

图 11-8　生态承载力评价结果按国别统计及数据导出界面

具体以人居环境适宜性评价为例，主要专题图件包括地形起伏度、地形适宜性分区、温湿指数、气候适宜性分区、水文指数、水文适宜性分区、地被指数、地被适宜性分区、人居环境适宜性指数、人居环境适宜性分区 10 个主题图件（表 11-2）。图 11-9、图 11-10 和图 11-11，分别展示了人居环境适宜性指数、人居环境适宜性分区、地被适宜性分区专题图的界面。

表 11-2　丝路共建地区人居环境适宜性评价专题图

序号	专题图分类	专题图名称
1	评价过程专题图	地形起伏度
		地形适宜性分区
		温湿指数
		气候适宜性分区
		水文指数
		水文适宜性分区
		地被指数
		地被适宜性分区
2	评价结果专题图	人居环境适宜性指数
		人居环境适宜性分区

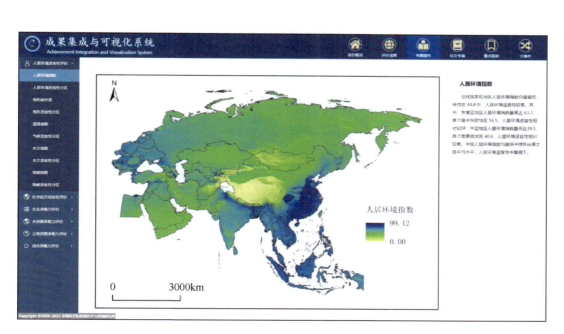

图 11-9　人居环境适宜性指数专题图展示界面

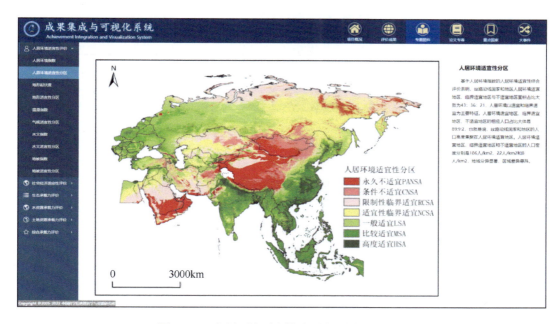

图 11-10　人居环境适宜性分区专题图展示界面

文字说明部分主要给出对人居环境评价结果的基本描述：共建国家和地区人居环境指数均值在 44 水平，中亚、蒙俄较低，东南亚、中东欧较高；人居环境适宜性分区以适宜或临界适宜为主要特征，不适宜地区只占 1/5。

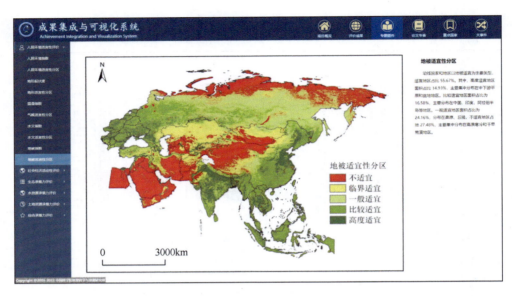

图 11-11　地被适宜性分区专题图展示界面

11.4.3　资源环境承载力学术成果检索

成果集成与可视化系统–论文专著模块可以提供对学术论文、发明专利、专著、软件著作权等学术成果的信息查阅、检索及下载等。图 11-12 显示了对课题学术成果的总览。

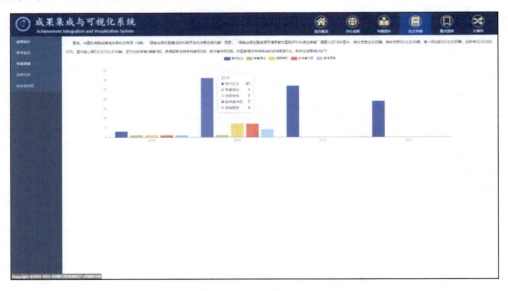

图 11-12　论文专著模块展示界面

1. 学术论文

系统可以展示学术论文的标题、作者、期刊、发表年份等基本信息，提供按照论文的标题、关键字、作者信息的检索方式，进而可以进行全文在线预览与下载。图 11-13 展示了学术论文总览界面，图 11-14 和图 11-15 分别展示了按照关键词"Sustainability"进行论文检索，以及选择单篇论文进行全文浏览的界面。

图 11-13 学术论文成果展示界面

图 11-14 学术论文按标题搜索结果展示界面

2. 学术专著

针对课题出版的学术专著，论文专著模块支持对所有专著的总览，以及按标题、作者信息等进行检索。图 11-16 为按作者信息进行专著搜索的界面。

289

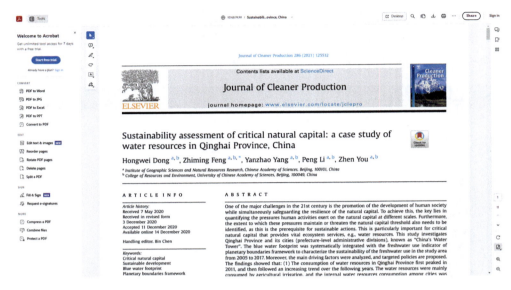

图 11-15　学术论文全文预览展示界面

图 11-16　学术专著按作者信息搜索的结果展示界面

3. 发明专利/软件著作权

针对发明专利及软件著作权成果，系统提供对所有发明专利证书及软件著作权证书的总览，同时支持按照标题、作者信息等进行证书的检索、浏览与下载。图 11-17、图 11-18 为课题取得的发明专利成果及软件著作权成果的总览界面，图 11-19、图 11-20 分别为按作者信息进行专利证书、软件著作权证书的搜索界面。

图 11-17　发明专利成果展示界面

图 11-18　软件著作权成果展示界面

11.4.4　重点国家资源环境承载力成果可视化

成果集成与可视化系统–重点国家模块对尼泊尔、老挝、孟加拉国、越南、哈萨克斯坦及乌兹别克斯坦 6 个重点国家的成果进行集成与可视化，集成的成果包括各个国家人居环境适宜性、社会经济适应性、水土资源承载力、生态承载力及综合承载力等方面 16 个主题的评价成果、专题图件及国别研究报告。模块支持对评价成果的空间展示与查询、专题图件与国别研究报告的浏览等功能。图 11-21 为重点国家模块的主界面。

图 11-19 发明专利按作者搜索结果展示界面

图 11-20 软件著作权按标题搜索关键字结果展示界面

1. 评价成果

重点国家模块支持 6 个重点国家的人居环境适宜性、社会经济适应、生态承载力评价、水土资源承载力、生态承载力及综合资源承载力评价 6 类评价专题 16 个主题的成果可视化展示，具体的主题与丝路全域的成果主题一致，可参见图 11-21。模块提供了重点国家 2000～2017 年逐年的评价成果空间栅格数据以及对评价成果的简要文字说明。对于人居环境适宜性评价和社会经济适应性评价成果，系统可以展示各个国家人居环境

图 11-21　重点国家模块展示界面

指数和社会经济发展指数的高低值分布，以及人居环境适宜性分区和社会经济发展适应性分级。对于水土资源承载力、生态承载力及综合承载力的评价成果，系统可以展示各个国家承载力与承载指数的高低值分布，以及不同承载状态的空间分布情况。图 11-22 展示了孟加拉国的人居环境适宜性分区成果，成果显示孟加拉国人居环境以适宜区为主，面积占比为 96.83%。在空间上，人居环境适宜地区在该国广泛分布，临界适宜地区呈带状，主要分布在恒河及其入海口地区以及达卡区与锡尔赫特区交界地区。

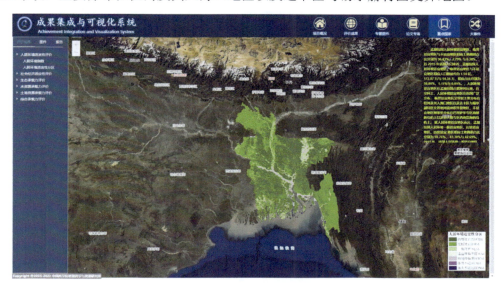

图 11-22　重点国家人居环境适宜性分区成果展示界面

2. 专题图件

重点国家模块支持 6 个重点国家专题评价成果数据的专题图查阅预览，分别为人居

293

环境适宜性评价 2 个主题图件，社会经济适应性评价 2 个主题图件，生态承载力评价 3 个主题图件，水资源承载力评价 3 个主题图件，土地资源承载力评价 3 个主题图件，综合承载力评价 3 个主题图件，共计 16 个主题图件，可以同时预览各个国家 2000～2017 年逐年的空间分布图，实现各个国家不同时间序列的对比。图 11-23、图 11-24 分别展示了孟加拉国不同时间生态承载指数的图件资料展示界面。

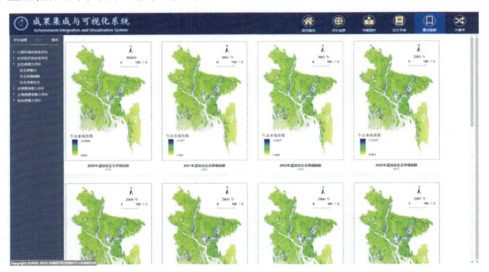

图 11-23　重点国家生态承载指数图件资料展示界面（1）

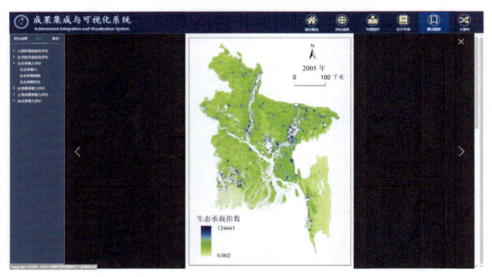

图 11-24　重点国家生态承载指数图件资料展示界面（2）

3. 国别报告

重点国家模块提供了 6 个国家的资源环境承载力评价与适应策略的国别研究报告，

支持按照不同国家进行国别报告的阅览。国别报告的内容主要包括该国的国家背景、地质地理、气候气象和土壤的基本特征、人口与社会经济基本特征、人居环境适宜性特征、水土资源承载力、生态承载力及资源环境综合承载力的空间格局与承载状态的基本认识，以及资源环境承载力未来态势等。本模块主要以目录的形式展示国别报告的各个章节内容，用户可根据目录，选择感兴趣的章节进行报告内容的浏览。

不同国家国别报告的内容略有差异，具体以孟加拉国为例。《孟加拉国资源环境承载力评价与适应策略》报告主要分为 8 个章节，内容如表 11-3。

表 11-3 《孟加拉国资源环境承载力评价与适应策略》国别报告的章节框架

章节	章节名称	一级标题	二级标题
第 1 章	国家和区域背景	国家和区域	建国及发展概况
			行政区划构成及演变
		地质与地理	区域地质特征
			自然地理特征
		气候和气象	基本特征
			气温特征
			降水特征
		土壤类型与质地	土壤类型
			土壤质地
第 2 章	人口与社会经济	人口	人口规模与人口政策
			人口分布与分区特征
			人口结构与人口素质
			海外务工人口及其效益
		社会与经济	人类发展水平评价
			交通通达水平评价
			城市化水平评价
			社会经济发展水平综合评价
		问题与对策	关键问题
			对策建议
第 3 章	人居环境适宜性与分区评价	地形起伏度与地形适宜性	概况
			地形起伏度
			地形适宜性评价
		温湿指数与气候适宜性	气温和湿度
			温湿指数
			气候适宜性评价
		水文指数与水文适宜性	降水量与地表水分指数
			水文指数
			水文适宜性评价
		地被指数与地被适宜性	土地覆被
			植被指数

章节	章节名称	一级标题	二级标题
第 7 章	资源环境承载力综合评价	资源综合承载力分级评价	限制因素分析
		资源环境承载力综合分级评价	全国资源环境承载状态
			各专区资源环境承载状态
			适应性与限制性分析
第 8 章	未来态势、政策变化及其影响	未来态势	国际政治经济环境变化
			全球气候变化
			对资源环境承载力的影响
		政策变化	加强土地资源集约化利用，提高土地资源承载力
			优化水资源管理，提高水资源承载力
			推进生态环境保护，提高生态环境承载力
			强化能源供应，解决能源短缺，改善基础设施，提供综合承载能力
			整体推进与区域均衡发展，优化城乡空间布局，提高资源环境承载力
		资源环境承载力评价的未来影响	人居环境适宜性综合评价与适宜性分区有利于引导国土空间规划
			资源环境承载力综合评价有利于指导、调适国土空间规划
			资源环境承载力综合评价有利于促进人口与资源环境协调发展
附录	孟加拉国资源环境承载力评价技术规范		人居环境适宜性评价
			社会经济适应性评价
			土地资源承载力与承载状态评价
			水资源承载力与承载状态评价
			生态承载力与承载状态评价
			资源环境承载力综合评价

参考文献

保继刚, 楚义芳. 2011. 旅游地理学. 北京: 高等教育出版社.

曹智, 闵庆文, 刘某承, 等. 2015. 基于生态系统服务的生态承载力: 概念、内涵与评估模型及应用. 自然资源学报, 30(1): 1-11.

常青. 1993. 南亚国际河流及其水资源开发. 环境科学进展, (4): 73-81.

陈百明. 1991. 中国土地资源生产能力及人口承载量研究. 北京: 中国人民大学出版社.

陈百明. 2001. 中国农业资源综合生产能力与人口承载能力. 北京: 气象出版社.

陈立. 2009. 人口发展功能区研究. 北京: 世界知识出版社.

陈念平. 1989. 土地资源承载力若干问题浅析. 自然资源学报, (4): 371-380.

程维明, 周成虎, 申元村, 等. 2017. 中国近 40 年来地貌学研究的回顾与展望. 地理学报, 72(5): 755-775.

戴靓, 陈东湘, 吴绍华, 等. 2012. 水资源约束下江苏省城镇开发安全预警. 自然资源学报, 27(12): 2039-2047.

戴明宏, 王腊春, 魏兴萍. 2016. 基于熵权的模糊综合评价模型的广西水资源承载力空间分异研究. 水土保持研究, 23(1): 193-199.

党安荣. 1990. 人口密度分级的一般原则与定量标准的探讨. 地理科学, (3): 264-270.

邓伟. 2009. 重建规划的前瞻性: 基于资源环境承载力的布局. 中国科学院院刊, 24(1): 28-33.

杜德斌, 马亚华. 2015. "一带一路": 中华民族复兴的地缘大战略. 地理研究, 34(6): 1005-1014.

杜文鹏, 闫慧敏, 封志明, 等. 2022. "一带一路"共建国家生态承载力评估(英文). 资源与生态学报, 13(2): 338-346.

段春青, 刘昌明, 陈晓楠, 等. 2010. 区域水资源承载力概念及研究方法的探讨. 地理学报, 65(1): 82-90.

樊杰, 王亚飞, 汤青, 等. 2015. 全国资源环境承载能力监测预警(2014 版)学术思路与总体技术流程. 地理科学, 35(1): 1-10.

方创琳, 贾克敬, 李广东, 等. 2017. 市县土地生态-生产-生活承载力测度指标体系及核算模型解析. 生态学报, 37(15): 5198-5209.

方创琳. 2004. 中国人地关系研究的新进展与展望. 地理学报, (S1): 21-32.

封志明, 李鹏. 2018. 承载力概念的源起与发展: 基于资源环境视角的讨论. 自然资源学报, 33(9): 1475-1489.

封志明, 李文君, 李鹏, 等. 2020. 青藏高原地形起伏度及其地理意义. 地理学报, 75(7): 1359-1372.

封志明, 刘登伟. 2006. 京津冀地区水资源供需平衡及其水资源承载力. 自然资源学报, (5): 689-699.

封志明, 唐焰, 杨艳昭, 等. 2007. 中国地形起伏度及其与人口分布的相关性. 地理学报, (10): 1073-1082.

封志明, 唐焰, 杨艳昭, 等. 2008. 基于 GIS 的中国人居环境指数模型的建立与应用. 地理学报, 63(12): 1327-1336.

封志明, 王勤学, 陈远生. 1993. 资源科学研究的历史进程. 自然资源学报, (3): 262-269.

封志明, 杨艳昭, 江东, 等. 2016. 自然资源资产负债表编制与资源环境承载力评价. 生态学报, 36(22): 1140-1145.

封志明, 杨艳昭, 闫慧敏, 等. 2017. 百年来的资源环境承载力研究: 从理论到实践. 资源科学, 39(3): 379-395.

封志明, 杨艳昭, 张晶. 2008. 中国基于人粮关系的土地资源承载力研究: 从分县到全国. 自然资源学报, 23(5): 865-875.

封志明, 游珍, 杨艳昭, 等. 2021. 基于三维四面体模型的西藏资源环境承载力综合评价. 地理学报, 76(3): 645-662.

封志明, 张丹, 杨艳昭. 2011. 中国分县地形起伏度及其与人口分布和经济发展的相关性. 吉林大学社会科学学报, 51(1): 146-151.

封志明. 1990. 区域土地资源承载能力研究模式雏议——以甘肃省定西县为例. 自然资源学报, 5(3): 271-274.

封志明. 1994. 土地承载力研究的过去、现在与未来. 中国土地科学, (3): 1-9.

封志明. 2004. 资源科学导论. 北京: 科学出版社.

冯益明, 刘洪霞. 2003. 论面向对象系统分析与设计方法. 林业资源管理, 2: 46-9.

傅伯杰. 1993. 区域生态环境预警的理论及其应用. 应用生态学报, (4): 436-439.

高晓路. 2010. 人居环境评价在城市规划政策研究中的工具性作用. 地理科学进展, 29(1): 52-58.

葛美玲, 封志明. 2009. 中国人口分布的密度分级与重心曲线特征分析. 地理学报, 64(2): 202-210.

公丕萍, 宋周莺, 刘卫东. 2015. 中国与"一带一路"沿线国家贸易的商品格局. 地理科学进展, 34(5): 571-580.

龚敏霞, 闾国年, 张书亮, 等. 2002. 智能化空间决策支持模型库及其支持下 GIS 与应用分析模型的集成. 地球信息科学, (1): 91-97.

郭倩, 汪嘉杨, 张碧. 2017. 基于 DPSIRM 框架的区域水资源承载力综合评价. 自然资源学报, 32(3): 484-493.

郭造强, 鲍宁智, 张荣娟, 等. 2011. 河北省后备农用土地资源潜力与开发利用对策. 中国农业资源与区划, 32(1): 19-23.

国家人口发展战略研究课题组. 2007. 国家人口发展战略研究报告. 人口研究, 3: 4-9.

韩秀丽. 2013. 中国海外投资中的环境保护问题. 国际问题研究, (5): 103-115.

何大明, 刘恒, 冯彦, 等. 2016. 全球变化下跨境水资源理论与方法研究展望. 水科学进展, 27(6): 928-934.

何杰, 张士锋, 李九一. 2014. 粮食增产背景下松花江区农业水资源承载力优化配置研究. 资源科学, 36(9): 1780-1788.

何仁伟, 刘邵权, 刘运伟. 2011. 基于系统动力学的中国西南岩溶区的水资源承载力——以贵州省毕节地区为例. 地理科学, 31(11): 1376-1382.

何希吾. 1991. 水资源在提高我国土地生产能力中的地位和作用. 自然资源学报, (2): 137-145.

黄静, 周忠发, 刘肇军, 等. 2016. 贵州花江示范区的生态承载力综合评价. 贵州农业科学, 44(3): 168-171.

黄宇驰, 苏敬华, 吕峰. 2017. 基于 SEP 模型的土地资源承载力评价方法研究——以上海市闵行区为例. 中国人口·资源与环境, 27(S1): 124-127.

贾克敬, 张辉, 徐小黎, 等. 2017. 面向空间开发利用的土地资源承载力评价技术. 地理科学进展, 36(3): 335-341.

贾绍凤, 张士锋. 2008. 黄河流域可供水量究竟有多少? 自然资源学报, (6): 547-551.

贾绍凤, 周长青, 燕华云, 等. 2004. 西北地区水资源可利用量与承载能力估算. 水科学进展, 15(6): 801-807.

江东, 付晶莹, 封志明, 等. 2017. 自然资源资产负债表编制系统研究. 资源科学, 39(9): 1628-1633.

李炳元, 潘保田, 程维明, 等. 2013. 中国地貌区划新论. 地理学报, 68(3): 291-306.

李鸿宇, 卢小平, 王志军, 等. 2017. 动态矢量数据与在线地图的实时发布与实现. 测绘通报, (4): 104-107.

李林子, 傅泽强, 沈鹏, 等. 2016. 基于复合生态系统原理的流域水生态承载力内涵解析. 生态经济, 32(2): 147-151.

李宁, 刘晋羽, 谢涛. 2015. 水资源环境承载能力监测预警平台设计探讨. 环境科技, 28(2): 57-61.

李小麟. 2011. B/S 系统表示层设计文档编制方法. 计算机系统应用, 20(1): 201-204.

李小云, 杨宇, 刘毅. 2016. 中国人地关系演进及其资源环境基础研究进展. 地理学报, 71(12): 2067-2088.

李永红, 邓红艳, 赵敬东, 等. 2005. 组件式 GIS 开发的实践. 计算机工程与设计, (4): 1090-1092.

李泽红, 董锁成, 李宇, 等. 2013. 武威绿洲农业水足迹变化及其驱动机制研究. 自然资源学报, 28(3): 410-416.

刘殿生. 1995. 资源与环境综合承载力分析. 环境科学研究, (5): 7-12.

刘东, 封志明, 杨艳昭, 等. 2011. 中国分县生态承载力供需平衡空间格局分析(英文). Journal of Geographical Sciences, 21(5): 833-844.

刘东, 封志明, 杨艳昭. 2012. 基于生态足迹的中国生态承载力供需平衡分析. 自然资源学报, 27(4): 614-624.

刘红梅. 2007. 基于 C/S 和 B/S 体系结构应用系统的开发方法. 计算机与现代化, 11: 52-54, 7.

刘佳骏, 董锁成, 李泽红. 2011. 中国水资源承载力综合评价研究. 自然资源学报, 26(2): 258-269.

刘卫东. 2015. "一带一路"战略的科学内涵与科学问题. 地理科学进展, 34(5): 538-544.

刘文政, 朱瑾. 2017. 资源环境承载力研究进展: 基于地理学综合研究的视角. 中国人口·资源与环境, 27(6): 75-86.

柳江, 范俊, 程锐. 2015. "一带一路"战略的合作、互利、共赢研究. 黄河科技大学学报, 17(5): 34-40.

卢锋. 2015. "一带一路"的影响、困难与风险. 奋斗, (7): 45-46.

吕晓飞, 戴琳曼, 李建松, 等. 2018. 海洋资源环境承载力评价算法设计与系统实现. 地理空间信息, 16(6): 50-53.

罗宇, 姚帮松. 2015. 基于 SD 模型的长沙市水资源承载力研究. 中国农村水利水电, (1): 42-46.

马世骏, 王如松. 1984. 社会—经济—自然复合生态系统. 生态学报, 4(1): 1-9.

马寅初. 1957. 新人口论. 人民日报.

毛燠锋, 潘玉春, 朱玉付. 2021. 基于报表和模板的报告生成方法研究. 软件工程, 24(5): 30-32, 21.

闵庆文, 李云, 成升魁, 等. 2005. 中等城市居民生活消费生态系统占用的比较分析——以泰州、商丘、铜川、锡林郭勒为例. 自然资源学报, 20(2): 286-292.

牟海省, 刘昌明. 1994. 我国城市设置与区域水资源承载力协调研究刍议. 地理学报, (4): 338-344.

牛方曲, 孙东琪. 2019. 资源环境承载力与中国经济发展可持续性模拟. 地理学报, 74(12): 2604-2613.

潘丹, 应瑞瑶. 2013. 资源环境约束下的中国农业全要素生产率增长研究. 资源科学, 35(7): 1329-1338.

潘理虎, 闫慧敏, 黄河清, 等. 2012. 北方农牧交错带生态系统服务合理消耗多主体模型构建. 资源科学, 34(6): 1007-1016.

潘兴瑶, 夏军, 李法虎, 等. 2007. 基于 GIS 的北方典型区水资源承载力研究——以北京市通州区为例. 自然资源学报, (4): 664-671.

彭建, 王仰麟, 吴健生. 2007. 净初级生产力的人类占用: 一种衡量区域可持续发展的新方法. 自然资源学报, 22(1): 155-160.

彭文英, 王建强. 2015. 基于土地承载力的京津冀耕地资源利用与保护策略. 中国土地学会. 2015 年中国土地学会学术年会论文集, 953-963.

齐亚彬. 2005. 资源环境承载力研究进展及其主要问题剖析. 中国国土资源经济, (5): 7-11, 46.

钱正英. 2001. 中国水资源战略研究中几个问题的认识. 河海大学学报(自然科学版), (3): 1-7.

秦大河, 张坤民, 牛文元, 等. 2002. 中国人口资源环境与可持续发展. 北京: 新华出版社.

屈小娥. 2017. 陕西省水资源承载力综合评价研究. 干旱区资源与环境, 31(2): 91-97.

邵维忠, 杨芙清. 2003. 面向对象的系统设计. 清华大学出版社.

申文明, 孙中平, 游代安, 等. 2016. 全国生态环境调查与评估系统平台设计与实现. 北京: 中国环境出版社.

施雅风, 孔昭宸, 王苏民, 等. 1992. 中国全新世大暖期的气候波动与重要事件. 中国科学(B 辑 化学 生命科学 地学), (12): 1300-1308.

石建省, 李国敏, 梁杏, 等. 2014. 华北平原地下水演变机制与调控. 地球学报, 35(5): 527-534.

石玉林, 李立贤, 石竹筠. 1989. 我国土地资源利用的几个战略问题. 自然资源学报, 4(2): 97-105.

史娜娜, 全占军, 韩煜, 等. 2017. 基于生态敏感性评价的乌海市土地资源承载力分析. 水土保持研究, 24(1): 239-243.

斯皮里顿诺夫. 1956. 地貌制图学. 北京: 地质出版社.

唐焰, 封志明, 杨艳昭. 2008. 基于栅格尺度的中国人居环境气候适宜性评价. 资源科学, (5): 648-653.

王浩, 王建华. 2012. 中国水资源与可持续发展. 中国科学院院刊, 27(3): 352-358, 331.

王浩. 2003. 西北地区水资源合理配置和承载能力研究. 郑州: 黄河水利出版社.

王浩. 2015. 世纪挑战: 水资源危机现状与应对. 紫光阁, (4): 79.

王建华, 姜大川, 肖伟华, 等. 2016. 基于动态试算反馈的水资源承载力评价方法研究——以沂河流域 (临沂段)为例. 水利学报, 47(6): 724-732.

王建华, 翟正丽, 桑学锋, 等. 2017. 水资源承载力指标体系及评判准则研究. 水利学报, 48(9): 1023-1029.

王远飞, 沈愈. 1998. 上海市夏季温湿效应与人体舒适度. 华东师范大学学报(自然科学版), (3): 60-66.

王宗明, 宋开山, 李晓燕, 等. 2007. 近 40 年气候变化对松嫩平原玉米带单产的影响. 干旱区资源与环境, (9): 112-117.

温亮, 游珍, 林裕梅, 等. 基于层次分析法的土地资源承载力评价——以宁国市为例. 中国农业资源与区划, 2017, 38(3): 1-6.

吴传钧. 1991. 论地理学的研究核心: 人地关系地域系统. 经济地理, 11(3): 1-4.

吴良镛. 2001. 人居环境科学导论. 北京: 中国建筑工业出版社.

吴绍洪, 刘路路, 刘燕华, 等. 2018. "一带一路"陆域地理格局与环境变化风险. 地理学报, 73(7): 1214-1225.

夏军, 朱一中. 2002. 水资源安全的度量: 水资源承载力的研究与挑战. 自然资源学报, (3): 262-269.

向芸芸, 蒙吉军. 2012. 生态承载研究和应用进展. 生态学杂志, 31(11): 2958-2965.

谢高地, 曹淑艳, 鲁春霞. 2011. 中国生态资源承载力研究. 北京: 科学出版社.

谢高地, 周海林, 鲁春霞, 等. 2005. 我国自然资源的承载力分析. 中国人口·资源与环境, (5): 97-102.

谢高地. 2005. 流域水资源承载能力研究方法的思考. 资源科学, (1): 158.

徐中民, 程国栋. 2000. 运用多目标决策分析技术研究黑河流域中游水资源承载力. 兰州大学学报, (2): 122-132.

严家宝, 贾绍凤, 吕爱锋, 等. 2021. 中国国际河流水资源评价与机器学习应用. 武汉: 湖北科学技术出版社.

严茂超, Odum H T. 1998. 西藏生态经济系统的能值分析与可持续发展研究. 自然资源学报, 13(2): 116-125.

阎新兴, 张素珍, 李素丽, 等. 2009. 白洋淀水资源综合承载力最佳水位研究. 南水北调与水利科技, 7(3): 81-83.

颜振宇, 李昌庆, 陈美. 2016. 基于 VBA 的 ArcObjects 二次开发在数据处理中的应用——以 Shapefile 的 Merge 和 Split 批处理为例. 测绘与空间地理信息, 39(1): 162-164.

杨昆, 朱彦辉, 杨玉莲, 等. 2017. 云南藏区基础地理信息共享平台系统的设计与实现. 云南: 云南大学出版社.

杨艳昭, 封志明, 孙通, 等. 2019. "一带一路"共建国家水资源禀赋及开发利用分析. 自然资源学报, 34(6): 1146-1156.

姚檀栋, 陈发虎, 崔鹏, 等. 2017. 从青藏高原到第三极和泛第三极. 中国科学院院刊, 32(9): 924-931.

姚檀栋. 2018. 泛第三极环境变化与对策. 中国科学院院刊, 33(Z2): 44-46.

叶正佳. 1997. 《印孟恒河河水分享条约》 与高达政府的南亚政策. 南亚研究, (1): 15-20.

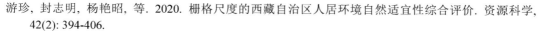

游珍, 封志明, 杨艳昭, 等. 2020. 栅格尺度的西藏自治区人居环境自然适宜性综合评价. 资源科学, 42(2): 394-406.

于广华, 孙才志. 2015. 环渤海沿海地区土地承载力时空分异特征. 生态学报, 35(14): 4860-4870.

袁田, 王光霞, 周小军, 等. 2016. 基于模板的位置地图表达运行机制研究. 测绘工程, 25(11): 54-59.

张剑波, 陈松, 张丰鹏, 等. 2017. 一种基于版式关联模型的地图整饰方法. 测绘通报, (2): 60-64, 74.

张可云, 傅帅雄, 张文彬. 2011. 基于改进生态足迹模型的中国 31 个省级区域生态承载力实证研究. 地理科学, 31(9): 1084-1089. DOI: 10. 13249/j. cnki. sgs. 2011. 09. 009.

张林波, 李兴, 李文华, 等. 2009. 人类承载力研究面临的困境与原因. 生态学报, 29(2): 889-897.

张珣, 李江涛, 张小虎, 等. 2018. 耦合多源地缘要素的地缘环境模拟与预测平台建设. 科技导报, 36(3): 55-61.

张衍广, 林振山, 李茂玲, 等. 2008. 基于 EMD 的中国生态足迹与生态承载力的动力学预测. 生态学报, (10): 5027-5032.

张燕, 徐建华, 曾刚, 等. 2009. 中国区域发展潜力与资源环境承载力的空间关系分析. 资源科学, 31(8): 1328-1334.

赵东升, 郭彩赟, 郑度, 等. 2019. 生态承载力研究进展. 生态学报, 39(2): 399-410.

郑娟尔, 周伟, 袁国华. 2017. 安徽省土地承载力研究. 国土资源科技管理, 34(5): 37-46.

中国人口分布适宜度研究课题组. 2014. 中国人口分布适宜度报告. 北京: 科学出版社.

竺可桢. 1964. 论我国气候的几个特点及其与粮食作物生产的关系. 地理学报, 30(1): 1-13.

卓君. 2016. 自然资源资产负债表编制与更新系统研究. 北京: 中国科学院大学.

Allan W. 1949. Studies in African land usage in Northern Rhodesia. Cape Town: Oxford University Press.

Andrews C L. 1919. Reindeer in Alaska. The Washington Historical Quarterly, 171-176.

Assessment M E. 2005. Ecosystems and human well-being: Biodiversity synthesis. World Resources Institute, 42(1): 77-101.

Barradas V L. 1991. Air temperature and humidity and human comfort index of some city parks of Mexico City. International Journal of Biometeorology, 35(1): 24-28.

Beck H E, de Roo A, van Dijk A I J M. 2015. Global maps of streamflow characteristics based on Observations from Several Thousand Catchments. Journal of Hydrometeorology, 16(4): 1478-1501.

Beck H E, Vergopolan N, Pan M, et al. 2017. Global-scale evaluation of 22 precipitation datasets using gauge observations and hydrological modeling. Hydrology Earth System Sciences, 21(12): 6201-6217.

Bierkens M F P. 2015. Global hydrology 2015: State, trends, and directions. Water Resources Research, 51(7): 4923-4947.

Bose S. 1967. Carrying capacity of land under shifting cultivation. Kolkata: The Asiatic Society.

Brown L R. 1995. Who Will Feed China? Wake-up call for a Small Planet. London: W. W. Norton & Company.

Brown M T, Odem H T, Tiley D R, et al. 2003. Emergy synthesis 2: Theory and applications of the emergy methodology. Gainesville: University of Florida.

Brush S B. 1975. The concept of carrying capacity for systems of shifting cultivation. American Anthropologist, 77(4): 799-811.

Cairns JR J. 1977. Aquatic ecosystem assimilative capacity. Fisheries, 2(2): 5-7.

California Office of State Engineer. 1886. Irrigation development: History, customs, laws, and administrative systems relating to irrigation, water-courses, and waters in France, Italy, and Spain: State Office, James J. Ayers, Superintendent State Print.

Carins J R J. 1999. Assimilative capacity—The key to sustainable use of the planet. Journal of Aquatic Ecosystem Stress and Recovery, 6(4): 259-263.

Cohen J E. 1995. Population growth and earth's human carrying capacity. Science, 269(5222): 341.

Cuadra M, Bjorklund J. 2007. Assessment of economic and ecological carrying capacity of agricultural crops in Nicaragua. Ecological Indicators, 7(1): 133-149.

Daily G C, Ehrlich P R. 1992. Population, Sustainability, and Earth's Carrying Capacity. Bioscience, 42(10): 761-771.

Deosthali V. 1999. Assessment of impact of urbanization on climate: An application of bio-climatic index. Atmospheric Environment, 33(24): 4125-4133.

Doxiadis C A. 1970. Ekistics, the science of human settlements. Science, 170(3956): 393-404.

Du W, Yan H, Feng Z, et al. 2022. Spatio-temporal Pattern of Ecosystem Pressure in Countries Along the Belt and Road: Combining Remote Sensing Data and Statistical Data. Chinese Geographical Science, 32(5): 745-758.

Du W, Yan H, Yang Y, et al. 2018. Evaluation Methods and Research Trends for Ecological Carrying Capacity. Journal of Resources and Ecology, 9(2): 115-124.

Ehrlich P R, Ehrlish A. 1968. The Population Bomb. San Francisco: Sierra Club/Ballantine Books.

Emmanuel R. 2005. Thermal comfort implications of urbanization in a warm-humid city: the Colombo Metropolitan Region(CMR), Sri Lanka. Building and Environment, 40(12): 1591-1601.

Esch T, Heldens W, Hirner A, et al. 2017. Breaking new ground in mapping human settlements from space-The Global Urban Footprint. ISPRS Journal of Photogrammetry and Remote Sensing, 134: 30-42.

España S, Alcalá F J, Vallejos Á, et al. 2013. A GIS tool for modelling annual diffuse infiltration on a plot scale. Computers & Geosciences, 54: 318-325.

Falkenmark M. 1989. The Massive Water Scarcity Now Threatening Africa: Why Isn't It Being Addressed? Ambio, 18(2): 112-118.

Fischer Joern, Riechers Maraja, Loos Jacqueline, et al. 2020. Making the UN decade on Ecosystem 578 restoration a social-ecological endeavour. Trends in Ecology Evolution, 36: 20-28.

Gassert F, Luck M, Landis M, et al. 2014. Aqueduct global maps 2.1: Constructing decision-relevant global water risk indicators. Washington, DC: World Resources Institute.

Gerland P, Rratery A E, Ševčíková H, et al. 2014. World population stabilization unlikely this century. Science, 346(6206): 234-237.

Guo L, Zhu W, Wei J, et al. 2022. Water demand forecasting and countermeasures across the Yellow River basin: Analysis from the perspective of water resources carrying capacity. Journal of Hydrology: Regional Studies, 42: 101148.

Gupta, A. 2005. Landforms of Southeast Asia: In: Gupta A(ed.), The physical geography of Southeast 583 Asia. Oxford: Oxford University Press.

Haberl H, Erb K H, Krausmann F, et al. 2007. Quantifying and mapping the human appropriation of net primary production in earth's terrestrial ecosystem. Proceedings of the National Academy of Sciences, 104(31): 12942-12947.

Hadwen I A S, Palmer L J. 1922. Reindeer in Alaska. Washington: Government Printing Office.

Hui Shi, Zhen You, Zhiming Feng, et al. 2019. Numerical Simulation and Spatial Distribution of Transportation Accessibility in the Regions Involved in the Belt and Road Initiative, Sustainability, 11, 6187.

Hurtley S. 2010. Seeing REDD. Science, 328(5983): 205.

Imhoff M L, Bounoua L, Ricketts T, et al. 2004. Global patterns in human consumption of net primary production. Nature, 429(24): 870-873.

Jack R L. 1895. Artesian water in the western interior of Queensland. Queensland, Australia: Department of Mines.

Jenerette G D, Harlan S L, Brazel A, et al. 2007. Regional relationships between surface temperature, vegetation, and human settlement in a rapidly urbanizing ecosystem. Landscape Ecology, 22(3): 353-365.

Karger D N, Conrad O, Böhner J, et al. 2017. Climatologies at high resolution for the earth's land surface areas. Scientific Data, 4(1): 170122.

Kastner T, Rivas M J I, Koch W, et al. 2012. Global changes in diets and the consequences for land requirements for food. Proceedings of the National Academy of Sciences, 109(18), 6868-6872.

Khorsandi, Mostafa, Homayouni, et al. 2022. The edge of the petri dish for a 589 nation: Water resources carrying capacity assessment for Iran. Science of the Total Environment. 590 817, 153038.

Kilańska D, Ogonowska A, Librowska B, et al. 2022. The Usability of IT Systems in Document Management, Using the Example of the ADPIECare Dorothea Documentation and Nurse Support System. International Journal of Environmental Research and Public Health, 19(14): 8805.

Kirchner J W, Ledec G, Goodland R J, et al. 1985. Carrying capacity, population growth, and sustainable development. Rapid population growth and human carrying capacity: Two perspectives. Staff Working Papers, 690.

Krausmann F, Erb K H, Gingrich S, et al. 2013. Global human appropriation of net primary production doubled in the 20th century. Proceedings of the National Academy of Sciences, 110(25): 10324-10329.

Leopold A. 1943. Wildlife in american culture. The Journal of Wildlife Management, 7(1): 1-6.

Liu H , Fang C , Miao Y , et al. 2018. Spatio-temporal evolution of population and urbanization in the countries along the Belt and Road 1950-2050. Journal of Geographical Sciences, 28(7): 18.

Liu H, Wang X, Yang J, et al. 2017. The ecological footprint evaluation of low carbon campuses based on life cycle assessment: a case study of Tianjin, China. Journal of Cleaner Production, 144: 266-278.

Liu L, Xu X, Wu J, et al. 2022. Comprehensive evaluation and scenario simulation of carrying capacity of water resources in Mu Us sandy land, China. Water Supply, 22(9): 7256-7271.

Maier, Holger R. and Dandy, Graeme C. 2000. Neural networks for the prediction and forecasting of 601 water resources variables: a review of modeling issues and applications. Environmental Modeling 602 & Software: with Environment Data News, 15(1): 101-124.

Matzarakis A, Mayer H. 1991. The extreme heat wave in Athens in July 1987 from the point of view of human biometeorology. Atmospheric Environment. Part B. Urban Atmosphere, 25(2): 203-211.

McBean G, Ajibade I. 2009. Climate change, related hazards and human settlements. Current Opinion in Environmental Sustainability, 1(2): 179-186.

Mohammadi S H, Delavar M, Shahbazbegian M. 2021. Assessment of Water Resources Carrying Capacity of the River Basins Using the Simulation Approach and Index-Based Evaluation Method；Case Study: Zarrineh-Roud Basin. Iran-Water Resources Research, 17(2): 154-173.

Monte-Luna, Pablo Del, Brook, et al. 2004. Research The 607 carrying capacity of ecosystems. Global Ecology and Biogeography. 13(6): 485-495.

Nash K L, Cvitanovic C, Fulton E A, et al. 2017. Planetary boundaries for a blue planet. Nature ecology & evolution, 1(11): 1625-1634.

Oliver J E, Oliver J E. 1973. Climate and Man's Environment: An Introduction to Applied Climatology//. New Jersey, USA: John Wiley, 517.

Pauly D, Christensen V. 1995. Primary production required to sustain global fisheries. Nature, 374(6519): 255.

Pimm S L, Jenkins C N, Li B V. 2018. How to protect half of Earth to ensure it protects sufficient biodiversity. Science Advances, 4(8): eaat2616.

Price D. 1999. Carrying Capacity Reconsidered. Population and Environment, 21: 5-26.

Qian Y, Tang L, Qiu Q, et al. 2015. A comparative analysis on assessment of land carrying capacity with ecological footprint analysis and index system method. PloS one, 10(6): e0130315.

Rees, William E. 1996. Revisiting Carrying Capacity: Area-Based Indicators of Sustainability. 619 Population and Environment. 17(3): 195-215.

RockstrÖm J, Steffen W, Noone K, et al. 2009. Planetary boundaries: exploring the safe operating space for humanity. Ecology and Society, 14(2): 292-292.

Rossi G, Schwabe, D. 2008. Modeling and Implementing Web Applications with Oohdm. Springer, London.

Running S W, Smith W K. 2012. Pushing the Planetary Boundaries—Response. Science, 338(6113): 1420.

Running S W. 2012. A measurable planetary boundary for the biosphere. Science, 337(6101): 1458-1459.

Satterthwaite D, McGranahan G, Tacoli C. 2010. Urbanization and its implications for food and farming.

Philosophical transactions of the royal society B: biological sciences, 365(1554): 2809-2820.

Sayre N F. 2008. The Genesis, History, Limits of Carrying Capacity. Annals of the Association of American Geographers, 98(1): 120-134.

Seidl I, Tisdell C A. 1999. Carrying capacity reconsidered: From Malthus' population theory to cultural carrying capacity. Ecological Economics, 31(3): 395-408.

Sharomi, Oluwaseun, Torre, et al. 2019. A multiple criteria economic growth 628 model with environmental quality and logistic population behaviour with variable carrying capacity. 629 INFOR. Information Systems and Operational Research, 57(3): 379-393.

Shiklomanov I A. 2000. Appraisal and Assessment of World Water Resources. Water International, 25(1): 11-32.

Snell M, Powers L. 2010. Microsoft Visual Studio 2010 unleashed. California: Sams.

Storm E V. 1920. Carrying capacity studies of Cattle Range. Corvallis, Oregon, US: Oregon State University.

Tachikawa T, Hato M, Kaku M, et al. 2011. Characteristics of ASTER GDEM version 2. 2011 IEEE International Geoscience and Remote Sensing Symposium(IGARSS), 3657-3660.

Takao T, Masumura R, Sakauchi S, et al. 2018. New report preparation system for endoscopic procedures using speech recognition technology. Endosc Int Open, 6(6): E676-E687.

Thomson G M. 1886. Acclimatization in New Zealan. Science, 8(197): 426-430.

UNEP, UD, FAO. 2012. SIDS-FOCUSED Green Economy: An Analysis of Challenges and Opportunities www. unep. org/greeneconomy and www. unep. org/regionalseas.

Valentine K A. 1947. Distance from water as a factor in grazing capacity of rangeland. Journal of Forestry, 45(10): 749-754.

Vaneckova P, Neville G, Tippett V, et al. 2011. Do Biometeorological Indices Improve Modeling Outcomes of Heat-Related Mortality? Journal of Applied Meteorology and Climatology, 50(6): 1165-1176.

Vogt W. 1948. Road to Survival. New York: William Sloan.

Wada Y, de Graaf I E M, van Beek L P H. 2016. High-resolution modeling of human and climate impacts on global water resources. Journal of Advances in Modeling Earth Systems, 8(2): 735-763.

Willett W, Rockstrom J, Loken B, et al. 2019. Food in the Anthropocene: the EAT-Lancet Commission on healthy diets from sustainable food systems. Lancet, 393(10170): 447-492.

Wooton E O. 1916. Carrying capacity of grazing ranges in southern Arizona (No. 367). US Department of Agriculture.

WRI. 2005.World resources 2005: the wealth of the poor—managing ecosystems to fight poverty. Washington, D.C: World Resources Institute.

Xia J, Li J, Dong P, et al. 2020. An ArcGIS add-in for spatiotemporal data mining in climate data. Earth Science Informatics, 13(1): 185-190.

Xiao C W, et al. 2022. Population boom in the borderlands globally. Journal of Cleaner Production, 371.

Yan H, Du W, Feng Z, et al. 2022. Exploring adaptive approaches for social-ecological sustainability in the Belt and Road countries: from the perspective of ecological resource flow. Journal of Environmental Management, 311: 114898.

Yan H, Liu F, Liu J, et al. 2017. Status of land use intensity in China and its impacts on land carrying capacity. Journal of Geographical Sciences, 27: 387-402.

Yan J, Jia S, Lv A, et al. 2019. Water Resources Assessment of China's Transboundary River Basins Using a Machine Learning Approach. Water Resources Research, 55(1): 632-655.

You Z, et al. 2022. Assessment of the socioeconomic development levels of six economic corridors in the Belt and Road region. Journal of Geographical Sciences, 32(11): 2189-2204.

You Z, Shi H, Feng Z M, et al. 2020. Creation and validation of a socioeconomic development index: A case study on the countries in the Belt and Road Initiative. Journal of Cleaner Production, 120634: 1-10.

You Z, Shi H, Feng Z M, et al. 2022. Assessment of the socioeconomic development levels of six economic corridors in the Belt and Road region. Journal of Geographical Sciences, 32(11): 2189-2204.

Zhang C, Yang Y, Feng Z, et al. 2021. Risk of Global External Cereals Supply under the Background of the COVID-19 Pandemic: Based on the Perspective of Trade Network, Foods, 10: 1168.

Zhen F U, Xiao C W, You Z, et al. 2022. Evaluating the Resources and Environmental Carrying Capacity in Laos Using a Three-Dimensional Tetrahedron Model. Environmental Research and Public Health, 19, 13816.

Zhen L, Deng X, Wei Y, et al. 2014. Future land use and food security scenarios for the Guyuan district of remote western China. Iforest-biogeosciences and Forestry, 7(6): 372.

Zhen L, Yan H M, Hu Y F, et al. 2017. Overview of ecological restoration technologies and evaluation systems. Journal of Resources and Ecology, 8(4), 315-324.

Zhou C, Elshkaki A, Graedel T E. 2018. Global human appropriation of net primary production and associated resource decoupling: 2010-2050. Environmental Science & Technology, 52(3): 1208-1215.

Zhupankhan A, Tussupova K, Berndtsson R. 2018. Water in Kazakhstan, a key in Central Asian water management. Hydrological Sciences Journal, 63(5): 752-762.